（Sue Black）
[英] 苏·布莱克 著

温雅 徐诗凌 译

法医报告
死亡教会我们什么

ALL
THAT
REMAINS
a Life
in Death

中信出版集团 | 北京

图书在版编目（CIP）数据

法医报告：死亡教会我们什么/（英）苏·布莱克
著；温雅，徐诗凌译. -- 北京：中信出版社，2020.3（2024.9重印）
 书名原文：All That Remains:a Life in Death
 ISBN 978-7-5217-1457-9

Ⅰ.①法… Ⅱ.①苏… ②温… ③徐… Ⅲ.①死亡—
普及读物 Ⅳ.①Q419-49

中国版本图书馆CIP数据核字（2020）第020150号

法医报告——死亡教会我们什么

著 者：[英]苏·布莱克
译 者：温雅 徐诗凌
出版发行：中信出版集团股份有限公司
　　　　　（北京市朝阳区东三环北路 27 号嘉铭中心 邮编 100020）
承 印 者：河北鹏润印刷有限公司

开 本：880mm×1230mm 1/32　印 张：12.25　字 数：227千字
版 次：2020年3月第1版　印 次：2024年9月第19次印刷
京权图字：01-2019-3769
书 号：ISBN 978-7-5217-1457-9
定 价：58.00元

版权所有·侵权必究
如有印刷、装订问题，本公司负责调换。
服务热线：400-600-8099
投稿邮箱：author@citicpub.com

献给汤姆，我永远的挚爱和生命，

以及我最爱的女儿贝丝、格蕾丝和安娜，

谢谢你们让我生命中的每一刻都价值连城。

目 录

导　言
法医人类学家到底是做什么的

> 生命中的最大损失不是死亡，而是当我们活着时就在我们心中死去的东西。
>
> ——诺曼·卡森斯，政治记者（1915—1990）

关于人类生存的各个方面，大概死亡及其相关之事是充斥着最多陈词滥调的。死亡成为邪恶的化身，是疼痛和不幸的先声，是在阴影中出没、猎获的捕食者，是夜间险恶的窃贼。我们给她安上不祥的恶名：冷酷的割麦人、无差别的轧路者、黑天使、苍白骑士。我们把她画成藏在黑色连帽斗篷里的残破骷髅，舞弄着一把置人于死地的镰刀，她只需一挥，就将我们的灵魂从身体中带走。有时她是一个长着羽毛的黑色幽灵，凶恶地在上空盘旋，我们只能蜷缩在角落而毫无还手之力。在许多区分了名词性别的语言（如拉丁语、法语、西班牙语、意大利语、波兰语、立陶宛语、挪威语）里，死亡是阴性名词，但她却常被描绘成一个男人。

尖刻地对待死亡很容易，在现代世界，她已经成为一个与我们敌对的"陌生人"。人类取得了无数成就，但要对生与死的复杂关联做解释，我们并不比几百年前进步多少。在有些方面，我们可能比以往任何时候都更不理解死亡。我们大概已经遗忘死亡是什么，她的目的是什么，我们的先人可能把她看作朋友，我们则把她当作不受欢迎的邪恶对手，要躲着她，或者令她臣服——越久越好。

对于死亡，我们的默认态度是要么丑化她，要么神化她，有时在这两端之间摇摆。不管是哪种态度，不到万不得已我们都不愿提及她，免得一提她就会靠得更近。生命是轻盈、美好和幸福的，死亡是黑暗、邪恶和悲伤的。善与恶，奖与惩，天堂与地狱，光明与黑暗——我们具有那种林奈式的分类喜好，将生和死干脆划分为对立的两头，于是就安心地怀抱着对错分明的幻象，却可能不公平地将死亡驱赶到黑暗中去。

结果我们开始畏惧死亡，仿佛她会传染，要是吸引了她的注意，她就会在我们还没准备好停止生命之前来到我们面前。我们要么虚张声势地演绎，要么取笑她来麻木自己，以此来掩盖自己的恐惧。但是其实我们知道，当自己的名字排在她手里名单的首位时，我们是笑不出来的，她最终总会叫到我们的名字。所以在很小的时候，我们就懂得对死亡抱着虚伪的态度，一面嘲弄她，一面深深地敬畏她。为了将她的利刃磨钝，缓解痛苦，我们习得新的语言。我们说"失去"了某人，悄悄谈论他们的"逝去"，用庄重尊敬的语调和其他人一同哀悼一位所爱之人的"离去"。

我没有"失去"父亲——我完全知道他在哪儿。他埋在因弗内斯城里的唐纳赫里奇公墓，在殡仪员比尔·弗雷泽给的一个可爱木匣子里。父亲本人也会喜欢那匣子，不过他可能会觉得它太贵了。我们把他放进地上的一个洞穴里，放在他父母快要散架的棺材上，那两具棺材现在盛的不过是他们的骨头和死时仅剩的几颗牙齿。父亲没有逝去，没有离开，我们没有失去他：他就是不再呼吸了。其实他最好是什么地方也没有去，不然他惹了大麻烦，太不为人着想了。他的生命消失了，世界上的任何委婉修辞都没法把生命带回来，没法把他带回来。

我在一个规矩严格、毫无废话的苏格兰长老教会家庭长大，我们把铁锹叫作铲子，经常把同理心和感伤看作弱点，这种教养令我务实、不顾颜面，成为一个实务者，一个现实主义者。论及生死之事，我没有什么误解，讨论时也尽量诚实坦率，但这并不是说我就毫不介怀，面对他人的生死时没有痛苦、哀恸，没有同情。邓迪大学的菲奥娜牧师总能启迪人心，她曾说过一句很有道理的话："在安全距离外说温柔的话，带不来一点安慰。"

在 21 世纪，我们已经如此成熟，为什么还是选择躲在熟悉又安全的从众和拒斥之墙后面，而不能敞开心扉，想想死亡可能并不是我们害怕的那种魔鬼？她不一定骇人、残酷、粗暴，她可以沉默、安宁、慈和。也许问题在于，我们不信任她，是因为我们不愿去了解她，在一生中都不愿费事去尝试理解她。要是我们能理解她，也许就能认识到，我们可以将死亡作为生命历程中不可或缺的部分而接受。

我们将出生看作生命的起点，将死亡看作生命的自然终结。但要是死亡只是存在的另一个阶段的起点呢？这当然是大多数宗教的前设，好教我们不害怕死亡，因为它只是通往前方更美好生活的入口。这种信念世世代代相传，安慰了许多人，可能正是我们的社会日渐世俗化所留下的空白，促使我们对死亡及其所有标志的那种古老的、本能的、未经证实的憎恶再次升起。

无论我们怀有什么信仰，生与死就是同一条线上必定相连的两个部分。一方不脱离另一方存在，也无法脱离。无论现代医药如何干预，死亡总是最终得胜。既然我们没有办法最终回避它，专心改进和品味我们出生和死亡之间的阶段——生活，可能更好。

法医病理学和法医人类学的根本差异，就在此处。法医病理学追溯的是证明死亡原因和方式的证据，死亡是旅途的终点。而法医人类学则重建旅途本身，也就是生命的全过程。我们的工作是将生时构建的身份和死后身体的遗存结合起来。因此，法医病理学和法医人类学在死亡一事上搭档工作，在破获罪案上当然也是如此。

在英国，人类学家和病理学家不同，人类学家属于科学家而非医生，因而没有医学资格证实死亡或死亡原因。现今科学知识持续拓展，病理学家也无法成为所有事情的专家，人类学家就在牵涉死亡的重大罪案调查中发挥重要作用。法医人类学家协助解读与受害人身份相关的线索，由此可以帮助病理学家判断死亡方式和原因。在停尸台上，各个学科贡献技艺，互相补足。

举个例子。在一张停尸台边，我和一位病理学家面对的是深度腐坏的人类遗体，其颅骨碎成40余块混在一起。病理学家作为具有医学资格的从业者应判定死因，她认为，死因很可能是枪伤，但还不确定。她将灰色金属台子上那一堆白色骨头碎片检查了半天，很是沮丧，对我说："我没法辨别这些部位，更别提把它们组装起来了。那是你的活儿。"

法医人类学家的职责首先就是帮助确认这个人生前是什么人。他是男性还是女性？是高还是矮？是年老还是年轻？是黑皮肤还是白皮肤？骨骼有没有外伤或疾病的表征？有的话就可能联系上医疗或牙齿治疗记录。我们分析骨头、头发和指甲的成分，是否能说明这个人住在何处，吃哪种食物？在眼下这个案子里，我们能不能做一个人类三维拼图，不仅揭示死因（确实是颅骨枪伤导致死亡），而且显示死亡方式？收集了这些信息，完成拼图，我们就可以确定这个年轻人的身份；并且我们确认子弹是从脑后射入，从前额双眼间射出，从而验证了目击证人的证词。这是场近距离射杀，受害者跪着，枪就抵在他的后脑上。他只有 15 岁，是因他的宗教信仰而被杀的。

另一个案子也可反映人类学家和病理学家的共事关系。案中一个不幸的年轻人在屋外街道上撞见了一伙正要砸车的少年，被殴打至死。他的身体曾被拳打脚踢，致命伤在头上，表现为多处颅骨骨折。在这个案子里，我们知道受害人的身份，病理学家可以确定死因是钝器创伤导致大量内出血。但她也想在报告中指出死亡是怎么发生的，尤其是最可能的凶器种类。我们辨识出每一块颅骨碎片，将它们重组，然后病理学家就发现，由锤子或类似形状的凶器在头部的一次击打，造成了一处集中凹陷骨折和多处放射状骨折，导致颅内出血，最终致死。

对一些人来说，生命的起点到终点之间有漫长的距离，甚至超过一个世纪；而对这些谋杀事件的受害人来说，生与死之间的间隔就短多了，有时可能只隔着飞速流逝的宝贵数秒。从法医人类学的视角来看，长生当然好，生命越长，其经历就会在身体上书写和存储更多的痕迹，遗体上的印记就会更加清晰。对我们来说，解锁此类信息就犹如从书里阅读，或者像从 U 盘里下载一样。

在大多数人看来，这趟尘世旅程最糟糕的结果就是生命被截短，但我们如何评判怎样算是短命？毫无疑问的是，我们在出生之后活得越久，生命迟早要结束的可能性就越高：在大多数情况下，我们 90 岁时都比 20 岁时更接近死亡。从逻辑来说，比起眼下此刻，我们以后与死亡的关系只会更近，不会更远。

　　那有人死去时，我们为什么惊讶呢？每年全世界有超过5 500万人死去，一秒死去两个。死，是我们在生活中能绝对肯定将会发生在每一个人身上的事情。当然，这并不会消解我们在亲密的人死去时的悲伤和哀恸，但死亡不可避免，这就需要一个有用、实在的处理办法。我们不能对自己生命的创造施加影响，生命的结束又是不可避免的，那或许我们应该注重能够调整的事情，那就是我们对从生到死之距离的期待。也许，就是这种期待，才是我们应该尝试更有效处理之事，要量度、承认和颂扬这段距离的价值，而非其长度。

　　过去，要延迟死亡不那么容易，那时我们似乎更善于调整对生命的预期。例如在维多利亚时代，婴儿死亡率居高不下，没有人会因一个孩子活不到一周岁而感到惊讶。那时，一个家庭里好几个孩子都取同一个名字并不罕见，这样即便那孩子没活下来，名字也活下来了。而在21世纪，婴儿的死亡罕见多了，但要是有人对99岁时的死亡还感到震惊，就完全不合理了。

　　对每一个努力击退死亡的医学专家而言，社会预期是个战场。他们能希求做到的，最多就是赢得更多时间，拉大生死之间的距离。他们最终总是要输掉的，但不应为此阻止他们，也阻止不了他们继续尝试。每一天，在全世界的医院和诊所里，生命都在延续。然而，实际上，有些医疗成就只不过暂缓了死亡的发生。死亡还是要来的，即使不是今天，也可能是明天。

数个世纪以来的社会都会记录和量度预期寿命。预期寿命是指在统计学意义上我们最可能死去的年龄，或者积极点看的话，它是指我们预计活着的最长时间。寿命表是很有意思也有用的工具，但它也很危险，因为它会造成人们对寿命的预期，但有些人达不到，有些人会超过。我们没办法知道自己会是那个平均线上的标准"老李"，还是个例外，我们会落在寿命钟形曲线的这一边，还是那一边。

要是我们发现自己是在曲线的某一边，就会产生情绪。我们活到超过预期寿命就会自豪，因为这事让我们觉得自己以某种方式战胜了困难。要是我们没有达到预期的年纪，我们撒手人寰之后，亲友会觉得所爱之人的生命被夺走，由此感到愤怒、苦痛和挫败。但寿命曲线的本质恰是如此：标准只是标准，我们大多数人都落在这一标准的周围。怪罪死亡，控诉她残忍地窃取生命，是不公平的。死亡总是诚实地表明，我们的生命长度可能落在人类生命范围内的任何位置。

世界上已证实的最长寿者，是法国女性让娜·卡蒙（Jeanne Calment），她在 1997 年去世时年纪为 122 岁又 164 天。1930 年我母亲出生时，女性预期寿命是 63 岁，因此她在 77 岁去世，就超出标准 14 年。我的祖母干得更出色：她 1898 年出生，那时的预期寿命只有 52 岁，但她一直活到 78 岁，超出了 26 年，这反映了她有生之年医学的巨大进步——尽管她吸的烟最后没帮上忙。我在 1961 年来到这个世界，预测大概有 74 年的生命，那现在我只有 15 年可活了。我的天，怎么会这么快？不过，基于我目前的年龄和生活方式，我现在能实实在在地预计活到 85 岁，那我可能至少还有 26 年时间。顿时松一口气。

这样，我在生命历程中有望额外获得 11 年。很棒吧？不一定。问题在于，我不能在 20 岁甚或 40 岁时得到这 11 年，要是我能得到这 11 年，那得在我 74 岁的时候了。青春总被虚度，唯愿在年少力强时获赐光阴啊。

对预期寿命的计算逐渐准确，我们已知在下两代，即我的子辈和孙辈，会出现人类历史上最多的百岁寿星，但我们这个物种能够生存的最大年限却没有增加。剧烈变化的是我们死亡时的平均年龄，所以我们见到越来越多的个体落在那条钟形曲线极右边的区域。换言之，我们在改变人类人口结构，由老年人口增长引发的健康和社会问题激增，由此可一窥此种变化的社会影响。

生命延长一般是要庆贺的，但有时我也怀疑，是否不惜一切代价挣扎着活得尽可能久，实际上只是在延迟死亡而已。预期寿命可能会变，但死亡总是会如预期般到来。哪天我们真的征服了死亡，人类和地球才真正陷入了麻烦。

我每天的工作都是与死亡为伍，我慢慢地开始尊重她。我没有发现什么理由让人恐惧她或她的作用。我认为自己已经相当了解死亡，因为我们用于交流的语言直接、平白、简单。她结束她的活儿，我才能开始我的活儿。而且有赖于她，我的事业得以持久、卓有成效、兴味盎然。

本书不是传统的关于死亡的论著，不走列举高屋建瓴的学术理论和文化奇谈的熟门套路，也不调制温暖的鸡汤。我只会试图探究自己了解到的死亡的多个面貌，包括她已经展现给我的，以及大约 30 年后她最终将要向我显露的那一面，要是她容许我活那么久的话。法医人类学追求的是通过死亡重建生时的故事，本书同样既关乎死，也关乎生，它们是整个连续整体不可分割的部分。

我只向你要求一件事：暂且放下你对死亡的既有成见，放下不信任、恐惧和厌恶，或许你就会开始像我一样看待她。你或许还会开始因她的陪伴感到温暖，更了解她，不再害怕她。据我的经验，和她打交道有压力，也令人着迷，从不枯燥。但她很复杂，有时无法预测，令人讶异。当你直面她时，你并不会失去什么，或许你会发现，和一个认识的恶魔打交道，总好过与自己完全不了解的魔鬼相处。

第 一 章

无言良师

遗体到底能告诉我们什么

死者教导生者。

—— 出处不详

从 12 岁起的每个周六和所有的学校假期，我都去倒腾肉、骨头、血和内脏，整整 5 年。我的父母抱持那种吓人的长老教会的工作观，希望我长到一定年纪，就做份兼职工作开始挣钱。所以，我就到因弗内斯市郊巴纳非塔克农场的肉店去工作了。这是我的第一份工作，也是我做学生期间做过的唯一一份工作，每一刻我都很享受。我的大多数朋友更喜欢在药房、超市和服装店打工，我完全没有意识到他们会觉得我的选择异于常人，更没觉得这个选择隐约有些恶心。那时我并不知道法医学的世界正等着我，但如今回首，我的生活道路已有所显现，当时却谁也没往这方面想。

　　对未来的解剖学家和法医人类学家来说，肉店是极为有益的训练场，也是快乐有趣的工作地。我很爱屠宰技艺中如临床诊治般的精确。我学到了许多技巧：如何做肉糜，如何灌肉肠，最重要的是如何定时给屠夫们供茶水。看着他们拿着刀熟练灵巧地贴着不规则形状的骨头，推开深红色的肉，露出底下干净得惊人的白色骨架，我明白了尖锐的刀锋是何等重要。他们总是知道在哪里下刀能使肉讲究地翻卷成胸脯肉，或平整地片出适合炖煮的肉排。让人安心的是，他们每一次面对的解剖结构都必定一样，或者几乎是每一次吧：我也记得偶尔会有屠夫低声咒骂情况"不对劲"，看来牛羊也有解剖学变异，和人一样。

我了解了肌腱，知道了为何要把肌腱切除；知道肌肉之间哪里有需要剥除的血管；知道如何去除肾门处的结构会合点（吃起来太硬了），如何打开两条骨头的连接处，露出滑膜关节间隙中滑溜黏稠的液体。我发现当双手冰凉时——在肉店里，手似乎总是凉的——你会盼着屠宰场送来还带着温度的新鲜肝脏。将双手插进箱子里，那一瞬间它们会恢复知觉，因那温热的牛血温暖了你的血。

我习惯了不咬手指甲，绝不刀刃朝上将刀放在砧板上，我知道了钝刀导致的事故比利刃还多，虽然锋利刀刃一造成差错就尤其引人注目。我一直觉得，看到肉店里的伙计们庖丁解牛般的解剖活儿，筹划精确，下刀处理得恰到好处，再嗅到空气里一丝铁的气味，就让人极为满足。

要结束这份工作时我很伤心。我极其崇拜我的生物老师阿奇·弗雷泽博士（Dr. Archie Fraser），因此他说我应该做什么我就去做。所以当他告诉我应该去上大学时，我就去上大学了。我又不知道该学什么，看来最好就是跟随他的足迹，选择生物学。在阿伯丁大学的头两年，我是在心理学、化学、土壤学、动物学（在这门课上我第一次挂科了）、普通生物学、组织学和植物学中暗无天日地度过的。两年过后，我发现自己成绩最好的课程是植物学和组织学，但设想一下自己余生尽在钻研植物的画面，我就感到头疼。那就剩下组织学，研究人类细胞的学科。在完成组织学的所有课程后，我却再也不想低头看显微镜了——什么东西看上去都是一堆粉色和紫色的不规则斑点。不过，我是由此进入解剖学殿堂，最终学会剖解人类遗体的。那时我只有19岁，从未见过尸体，不过对一个花了5年时间在肉店里切动物的女孩子来说，那能有多难呢？

可能那份周末零工让我为未来的工作做了少许准备。不过对所有人来说，第一次进入解剖室都是很吓人的。没有人会忘记那个时刻，所有的感官无不受到冲击。那时课堂上只有我们四个人，我现在还能听到那空旷、巨大的房间里回荡的声音。那是一间装着高高的不透明玻璃窗子，铺着图案错综交织的维多利亚式复合木地板，可能曾用作储藏室的教室。我也还能闻到那福尔马林的气味，这化学品的刺激气味重得能在舌头上尝出来。我能看到那玻璃和金属质地的沉重解剖台，表层的绿漆剥落，40来张这样的台子整齐排列，覆着白色单子。其中两张台子上，在那白色单子下，两具遗体等待着我们，两人一具。

这样的经验还会立即挑战你对自己和他人的感知。你感到自己渺小、微不足道，因你意识到有人在生前选择了在死后交出自己，供他人学习。这是高尚之举，我对此怀有的强烈敬意从未减轻。要是有一天我不再察觉此种赠予实为奇迹，那我就该收起手术刀另寻他业了。

我和解剖搭档格雷厄姆被随机分配了这位无私捐赠人的遗体，解剖技术员已熟练地将这具身体进行了处理，它就是我们整个学年要探索的天地。我们不知道他的真名，宁可毫无创意地叫他亨利，即随了《格氏解剖学》（Gray's Anatomy）的作者亨利·格雷（Henry Gray）的名字，这本书将要主宰我的一生。亨利，生于阿伯丁地区，死时已将近 80 岁，决定将遗体捐赠给大学的解剖学系，用于教学和研究。这事落实下来的结果，就是他成了我和格雷厄姆的大体老师。

意味深长的是，亨利做出这个决定的时候，我——他未来的学生，还完全不知道他做出的这件将要塑造我一生的慷慨义举。当时我可能还在为了修习讨厌的动物学不得不解剖老鼠而唉声叹气呢。

他死的时候，我可能正在切开大学里无限供应的植物茎，好学习其细胞结构，对他的逝去一无所知。每一年和准备在大三进入解剖学操作的大一和大二学生谈话的时候，我都告诉他们，他们将要与之学习、从中学习的人，此刻仍然在世。可能就在当天，有人决定了捐赠其遗体，他们的教育才从中得益。学生们领会到这个沉重概念时发出几声尖锐的抽气声，我才感到放心。想到一个人早上还走过街道，最终却上了他们的解剖台，总会有人反应强烈——他们应当如此。一个全然陌生的人做出此等大义之举，绝不应视其为理所应当。

亨利的死因登记的是心肌梗死（心脏病发作），他的身体从他去世的医院里被运出，由殡仪员送到解剖系里来。他有没有家人，家人支不支持他这个决定，没有举行正常的葬礼仪程他们感受如何，我永远不会知道。

亨利死后数小时，在马夏尔学院（Marischal College）解剖系地下室一个铺满瓷砖、冰冷而幽暗的寂静房间里，太平间里的技术员亚历克已除去亨利的衣物和个人饰品，剃掉他的须发，将四枚穿着绳子、印着序列识别码的黄铜标识牌拴在他小手指和小脚趾上。这几枚牌子将随着亨利度过大学里的时光。然后，亚历克在亨利的腹股沟皮肤上做一个切口，长约 6 厘米，切开上方的肌肉和脂肪，找到大腿上股三角区域的股动脉和股静脉。然后他会在静脉上做一个纵向小切口，在动脉上也切一个，插入管子，用线固定到位。管子与血管密闭贴合时，插管上的阀门打开，亨利上方悬挂的重力供料箱里流出福尔马林溶液，缓缓地漫遍他枝蔓交错的动脉系统。

这种防腐液将通过血管进入他身体的每一个细胞——进入他大脑中的神经元，他曾用它思考一切对他而言重要之事；进入他的手指，那手指曾握着他关心的人的手；进入他的喉咙，那里曾吐出他最后的遗言，可能就在几个小时之前。福尔马林溶液乘着这波不可逆的涌流缓慢注入他的身体时，他血管中的血液则被清出，最终大部分血液都被冲掉。这个安静、平和的防腐程序结束并被静置两三个小时后，他的身体会被包进塑料薄膜里储存起来，直到几天或几个月以后需要使用之时。

就在这个短暂的间隔阶段，由于他自己的意志，亨利从一个为家人所知所爱的人，转而变为一具只有一个数字标识的匿名尸体。匿名非常重要。匿名保护了学生，帮助他们从心理上将对一位人类同胞死亡的悲伤和手上的工作隔离开。要是在第一次解剖尸体时不曾削弱共情，他们就得一边保持对尸体的尊敬和维护尸体的尊严，一边又训练自己的心智将那个身体视为一个去人格化的躯壳。

当亨利的身体将在我们第一节解剖课上出现，他被放上一架推车，从一部摇摇晃晃、吱吱呀呀的老电梯被送上楼，送进解剖室，移到一张玻璃面的解剖台上，盖上一张白色单子，安静、耐心地等着他的学生到来。

如今我们会用很长时间将学生的第一次解剖营造得既难忘又不造成创伤。大多数学生和我当年一样，在这一刻之前从未见过尸体。在 1980 年，当我进行解剖学操作时，没有介绍环节，也没有渐进流程让我们熟悉将在未来几个月为我们担当无声老师的尸体。在那个星期一早上，我们四个三年级本科生吓得要死，手上只有《斯内尔医科生临床解剖学》(*Snell's Clinical Anatomy for Medical Students*)、一部解剖手册——G. J. 罗曼内斯的《坎宁安实用解剖学手册》(*Cunningham's Manual of Practical Anatomy*)，还有包在黄褐色布巾里供我们选用的吓人的解剖工具，此外别无他助，我们就按手册第一页的内容开始上手。我们不用手套，不戴护目镜，实验服不能带出去清洗，很快就变得不堪入目。现在想来，世事变迁啊。

格雷厄姆和我在我们的解剖台上看到一排海绵，很快我们就明白过来，在解剖过程中一定得用海绵擦掉尸体上溢出的液体。我们得频繁地拧干海绵。台子下放了一个不锈钢桶，用来盛放当天解剖结束后收拾的组织碎片。这是很重要的事：一具身体的所有部分都要留在一起，即便只是一小块肌肉或皮肤，这样在被送去埋葬或火化时它才尽量保持了完整。在我们旁边，还守着一位影响卓然的导师：一具人造的人类骨架，帮助我们理解将要在亨利的皮肤和肌肉之下看到和感受到的东西。

第一件要掌握的事，是怎样组装手术刀而不切掉自己的手指。用镊子夹住刀片，将刀片上的狭窄凹槽对齐刀柄上凸起的卡位用力，直到咔嗒一声卡到位。装上和卸下刀片都需要些巧劲，也需要练习。我常想，手术刀总能出现更好的设计吧。

　　我被警告说，要是你把刀切进尸体，看到尸体涌出鲜红的动脉血，要记住尸体根本不会流血，你切到的是自己的手指。手术刀刃极锋利，解剖室又极冷，你是感觉不到刀切进自己皮肤的。所以，要是你伤到自己，第一迹象就是看到鲜红的血液在经过防腐处理的尸体的淡褐色皮肤上积聚起来的画面。不用担心感染，因为你并不是在处理未经防腐的尸体，防腐过程实质上已经使尸体上的组织基本无菌了。幸好如此，因为手指冰冷，身体脂肪滑溜溜，要控制这些烦人的小刀片真是不容易。如今我们在开始这个教研环节时，会配发大批创可贴和手术手套。

　　手术刀片装在了刀柄上，你的手指也不再流血了，你向台子弯下腰，眼睛立刻就被福尔马林的气味刺激出了眼泪。解剖手册会告诉你从哪儿动刀，却没说切多深，切下去应该是什么感觉。对"亨利"的解剖亦如此，没有什么明确的注意事项或禁忌，所以我们也不清楚到底应该从哪儿切到哪儿才合适，这导致实操时好像怎么做都不对劲。这会让人觉得有点吓人，还有点尴尬。你停顿片刻，考虑如何在躯干前正中线做个切口，从颈部下方的胸骨上切迹一直切到胸廓下缘。你们两人哪个观看，哪个切？你的手在抖。每一个学生，无论表面上多老练，都会一直记着他切下的第一个切口。我闭起眼睛，还能记起那个切口的样子，记起亨利以无可挑剔的态度，容忍了我们年轻的笨拙。

　　那纹丝不动的老师耐心地静卧，等待你开始行动，你想到接下来要做的事情，暗自向他道声对不起，生怕会弄得一团糟。右手持手术刀，左手持镊子……要切得多深？大多数学生开始解剖时从胸部下手，这并非偶然。胸骨与皮肤贴近，下刀再用力也不太会做错，就是不能切太深。你放低刀刃贴近皮肤表面，小心地沿胸壁划下，留下一条浅色的痕迹。

　　皮肤轻而易举地就分开了，真叫人惊异。它摸上去感觉像皮革，又冷又湿。皮肤从组织上分离开，在刀片下，你瞥见了与之对比鲜明的淡黄色皮下脂肪。你自信了一些，将切口从中间的胸骨延伸到锁骨两端，一直向外切到肩膀处，这就完成了你第一个T形尸检切口。所有的焦虑和企盼，片刻间都结束了。世界没有停止运转。你感到一种强烈的解脱感，此时才意识到整个过程中你都屏住呼吸。虽然心脏仍在狂跳，肾上腺素还在飙升，但你惊讶地发现，自己已经不再害怕，反而被迷住了。

　　现在你要做的是让皮肤下的组织暴露出来。你开始剥去皮肤，小心地夹起胸骨中线与T字两臂交会处的一角。你用镊子钳住皮肤，使一点恰到好处的劲儿，刀刃就能将皮肤与组织分离，并不需要真的去切。黄色的脂肪露出来，碰到你温度稍高的手就液化了。操作手术刀和镊子突然不那么容易了，镊子从皮肤上滑走，脂肪和液体溅到你的脸上，几分钟之前那丝自信不翼而飞。没有人提醒过这事儿。福尔马林闻着恶心，尝起来更糟。这种错误你只会犯一次。

　　你继续剥离皮肤，开始看到小红点出现，意识到你还是切断了一条皮肤小血管。突然间你完全明了人体的庞大容量和其中的巨量信息。前一天你大概还在疑惑到底怎么才能将一整年都花在解剖一具尸体上，为何还得要三本大部头书来指导。如今你明白过来，一年时间你不过只能了解皮毛而已，自己就是个地道的新手。你想到对于要学的所有东西，自己永远记不住，吃透理解更是不可能，这让人感到绝望。

　　你在镊子和锋利的刀片上加了点力，刀轻而易举地滑进了结缔组织里，你简直感觉不到它碰到了什么。皮肤下的肌肉暴露出来以后，胸部两排墙垛一样的白色肋骨就从底下骤然凸出，看上去像漂白过的烧烤架子。你的目光打量着身边骨架上凸起和空洞的形状，指尖触摸着亨利的肌肉和骨骼。你开始辨别并叫出各种骨头及其组成部分的名字——它们是人体的支架，而你还没有意识到，自己已经在说一门全世界解剖学家都掌握的古老语言：现代解剖学研究的创始人、我少女时代一心爱慕的偶像——14世纪的安德烈·维萨里（Andreas Vesalius）就熟知这门语言。

　　起先，经过防腐处理的肌肉看起来是浅棕色的均匀的一大片（让人放松下来，隐约想到金枪鱼罐头），但离近了看，你的眼睛开始能分辨出肌肉的纹理，辨别出纤维的走向和其间细细的神经。你找到肌肉的起止点，打量它包裹的关节，推断它的活动。你为你眼前这般精密的工程而折服。你是一个活人，与死亡相隔，但人体解剖那魅惑之美搭起了通向死者之国的桥梁，只有极少数人会走过这座桥，但无人会忘记它。第一次穿过那座桥的所闻所感，是永不再现的经历，极为特殊。

学生对解剖学研究的态度各执一端：要么热爱，要么痛恨。解剖学的魅力在于研究对象的逻辑和秩序；缺点则在于需要学习的巨量信息——还有福尔马林的气味。要是魅力胜过了缺陷，解剖学就烙在了你的灵魂上，你从此将自己视作一个精英群体的一员：这个群体，是被选中的少数人，有人愿意让他们探进自己的身体里去，他们得以眼见、聆听人类的构造之谜。我们站在学术巨人的肩膀上，站在希波克拉底和盖伦，以及他们的继承者达·芬奇和维萨里的肩膀上，但真正的英雄，无疑是决定死后捐赠遗体供他人学习的超凡男女：遗体捐赠人。

在有形工作之外，解剖学还带来许多其他启示：教给学生生与死、人性与利他、尊重与尊严；也教会学生合作，注意细节之重要，耐心，冷静，手巧。我们在触摸中与人体交流，这是非常非常私密的体验。就学习手艺来说，任何书本、模型或电脑图像都和解剖操作不一样。只有进行解剖操作，才能成为一个正牌的解剖学家。

　　不过，这个科目曾担负污名，也曾受尊崇。从盖伦到格雷这些早期解剖学家的光辉岁月，一直到今天，解剖学都不时被恶人利用营利。在 19 世纪的爱丁堡，伯克和海尔两人犯下滔天罪行，通过谋杀来给解剖学校供应尸体。1832 年的《解剖法》就是因此而颁布的。直至 1998 年，雕塑家安东尼-诺尔·凯利（Anthony-Noel Kelly）还从皇家外科学院偷窃人体器官，最终被送入监狱。这个案子引起人们对艺术伦理和捐赠供医学使用的人类遗体的法律地位的关注。在 2005 年，一个美国医疗组织公司的总裁被控非法采集人体器官并卖给医疗组织，公司因此关停。看来解剖学不能脱离供应和需求的经济链，也始终会受到不顾体面、尊严和礼仪的诈骗罪行的困扰。为此，确实应当维护我们的捐赠人，让他们受到法律的保护。

　　从死亡之中能挣钱，有钱可挣的地方，就总有人不吝跨越伦理边界，以赚取更多钱。在许多国家，买卖人类遗体是合法的，世界上也有许多机构会为一副清晰的人体骨架花大价钱，那么古老的盗墓行为到当代还以新形式延续也就没什么令人惊讶的了。在 20 世纪 80 年代我还是学生时，解剖室里大部分的教学用骨架都是从印度进口的，印度长期被视为世界范围内医用骨头的第一来源地。虽然印度政府在 1985 年规定出口人类遗体非法，但供应全球黑市的行为却活跃至今。在英国，我们已经不容许人骨或其他人体器官的买卖，这是理所应当的。

和所有的社会态度一样，对于在人类遗体的处理方式中哪些是可接受的，哪些是不能接受的，并没有固定不变的认知，有时在一个人的一生中就发生很大的改变。目前，英国解剖学学生教学使用的骨架多数是塑料复制品。真品仍可在学校科学实验室、执业医师诊所和急救训练中心灰溜溜的旧柜子中找到，但许多合法拥有人体骨架的机构如今对保存骨架感到颇为尴尬。有些机构就将人体骨架捐给本地的解剖部门，作为回报，它们会得到一具人造教学用骨架作为替代品。

当今的解剖学家比先辈幸运，可以花大量时间用于解剖实践，从遗体上收获大量人类形态的微末细节研究。这要归功于数个世纪以来对人体防腐保存方法的研究。解剖学家最早只能解剖从绞刑架上卸下的新鲜尸体，在努力将尸体保存得尽量久的探索中，他们使用了食品业开发的技术，学习在酒精或盐水里泡制尸体，或者将其烘干冷冻。

1805 年，纳尔逊爵士在特拉法尔加战 ① 中殒命，其遗体在运回祖国举行英雄葬礼途中都保存在一大缸"酒之精华"（白兰地

---

① 1805 年 10 月 21 日，由纳尔逊率领的英国舰队与法国–西班牙联合舰队在西班牙特拉法尔加角外的海面相遇。双方激战 5 小时，法国–西班牙联合舰队遭受了毁灭性的打击，主帅维尔纳夫被俘，而英军主帅纳尔逊爵士阵亡。这场海战被视为海军史上最著名、最辉煌的胜利。——编者注

和乙醇）中。在酒精中浸泡一直是更受推崇的尸体保存方法，直至 19 世纪稍晚期，人们发现了一种令人生厌的化合物——甲醛，解剖学科因此而转型。甲醛是一种消毒剂、杀菌剂和组织固定液，效能出色，其水溶剂福尔马林至今仍是在全世界使用最广泛的防腐剂。

但人们也留意到，甲醛对人类健康有害，最近几十年开始考虑使用其他防腐方法。其中包括速冻遗体，即将人体分解后冷冻，在需要解剖时解冻，并使用软修复法使遗体更柔软，在质地上更接近活体。在 20 世纪 70 年代，解剖学家冈瑟·冯·哈根斯（Gunther von Hagens）率先尝试了塑化法，即在真空条件下将尸体内的水和脂肪抽出，灌入聚合物质。这样处理过的身体部件拥有永恒的生命，永远不会腐坏，结果我们成功设计出一种新的环境污染物。

无论我们在防腐保存身体或医学成像探索身体方向上取得多少技术进步，解剖学本身都不会变。维萨里在 1540 年剖开的遗体中看到的，或罗伯特·诺克斯在 1830 年看到的，与格雷厄姆和我在与亨利一起度过的一个学年中看到的并无两样。但维萨里和诺克斯只能解剖新鲜遗体，他们和一具遗体待在一起的时间有限，解剖人和被解剖人之间大概不会生出信任和尊重的纽带，而我幸运地与亨利建立起了这种关系。也可能，只是社会和文化态度随时间改变了。

对我来说，不会再有第二个亨利。对每个解剖学学生来说，他们自己的亨利都是特别的。在那一年，我学到的不仅关乎人体，还关乎自己。当回顾一生找寻快乐和满足的时光时，我总会追溯到亨利。那一年中每个时刻我都不愿与人交换，但要说所有的时刻都很好，那是骗人的。我讨厌切开他的手指和脚趾的甲床，我总会毫无理性地觉得，这样会很痛。还有，实在不会有人喜欢冲洗消化系统。

但对我来说，研究死者所得的回报远远胜过了这些令人不快的时刻，也胜过了意识到有多少知识需要掌握时突然袭来的纠结恐惧：要记住 650 多块肌肉，记住它们的起点、走向、神经分布和活动；要记住 220 多条已被命名的神经，记住神经根编码及其类型，是自主神经、颅神经、脊神经、感觉神经还是运动神经；要记住从心脏以树状生发出去，又回到心脏里来的几百条有名字的动脉和静脉，记住其起点、分支和相关的软组织结构；此外还有 360 多个关节，更别提肠道走向、组织胚胎学、神经解剖学和其中各神经束的三维关系。

就在你觉得自己开始掌握这些解剖结构的时候，它们又刺溜滑走了，像淋浴时肥皂从手中滑落一样。你又得全盘重新开始，十分气人。但反复记诵如山的实物和其联系，是学习和理解人体三维复杂结构的唯一方法。解剖学家不需要特别聪明，只需要有一个好记性、一个有逻辑的学习计划和空间意识。

亨利让我探究他身体运转的每一个细节，探索他的解剖学变异（他的上腹动脉异常贴近皮肤，我永远忘不了！），允许我在切了本不该切的地方时气恼，帮助我和肉眼根本不可见的副交感神经系统缠斗。他坚韧地包容了这一切，从不呵斥，不会让我觉得自己是个傻瓜。逐渐地，我们之间的天平倾斜，在某种意义上，我学习到的关于他的事情，比他了解自己的还要多。

我发现他不抽烟（他的肺很干净），他没有饮酒过量（他的肝脏状态很好），他营养状况良好，也不暴饮暴食（他身材高挑细长，几乎没有身体脂肪，但并不瘦弱），他的肾看起来很健康，脑内没有肿瘤，也没有动脉瘤或缺血的表现。他的死亡原因记录为心肌梗死，但在我看来，他的心脏颇为强壮。不过，我知道什么呢？我只是个大三的小毛头。

也许他死去，只是因为他死亡的时刻到了，死亡证明上又得写点原因。我们的学生在探查遗体死亡原因指明的器官却没找到病变或异常时，常常会发出疑问。对于因年老而发生的死亡，死者又希望捐献遗体的情况，记录中的死亡原因就必然会被检验，被视为推测。确定死亡原因的唯一办法就是做尸体检验，但这个操作又会让遗体无法再用于解剖，这就和死者的遗愿相悖了。因此，只要不是可疑死亡，和死者的年龄相符，许多遗体的死因都被归于心脏病、中风或肺炎——这些疾病都被戏称为"老年人之友"。

我们完成了对亨利身体的检视记录，从头顶到小脚趾尖，没有一处我们没有检查过，没有一处我们不曾在书本中查询过、辩论过、检验又确认过。对这位我不能在他活着、呼吸着，能交谈和活动的时候认识，却以一种别人都不曾也无法再认识的方式，特别私密、亲密地了解的人，我感到如此骄傲。他所教会我的，从此一直伴随我，并将永远伴随我。

几个月后，该向亨利告别，并向他承诺我会好好使用他教会我的知识了。在阿伯丁的国王学院礼拜堂为遗体捐献人举行的一场感人的感恩节礼拜中，我与他做了最后的道别。他们的家人和朋友，学院的员工和学生都参加了礼拜。在他们的名字被挨个朗读出来时，我不知道哪个名字是亨利的。我坐在唱诗席的硬木座位上，扫视礼拜堂中的各个面孔，猜测哪位悲痛的亲属正为他落泪。坐在那些陈年磨损了的长椅上的人，哪个是他临死前的朋友呢？我衷心希望他去世时不是独自一人。想到他所爱之人曾在他身边握着他的手说他们爱他，我会大为宽慰。

苏格兰的所有解剖学校每年都安排此类礼拜。我们由此得以向遗体捐献人的家人朋友表达敬意，表明他们的赠礼何等重要，我们无比珍视能造福于下一代的教育。

第 二 章

了解死亡
从了解自己的身体开始

不能系统关注死亡的话，生命科学就不完整。

——埃黎耶·梅奇尼科夫
微生物学家（1845—1916）

我们因何而为人？我最喜爱的一个定义是："人属于一个有意识的存在群体，以碳为基础，倚赖于太阳系，受限于知识，易于犯错，必死。"

　　因为我们是人，就被默认可以犯错，如此想来可以带来一种奇异的安慰力量。我们并没有能力第一次就把所有事情做对，也没有无限的寿命可反复练习，将件件事务都打磨完美。既然如此，我们就应接受自己的生命无法如此纯粹。有些事务我们会做得很好，它们会丰富我们的生活，也丰富他人的生活；那些我们显然永远无法掌握的事情，只是在浪费我们宝贵的时间。

　　《佩姬·苏要出嫁》（*Peggy Sue Got Married*）这部电影里有一个可爱的情节，集中呈现了人们想要一窥未来，好知道当下值不值得在某些事情上下功夫的欲求。"我正好知道，未来，"佩姬·苏在数学测验后对老师说，"我根本不会用到代数——我可是根据既有经验知道的。"在我们对未来之事毫无头绪时提前进行规划，可不怎么容易。而且，年轻时提前规划看起来无足轻重，当我们离那命定的六七十岁越来越近的时候，生命仿佛流逝得越来越快，我们才开始意识到还有很多事情要做。

作为人，"有意识"可能是决定性特征，这集中体现为我们有关于"自我"的认识——自我审视，由此认识到自己是有别于他人的个体，这几乎是一种独特的能力。身份和"自我"认知的心理学极为复杂。在 20 世纪 50 年代，发展心理学家埃里克·埃里克森（Erik Erikson）将身份总结为：（1）一种社会范畴，由群体规则和（所谓的）特征属性或预期行为定义；（2）一个人引以为傲或认为不会变化，同时是有社会影响的社会性特征。（或者两者同时适用。）

学者认为，身份认同感是自我概念成熟的彰显和延伸，我们由此得以发展出密切相连、错综复杂的社会。具有身份认同感使我们探索和展示我们是谁，想要做怎样的人，选择什么价值，于是在某种程度上就令我们能够表达个性，可能也让他人对此报以包容态度。这样，我们就能积极地吸引志同道合的人，排斥我们不认同或不愿认同的人。这种个体性的自由，以及对它的压抑，使人具有了独特的能力和契机来转换身份，调整甚至改变"自我"的感知、描绘和概念。就此而言，我认为埃里克森忽略了身份最为重要的第三种范畴，也是最好玩的一种：物理身份。

作为一个物种，如果我们认识到自己和他人的物理差异，我们就能区分任意两个个体。调查科学的核心正在于身份，就是因为在我们的社会中身份极为重要，而身份又可以调整。包括我所学习的法医人类学，就是为了医事法律目的，对人或人的遗体进行身份辨识。

怎样使用我们天生的人体生物学或化学，来证明我们是自己所说的人，以及我们说自己是谁我们就一直是谁？我们可以把法医学科看作一套将身份不明的尸体与它的生前身份相关联的技术。法医人类学家根据身体的生物学或化学信息，分析死者生前可追溯、可读取的历史，检验还原出来的证据是否符合死者在过去留下的痕迹。或者可以说，我们搜寻在身体中由先天和后天写下的，布在出生和死亡之间的叙事线索。

从一种更加无趣的生物学视角来看，人可以被粗略地看作一堆可自我调节的细胞的大集合。组织学研究的就是动植物细胞和组织的显微解剖。这门学问和细胞周期没有激起我太大的兴趣，里面的生物化学知识复杂得要命，叫我简单的小脑袋运转不停，困扰不已。但我们得承认，细胞就是一切已知生物的基本组成单位。要是说一个生物体的存在就此结束是因为死亡，那死亡就是因为每个细胞的死去。解剖学家知道最终的机体死亡通常可以追溯到细胞，及至组织，然后到器官或系统。所以无论我们怎么看，死亡乃是从细胞始，至细胞终。对个体来说，死亡只是一个单一事件，对身体的细胞来说却是一个过程。要理解这个过程如何发生，需要先熟悉这些生物机体组成部件的生命周期。继续往下读吧——不会太枯燥的……

两个细胞融合，开始增殖，一个人就诞生了——这是个微不足道的起点，从一小团蛋白质开始。这两个细胞在子宫中停留40个星期以后，历经神奇转换，变成了超过260亿个细胞的高度有机集合。实现胚胎大小的巨量增长及各个部位的高度特化，需要有大量的精确规划，让一切按计划发生，幸好，大多数时候事情都这样发生。婴儿长成成人时，细胞集合扩张到了超过50万亿个细胞，分成约250个细胞类型，组成4种基本组织——上皮组织、结缔组织、肌肉组织、神经组织，以及各种亚组织。这些组织又组合形成不同的器官，分别组成9个主要系统和7个局部区域。不过要注意的是，只有5个器官被认为对维持生命至关重要：心脏、大脑、肺、肾脏和肝脏。

每过一分钟，我们身体里就有大概3亿个细胞死亡，平均每秒钟500万个，其中许多是被直接替换了。我们的身体自有安排，知道在何时、如何替换哪些细胞，大体上这是一个持续性过程。每个细胞、组织和器官都有预期寿命，安排得就像超市根据"最佳食用日期"来管理仓储周转。有些讽刺意味的是，寿命最短的细胞，正是启动一切的细胞：精子细胞形成以后，只能生存3~5天。皮肤细胞只能生存2~3周，红细胞生存3~4个月。组织和器官自然生存得更久。肝脏替换所有的细胞需要一整年，而全身骨骼细胞的替换则需要差不多 15 年。

有个美妙的说法是，我们定期地替换掉这么多细胞，每隔 10 年左右我们就变成一个身体上全新的人。但很遗憾，这个神话完全走偏了。这个说法当然根源于忒修斯之船的悖论——如果一个物体的所有部件都被替换掉了，它还是同一个物体吗？你能想象在法庭上我们可以怎么要弄这个神奇的概念吗？假设一个老谋深算的辩护律师在一桩谋杀案审理过程中坚称："但是，法官阁下，我的当事人的太太是在 15 年前死去的，所以，即便曾经的那个他杀了她，生理上他已不再是同一个人，他身体里的每一个细胞已经死去，被替换掉。您面前的这个人无法出现在犯罪现场，因为那时他还不存在。"

这样的论述应该还没在法庭上出现过，要是有的话，我真心愿意去做原告证人，和一个律师探讨这些形而上学的思考会很好玩。不过，这确实生出一个问题：一个生物体可承受多少变化，而仍被认作是同一个个体，延续其可追溯的身份？看看已经去世的迈克尔·杰克逊在多年间发生的身体变化。我们几乎已看不出他是杰克逊五兄弟中那个童星，但还是有其他成分在他的生命中持续存在，一直标志着他是独一无二的自己。我们的工作，就是去找到这些成分。

我们的身体中至少有四类细胞不会被替换，活得和我们一样老——有些细胞在我们出生之前就形成了，可以说比我们活得更久。也许可以用这些细胞来反驳那个狡猾律师的论点，说它们就是我们身体的生物一致性所在。这四种永久性细胞是神经系统里的神经元，颅脑底部的一小块骨质区域，称为耳囊，牙齿上的釉质，以及眼睛里的晶状体。牙齿和晶状体只是半永久的，因现代牙科和外科已能在不伤害患者的条件下将其移除和置换。另两种则不可移除，真真正正是永久性的，它们一直隐藏在我们的身体内部，是证明我们从出生前到死亡后的独特身份无可辩驳的证据。

我们的神经元，或称神经细胞，在胚胎发育的早期几个月就已形成，我们出生时所有神经元的数量就是余生所有神经元的数量。神经元的轴突就像伸得长长的手臂，像南北双向交通的公路系统一样分支延展。神经元从大脑向肌肉传出运动指令，皮肤和其他感受器以相反方向传入感觉信息。最长的神经元是在整个身体中传递疼痛和其他感觉的，从小脚趾尖上及脚、腿、胯，沿脊髓到脑干，上达头顶大脑的感觉皮层。如果你高 6 英尺（约 183 厘米），在这条路径上的每个神经元都可能接近 7 英尺（约 213 厘米）长。要是在衣柜上磕着小脚趾，这个信息到达大脑还需要点时间，所以我们明知会疼痛，但在感觉到并叫出"哎哟"之前还有一秒钟的无痛间隔。

这些细胞在大脑中一直存在，由此可以提出一个有趣问题：

这里是否有着关于我们身份的某些信息？可能可以绘出神经元之间的沟通机制，以此呈现我们如何思考，更高层次的推理和记忆功能如何实现。有研究表明，借助荧光蛋白，我们可以看到记忆如何在一个突触层面形成。实际应用可能还有点像科幻小说，不过我认为，理解神经元在构建身份中的关键作用，就在不太远的未来。

第二类永久性细胞位于耳囊中，在颅骨深处的内耳周围。这颗骨岩部的一部分，内藏听觉器官耳蜗和平衡器官半规管。内耳在胚胎和胎儿时期就形成了，且达到成人时期的大小，在高水平分泌的一种抑制骨代谢的糖蛋白骨保护素（OPG）的作用下，不会生长和重塑。正常情况下，内耳不会发生重塑，这是因为要是它能长大，就会干扰我们复杂的听觉和平衡觉。虽说新生儿的耳区已是成人大小，但它其实仍然非常小，用体积计量单位表述的话，大概只有200微升——也就是4滴雨水的体积。这种细胞不同于神经元，闭锁在这块小小的骨头里，这就让我们有机会恢复个人身份信息。

要理解细胞在人的身份辨识过程中的价值，我们需要知道细胞是怎样形成的，无论是骨细胞、肌细胞还是形成消化道的细胞。在最基本的层面，我们身体里的每个细胞都由化学物质构成。细胞的形成、生存和增殖有赖于其基本构成物质的供给，将这些物质聚合在一起并让其保持活力的能量来源，以及排出废物的排泄渠道。我们身体上供未来细胞生成原料进入的主要开口是口腔，由之导向胃和肠道系统——我们的食物处理场所。所以，每一个细胞、组织和器官的核心成分，只能从我们摄入的食物中获取。我们自己就是我们所吃的食物。补充能量对生存是至关重要的。没有空气活不过 3 分钟，没有水活不过 3 天，没有食物活不过 3 星期，这个说法虽不完全准确，但也很接近事实了。

我们不能在子宫中独立摄入食物，便通过胎盘和脐带从母亲的饮食中获取养料，这才能应对发育诸事，组织我们自己的细胞生成。孕妇一个人吃两人份是谬论，不过她确实得确保她的饮食不仅满足自己的需要，还要足够应对一个胃口很大的胎儿的需求量。

构建耳囊所需的营养物质，就是由母亲孕 16 周左右时的饮食供给的。所以，在我们的脑袋里，那块大小仅够盛下 4 滴雨水的小骨头大概要在我们余生中都携带着母亲怀孕 4 个月时的午餐化学元素记录。要是需要证明妈妈永远不会离开我们，这就是证明；要探究妈妈是怎么进入我们脑海的，这就是个全新视角。

我们认为自己的饮食相当普通，但实际上我们摄入的水和食物完全保留了我们住地的特征。水从各种地质结构中渗过，带上了与当地化学元素一致的同位素比值。我们摄入水分时，这个印记就进入了我们所有组织的化学成分之中。

牙釉质的化学构成在一生中几乎不会改变，因此腐坏的牙齿也无法自我修复。所有将要脱落的牙齿（乳牙）的牙冠在我们出生前即已形成，其构成成分因此与母亲的饮食直接相关，我们的第一颗恒磨牙也是如此。其他的恒牙由我们自己打造，反映我们童年的饮食状况。

头发和指甲与永久性组织一样，包含饮食的丰富信息，其结构为线状排列，生长较有规律。由此在其中可获得所摄入营养物质代谢沉积的化学性时间线，清晰得就像读取二维码。

法医人类学家会怎样使用这些细胞给出的神奇信息，解读一个人的生命故事，确认他的身份呢？稳定同位素分析就是一种能发挥作用的技术。根据我们身体组织中的碳稳定性同位素和氮稳定性同位素的比值，可以分析出饮食状况：这个人主要吃肉、吃鱼还是吃素。氧同位素比值反映的是饮食中的水源信息，从与水相关的稳定同位素的特征，我们可以推断这个人是怎样生活的。

你搬到其他地方以后，你留在细胞里的标记会变化，因为你吃的食物和喝的水的化学成分都不一样了。用头发和指甲可以分析出你的地理位置变迁的时间线。在鉴定死者身份或追踪罪犯行踪时，这种信息非常有用。比如说，一个恐怖主义嫌疑人坚称自己从未离开英国，但他头发的稳定同位素比值却显示出突然的变化，与阿富汗地区的同位素比值特征相符。头发的同位素分析也能显示人们是否在持续使用某种物质，如海洛因、可卡因、甲基苯丙胺（冰毒）等毒品。这当然也是证明维多利亚时期的神秘谋杀案中砒霜下毒的首选方法。

所以，理论上我们可以检查一个人的遗体，从耳囊和第一磨牙的同位素特征，发现他的母亲在怀孕时住在何处，饮食结构如何。然后我们可以分析其余的恒牙，确认死者在哪里度过童年；检查骨头，看他在死前15年左右在哪里居住。最后用头发和指甲确定他在什么地方度过生命的最后几年或几个月。

管理人类细胞集合极为复杂。如果将身体看作生产细胞的工厂，在我们的身体素质最好的时期，它一般都运转得非常顺利，能高效替代我们每分钟淘汰掉的3亿个细胞中的绝大多数。但随着我们年龄渐长，机能开始退化，生产新细胞的能力也有所减退。衰老的标志开始显现：头发变细褪色，视力衰退，皮肤起皱松弛，肌肉质量和张力降低，记忆力和生殖能力下降。

这些都表明发生了正常的功能减退过程，也即衰老，也清楚显示我们如今远离生命的起点，更接近终点。医生告诉你身体上的某个问题对你这个年纪的人来说非常正常并不能给你多少安慰，你同时就意识到，死亡在这个年纪也很正常。衰老的问题还会叠加：有些细胞开始"耍流氓"，异常生长增殖；身体组织因环境中的毒素而受损；肆意的生活方式行不通了，各个承受了压力的器官会停止有效运作。我们可以通过内科、外科干预和药物支持来延长许多身体机能的时限，但最终，当这些机能不能独立运转时，我们作为有机体，就会死去。

有一个医事法学上的定义是，当"个体出现不可逆的循环和呼吸功能停止，或不可逆的全脑（包括脑干）所有功能停止"，就是有机体的死亡。"不可逆"一词是关键。逆转不可逆之事，是医疗界抗击死亡的圣杯。

看来，那5个关键器官的活动决定了我们的生命，大概也最终决定我们的死亡。现代医学奇迹能实现4种器官的移植：心脏、肺、肝脏和肾脏。但那"大家伙"，大脑——我们身体中其余各个器官、组织和细胞的根本指挥控制中心——未曾被成功替代过。生与死之间的协约，似乎就写在这些神经元之中。（我说过，它们很特别。）

看来，那5个关键器官的活动决定了我们的生命，大概也最终决定我们的死亡。

我们的身体不仅在生时发生变化，在死亡中也如是。当与组织和细胞解构相关的过程开始之时，我们开始分解为最开始构建起我们的化学成分。有一帮"志愿者"候着施以援手，包括人体微生物群落中的上百万亿个细菌，它们此时摆脱了活性免疫系统的约束。机体环境的动态平衡一旦发生灾难性变化，彻底不利于机体的再生或复苏，细菌就来接盘了。这时生命无法挽回，死亡必将到来。

比如说，多数情况，我们在家里亲人的陪伴、医院或急救中心的看护下死亡，准确的死亡时间可以被直接记录下来。但当有人独自死去，或是突然发现了可疑的尸体，我们就得估算尸体死亡的日期和时间，以完成法律和医学程序。我们尽量从尸体给出的信息确定死亡间隔时间（TDI）。所以法医人类学家不仅要掌握身体的构建过程，还要知道身体的分解过程。

死后变化有 7 个可辨识的阶段。第一个是皮肤苍白样改变，这一改变在死后几分钟就开始出现，持续约一小时。我们说某个不太舒服的人看起来"白得像死人"，就是指这种现象。心脏停止跳动以后，毛细血管循环作用停止，血液从皮肤表面退去，并由于重力作用开始聚集到身体的最低处。这种现象在死后很早就发生，因此对确定死亡间隔时间意义不大。这也是一种主观特征，很难进行量化评定。

第二个阶段是尸冷，在身体开始冷却时很快发生。（有些情况尸体可能会升温，这取决于周边环境温度。）尸体温度最好从直肠读取，因为皮肤表面通常比深层的组织冷却或升温得更快。不过，虽然从直肠温度的冷却速率相对稳定，也不能断定在死时尸体的温度就是正常的。有许多因素能影响体核温度（机体深部温度），包括年龄、体重、疾病和用药。有些感染或药物反应会使体温上升，运动或死前剧烈挣扎也是；而读取到低于正常的温度可能是因为深睡眠等身体状态。所以，这不是判断死亡间隔时间的可靠指标。

发现某人死亡时，其尸体所处的环境也会影响尸体冷却的速率。例如在高于37℃的地方，尸体不会变冷，基于温度计算死亡间隔时间就不适用了；要是一个人已经死去一段时间，评估尸冷情况显然也不合适，因为尸体温度最终会调整至环境温度。

在死后几小时内，肌肉开始收缩，第三个短暂的死后阶段开始了：尸僵。僵硬通常在死后5小时内从较小的肌肉开始发生，随后传到较大的肌肉，在死后12~24小时达到高峰。机体死后，将钙离子从肌肉细胞中泵出的机制失灵，钙渗入细胞膜，导致肌肉里的肌动蛋白和肌球蛋白收缩，让肌肉紧张、缩短。肌肉包裹关节，因此关节也可能在死后数小时内收缩并定型在僵硬的位置。一段时间后，僵硬的肌肉会因自然分解和化学变化开始松弛，关节也同样可以转动了。这也解释了一些罕见记录中的一具死尸似乎出现了抽搐或移动的现象。但我保证死者不会坐起呻吟——这种事真的只发生在恐怖电影里。

最早的肌肉萎软、僵硬和第二次萎软可以用于确定死亡间隔时间，但有许多变量影响僵硬持续时间，乃至僵硬是否发生。例如新生儿和老人不出现僵硬是很常见的。在较高温度下，僵硬过程开始得更快，在低温中则会延迟。某些毒素也会有影响（马钱子碱会加快僵硬发生，而一氧化碳则会减缓僵硬发生）。如果死前发生剧烈的身体活动，僵硬过程也会发生得更快，但在冷水致溺的情况下就不会出现僵硬。所以，不管犯罪剧集怎么说，这也不是判断死亡间隔时间的明确指标。

心脏不再泵血，身体逐渐进入死后变化的第四个阶段：尸斑。在死亡发生后的皮肤苍白样改变阶段，血液几乎立即就开始沉积到身体最低处，但数小时内还不会出现尸斑。

质量较大的红细胞穿过血清，沉积到低处区域。此处的皮肤逐渐因红细胞聚集呈现出深红或蓝紫色，与上方皮肤的苍白形成鲜明对比。皮肤接触停尸物表面的区域（例如尸体仰躺，背部接触表面），血液从组织里挤出，聚集在没有接触压力的区域。因此接触区域较为苍白，而周边区域呈现出颜色较深的尸斑。

通常在死后 12 小时呈现出最大面积的尸斑。这种尸斑随后就不再变化，可以在调查可疑死亡时成为有用指标，解释尸体在死后数小时内如何陈放，我们可由此评估尸体是否被移动过。背部有尸斑的尸体，被发现时却是面朝下趴着，则显然是被翻动过。如果一人吊着死去，血液都聚集在四肢的低端，即便身体被放下来，这种固定的尸斑也会持续分布在手臂和腿的远端。

大概在 2017 年，出现了一个较新的研究领域，死后生物群落——在死人身上蓬勃繁殖的细菌群。研究人员发现，从尸体的耳鼻开口处取菌样，使用下一代宏基因组测序，可能可以准确测出死亡间隔时间，即便对于已经发生数日或数周的死亡，误差也可控制在数小时内。如果这个研究经验证可靠，这个方法的成本也不太高，就可能逐渐取代此前使用的前述四阶段观测法。

如果尸体在这四个阶段都没有被发现，会开始散发难闻的气味。在第五个阶段即腐败阶段，细菌的整体结构开始解体，细胞膜开始被微酸性的体液溶解。这个过程称为"自溶"，给厌氧菌以细胞和组织为养料增殖提供了完美的条件。细胞自溶的过程释放出各种化学物，包括丙酸、乳酸、甲烷、氨，我们可以通过检测这些化学物来找到被分解的尸体被隐藏或埋藏于何处。用寻尸犬搜寻尸体是我们所熟悉的做法，据说狗的鼻子比人灵敏 1 000 倍，可以嗅出微量的腐败气息。狗并非唯一嗅觉灵敏的物种，人们也曾训练老鼠搜寻腐败气味，更不可思议的是，还训练过马蜂。

随着气体释放增加，尸体开始膨胀，一些有气味的物质如尸胺、粪臭素、腐胺等越聚越多，对昆虫产生不可抵挡的吸引力。尤其是绿头苍蝇，在死亡发生几分钟后就能察觉腐败产物，开始在尸体上搜寻产卵地，通常是眼、鼻、耳等孔窍处。腐败的恶臭味到处蔓延，昆虫由此辨识出自己及后代的食物来源。在腐败组织内部持续积聚的压力会导致液体从身体孔窍中流出，甚至皮肤开裂，招致更多的昆虫和食腐动物。皮肤开始变色，转成深紫、黑或类似重度瘀血的深绿色，这是血红蛋白变性的副产物发生腐败的结果。

第六阶段是快速继续腐烂，这一阶段发生在幼虫孵化和大群蛆虫称王称霸的时候。这些虫子会孜孜不倦地分解组织，那是它们的食物来源。在继续腐烂的阶段，昆虫和动植物活动相继发生，所有的软组织都最终被分解。这个阶段人体组织成为生物养料，或液化进入周边环境，损耗量最为巨大。其间产生巨大热量：一个蛆虫窝里大概有 2 500 条蛆虫，其内部温度在环境温度基础上提升 14℃。在 50℃以上，幼虫无法成活，因此当蛆虫窝内部温度接近这个临界值，蛆虫就分散成较小的集群，让温度降下来。这种从中心向外游走的活动持续发生，疯狂活动，使它们像一群"热锅上的蚂蚁"一样。

最终的第七个阶段是白骨化，身体的所有软组织都已被分解，只剩下骨头，可能还有一些头发和指甲，因其成分为惰性的角蛋白。在一些环境条件影响下，随着时间流逝，骨头也会被分解。这样，我们又回归成在生命伊始组成我们的那些元素。地球上的矿物质资源是有限的，我们每一个个体都由可循环的成分组成，随后又将这些成分归还到那个化学物质池里。

完成上述死后分解过程需要多长时间呢？答案不那么简单。在非洲的一些地区，昆虫活动猖獗，温度较高，人体从尸体变为骨架只需 7 天。但在苏格兰的寒冷野外，可能需要 5 年乃至更久。身体分解的速度受气候、氧气接触、死因、埋葬环境、昆虫分布、食腐动物活动、降水和裹尸处理等多种因素影响，我们很少能根据这个现象来判断确切的死亡间隔时间。

如果尸体分解明显延滞或索性中止了，无论是出于偶然还是故意的原因，都会影响评估死亡间隔时间的可靠性。冷冻几乎能完全中止分解，只要解冻次数不太多，我们可以在数百年后还辨识出身体特征。另一种极端情况是干热使组织脱水，尸身也可由此保存。中国新疆的干尸和美国内华达州法伦市的灵洞（Spirit Cave）木乃伊就是在这种条件下保存如此之久的。埃及的拉美西斯和图坦卡蒙等著名木乃伊能持久保存，主要是化学药品的作用。摘除体内器官，再用草药、香料、油脂、树脂和泡碱等天然盐填充的处理流程需要高超的技巧。

把尸身浸没在水中可阻断有氧活动，如在泥炭沼泽中就发现过保存下来的尸体。尸体因此无菌，泥炭的酸性慢慢将骨架溶解，留下鞣化皮革质地的皮肤，即便在数个世纪以后也可用肉眼辨识。在温度、水酸碱度和氧气水平适宜的条件下，体内脂肪不会腐烂，而是皂化，变成尸蜡，形成永久性的固体脂肪组织。1996年在瑞士的布里恩茨湖湾中漂浮着一具无头男尸，已完全被尸蜡包裹。最后分析表明，他在 18 世纪初在湖中淹死，一度被覆盖在沉积物中。当地发生过两次轻微地震，将他从禁锢地里摇出，最终漂到水面上。

一些研究人员认为有必要专门建立人体埋葬学研究设施——比较恶心的俗称叫"尸体农场"——将人的遗体留在户外，研究人员就可以更好地钻研和理解分解过程。美国有 6 处此类设施，澳大利亚目前有一处，但我不支持在英国建一个尸体农场。我无法安然接受论证这种设施好处的理由。并没有什么证据表明，目前使用动物（一般是死猪）作为替代的方法会无法精确确认死亡间隔时间，也没有证据表明在这些研究设施中产生的研究大幅提升了我们估算死亡间隔时间的能力。如果要我转变立场，需要这两个问题都有依据。这种设想阴暗冷酷，在受邀像观看旅游景点一样参观一处此类设施以后我更加不安了。经常有人问我为什么不应该建立"尸体农场"。我想更应该问：为什么我们需要它，想要它？

无论我们死后的遗体如何存在，身份与生时同等重要。名字——它是我们自认为"我"的核心——在骨头消失以后还能流传，在我们的最终憩息之地的墓碑、牌匾或纪念册中受到纪念。名字可能是我们的身份中最不永久的组成部分，却可比我们必朽的遗体留存得更久甚至跨越世纪，有时还能有力地激发后来人的恐惧、愤怒、爱与忠诚。

在所有调查死亡的警务工作中，无名尸体都是最大的问题，人们总要坚持解决这个问题，无论从死亡到尸体发现间隔了多久。法医学家会去努力发现这具遗体与一个名字的关联，这样就能获取文件证据，找到亲友来确认死者的身份和生活环境。在找到这种关联之前，我们无法对此人生前的家庭、社交圈和同事进行问询，无法追踪其移动电话活动，无法查检监控录像，无法重现其死前经历。每年有大量的人口被报失踪，仅在英国就有大约 15 万，所以确定遗体的名字并不容易。我们最最基本的任务，就是让一具尸体与其出生时取的名字重逢。

一般来说我们在出生前就有了名字，一般也已经有姓，不然在出生后也很快就有名字了。我们没能选择名字，名字也不是偶然得来的，我们也不太可能是第一个或唯一一个使用这个名字的人。名字是由他人替我们选择或赠送给我们的，也可能是诅咒的标记，我们要携着它走过余生，它成为我们认为自己是何人的重要组成部分。

我们会条件反射般、毫不犹豫地应答自己的名字，这甚至是下意识的反应。在一个嘈杂房间里，我们可能听不清谈话，但自己的名字被提及时却听得清晰。在生命进程中，名字很快就嵌入我们认定的"自我"历史中，我们会努力保护名字不被他人滥用或挪用，有时还会为此花去大笔金钱。

然而，名字对身份如此重要，我们却会因各种事情去改变名字：因为组建了新的婚姻和家庭，为了区分个人生活和工作，或者就因为我们不喜欢自己出生时的名字。有人一辈子只用一个名字，有人以不同的角色使用两个或许多名字。一般人要正式改名，在可追溯的官方档案中就有所反映；即便如此，它也给法医调查增加了额外的工作。

要是再考虑昵称和缩写，一个人身上的标签能排成行。我自己的情况可谓典型。我出生后的姓名是苏珊·玛格丽特·冈恩。孩童时期我是苏珊；在惹了麻烦以后我是苏珊·玛格丽特，我的正式全名。长大以后，朋友们叫我苏。结婚以后，我变成了苏·马克劳林（太太，后来是博士）；然后我再婚，就是苏·布莱克（教授，后来是女爵）。有一个短暂时期，为了保证发表专业期刊文章时身份一致，我是苏·马克劳林–布莱克。（这真是一场身份危机。）

要是我母亲的意见占据上风，我就会是佩内洛普，就因为她喜欢佩妮这个名字。我逃过了被叫作佩妮·冈恩的命运；作为未来的法医人类学家，我也幸好没有被起名为埃奥娜，虽然配上合适的姓，这也是个挺可爱的名字。好在苏珊·冈恩这名字不功不过，虽然只列姓名首字母的时候我的姓总是会被调侃，毕竟 S. M. 冈恩肯定会让人叫成"冲锋冈"的。

独一无二的名字这么少有，我们很多人都要和其他人共用同样的个人标签。英国有 70 万人姓史密斯，其中 4 500 人叫约翰。我婚前的名字不算很常见，上一回我查阅时，英国只有 16 446 人姓冈恩，大多数人当然分布在苏格兰东北部的威克和图尔索周边（即因弗内斯附近），其中只有大约 40 人叫苏珊。

同名同姓可能挺好玩，但显然也会引起麻烦。英国演员要选用一个没有其他人在用的名字来加入演员工会，肯定困难如噩梦。

我冠上布莱克这个姓的时候，另一个苏珊·布莱克出现了，是一位拯救布莱切利园网站于衰落的计算机科学家。苏·布莱克博士及官佐勋章（OBE）获得者，是一位和我同龄的可爱女士。我们从来没见过，但有邮件沟通，因为有人来问我布莱切利园的问题，或者邀请我去演讲二战期间的密码破译，而我只能令人失望地回复说，他们找错人了，最好还是去找另一位"苏·布莱克博士"，我只能和他们谈谈死人。

我们对身份的执迷在世界各地的民间传说和文学传统中都有所反映，许多故事描述了伪装、假身份、身份混淆、盗用身份，更有许多故事讲弃儿领养或婴儿出生后被交换的事。这些主题是莎士比亚写的许多喜剧的特征。他很多作品都多少和身份概念有关。这些是探索社会、冲突和人与人的联系取之不尽的情节设置模式。

这些故事在过去的简单社会中更站得住脚，当时创造新身份或使用别人的身份，暴露风险比当今要小得多。16世纪盗用马丁·盖尔身份的著名诈骗案给许多著述、电影和音乐剧以灵感，在现代，这种案犯就不可能长久逍遥，因法医学可以确认出独一无二的身份。

但仍有许多柜中骷髅见了天日。在多年后，你发现你不是自己认为的那个人，真的是惊天震撼，能引发一场名副其实的身份危机。母亲其实是我的姐姐？父亲不是我的父亲？父亲是我的爷爷？我是领养儿？我们在一生中的身份由身边的人加持，我们相信他们说的都是真话，那么我们的名字和传承就成为自我感知和安全感的基石。谎言被戳穿，关于自己和自己在世界上的位置的一切理解都在耳边坍塌。此类发现常由死亡引发，因亲属们通常会翻查遗存文件，或者因调查员为了找出无名死者身份或了解死者境况和死亡动机而深挖其生活。

当法医人类学家面对一具无名尸体，我们怎样重建死者和名字的关系呢？首先我们要进行生物画像：此人是男是女？死时多大年纪？祖籍是何处？有多高？由此可将一个人对应某类档案。我们确认眼前是一位 25 岁上下、约 168 厘米高的黑人女性，就可以在失踪人口数据库中寻找符合这些宽泛条件的对象。会有很多可能的人选出现。有一次搜寻 20~30 岁、身高为 168~173 厘米的白人男性，仅在英国就反馈了 1 500 个名字。

国际刑警组织（INTERPOL）使用三种特征作为身份的基本指标：DNA、指纹和牙列。指纹和法医牙科学在法医学里已使用了上百年之久，但新近出现的 DNA 分析在 20 世纪 80 年代才成为法医工具。雷切斯特大学的英国基因学家阿列克·杰弗里爵士的先锋探索使这种技术可实际应用，在警务调查、父系争议、移民问题中的身份鉴定方面产生了革命性影响。

DNA，即脱氧核糖核酸，是身体中大多数细胞的基因组件。我们有一半 DNA 来自母亲，另一半来自父亲，因此 DNA 有直接的家族可追溯性。一种常见的误解是，从尸体中提取 DNA 即可鉴定身份，但其实需要将采样做比照：或在能获取样本的情况下比照死者可能身份的 DNA，或是比照直系亲属（父母、兄弟姐妹、子女）的采样。死者与父母一方的基因关联强度与失散的兄弟是一样的，因此如果要做亲属比照，还需要结合失踪者的其他生物证据，如牙科记录。

若是使用父母采样，我们尽量采用母亲的 DNA，因显然父亲有并非生父的可能。家庭形态和规模各异，生物关系在家里往往不是秘密。但对于戳穿秘密可能引发惊扰的家庭，调查时会再三谨慎斟酌。我充满智慧的祖母说过："你知道你的母亲是谁，但只能听她说你的父亲可能是谁。"这里面可能有许多家族故事。无论是什么情形，在丧亲之痛中没有人想要额外背上戳穿秘密的负担。

最近发生的一场大型伤亡中有超过 50 人丧命，其间出现了关于死亡和 DNA 分析如何揭露家庭秘密的教科书式典型案例。两个姐妹认为兄弟在灾害中丧生，但检查所有的医院之后，都没有发现他在任何事故和紧急事件中的登记信息。她们没有他的任何消息，他的同事和朋友也没有收到音讯；他不接电话，也没有电话从他的手机中拨出。一个多星期以后，也没有任何他的银行取款或信用卡使用记录。

停尸间里有一具支离破碎的无名尸体，符合此人的身体特征，但尸体的 DNA 和两位姐妹的并不相符。后来的调查显示，这具尸体确实是她们失踪的兄弟。她们并不知道，他本人也可能不知道，他在婴儿时期被这个家庭领养——这是一位年老的姨妈最终确认的。姐妹俩如今要遭受双重打击：失去了兄弟，并发现他并非亲生兄弟。这使她们开始焦虑于兄弟的身份、她们与他的关系，以及她们父母的诚信。

英国警方每年平均接听 30 万个与人口失踪有关的电话，一天差不多接 600 个。其中一半人会被正式记录为失踪人口，其中大约 11% 被标记为高风险和极脆弱人群。超过 50% 的失踪人口为 12~17 岁，许多属于"离家出走"。其中一半多一点的人（大约 57%）是女孩。幸好许多孩子会回到家里，或被发现还活着，但有 16 000 多个孩子会被记录为"失踪"状态超过一年。成年人失踪状况有所不同：大约 62% 是男性，常为 22~39 岁。一年大概发现可疑死亡 250 件左右，不到 30 例是儿童。

英国失踪人口局设在国家犯罪调查局辖下，与国际刑警组织、欧洲刑警组织及其他国际组织有联系。有人失踪时，国际刑警组织向 192 个成员国的警方发出"黄色通报"。发现尸体又无法确认身份时，发布"黑色通报"。在理想情况下，所有的黑色通报都能对上一则黄色通报。我们尽量对照失踪人（死前）的身份特征与死者（死后）的身份特征，来匹配这些信息。

采集死前数据显然要从警方的 DNA 库和指纹库开始，但警方只有在死者引起他们的注意后才会在数据库里查对。（有多个不同的数据库存有 DNA，为犯罪现场采样分析进行身份辨别或身份排除，向所有的法医调查人员、警察、军队等开放。）我们如有合理理由，就可以通过国际刑警组织请求其他的国际执法机构在他们的数据库里搜索。大部分国家都没有全人口的 DNA 或指纹记录，也没有全国牙科记录数据库。所以，除非你供职于警方或军队，或者曾经犯罪，否则你的身份特征很可能不会出现在任何数据库里。

我们来举一个例子。在前面我们谈到了搜索一个年轻白人男性返回了 1 500 个可能匹配的数据的例子。一个人在苏格兰北部的偏远林地里遛狗时发现了他，警察和一位法医人类学家接手。其骨头平躺在树林的地面上，大致保持在标准解剖学姿势，但头骨滚在脚边。在尸体上方一株高大的苏格兰松树树枝上挂着一件夹克衫的兜帽，里面有一块人骨，是第二颈椎。树下的尸体上这一块颈椎缺失，这样就很好地补全了整副骨架。因此可以合理推测，尸体曾悬挂在树上，随着尸体分解，颈部组织拉伸，最终脱离。尸体掉在地面，头部因组织分离落向不同方向，颈骨掉在了兜帽里。

这些都说明这宗死亡并无可疑之处，更可能是自杀。无论是出于什么原因，看起来此人曾爬上松树，将身上的兜帽系在树枝上，然后跳了下来挂在上面。但我们接下来要尝试辨别死者身份，才能开展一定的调查，并通知死者的亲属。

没有发现旁证物。没有钱包，没有驾照，没有银行卡。我们从骨头上提取了 DNA，但在 DNA 库里没有找到匹配记录。遗体已经白骨化，也就得不到指纹。人类学评估显示这具尸体是 20~30 岁、168~173 厘米高的白人男性。

从骨架上我们辨识出一些他死时已完全愈合的旧伤：三条右肋曾经骨折，右锁骨一处骨折，右髌骨一处骨折。如果这都是在一次事故中受的伤，他很有可能曾在医院治疗，就会留下医疗记录。他也拔除过四颗牙齿：左右两侧上下颌的第一前磨牙。其他牙齿的移位情况显示这些牙齿不可能是先天缺失，而是由专业操作拔除，那么牙医诊所或许会保有这些拔牙记录。我们还得去找这些记录。

就是这些基本特征生成了 1 500 条可能匹配的身份数据。显然警方无法从如此大量的模糊线索中追查，否则将耗费巨量资源。为了帮助警方处理，我们得缩小可能数据的范围，直至一到两位数字。我们进行了面部重建，根据此人的头骨形状复现了他的特征。这个过程是科学与艺术的巧妙结合，并不是为了完美重现一位死者的脸，而只需达到足以让认识他、可能见过他的人能认出来的程度，这就能生成更精确的线索供警方采用。

复现后的面孔被印在海报上，在发现尸体的周边地区张贴，通过报纸、电视、寻人网站和国际刑警组织广泛传播。BBC（英国广播公司）电视节目《刑事观察》（*Crimewatch*）报道此案后，出现了几条强有力的线索，其中许多指向同一人。其中一个问询电话来自死者的母亲，她刚好在看这个节目，认出面部重建结果很像儿子：这是她最可怕的噩梦。

一个名字被划掉或确认后，调查就从广泛的物理身份转向可能的个人身份探查。警方可以开始询问亲属，采集DNA样本做比照。在这个案例里，母亲的DNA匹配上了，儿子的生物特征也对上了：白人，身高170厘米，人们最后一次见到他时他22岁。他的牙科记录、家庭医生及医院医疗记录、X光片，全都吻合。他失踪前几年曾卷入一场斗殴事件，骨折情况全部被医院记录下来。

确实没有什么罪案好调查。这个人在他的尸体被发现前三年离开了家，告诉家人自己陷入了麻烦，欠了毒贩的钱，要躲一阵。他说他会到北方去，不用担心，他会很好。在他死亡的地方的人们认为他离群索居，有酗酒和吸毒习惯，他使用了一个与在家时不同的姓名缩写。

年轻人选择结束自己的生命是悲伤的事。我们不能臆测或判定是什么让他走向自杀，但将名字归还给他以后，我们就能讲出他的故事。我们给一个忧心如狂的家庭带去答案，将他的遗骨归还。我们很少给亲属带去欢乐的消息，但我们也相信，递送消息时的善意、诚实和尊重，最终会有助于他们面对事实和创伤的愈合。

无疑，要是这位年轻的自杀者随身携带着身份证件，我们就能很快结案。大多数人身上总带着一些可表明身份的东西，或是至少可以帮助调查开始的线索；但要辨识没有携带旁证物之人的身份，若有覆盖所有人的 DNA 库或强制性身份证，自然更加容易。然而，让政府机构给我们贴上更私密的标签，是很有争议的问题，许多人也会因此忧虑这是否侵犯了公民的自由和隐私。

我们将身份看作私密之事，但事实上又和我们来往的每个人分享精细的身份信息。有时候，执行公务的人会要求你公开身份：在我们这儿，就是当你死去的时候。

在 1926 年写成的《死亡之船》(*The Death Ship*) 中，主角与一名执法人员概括了这个问题。作者 B. 特拉文启发我们对身份进行反思，他自己也多少是个身份神秘的人。他使用笔名，他的真实身份，以及一些生活细节，至今仍然颇有争议。

> "你要出示一些文件来说明你是谁。"警官向我建议说。
>
> "我没有任何文件，我知道我是谁。"我说。
>
> "可能吧，但其他人也想知道你是谁。"

第 三 章

死亡零距离

当那些爱你的人溘然而逝

要是生命不该被太当回事，那么死亡
亦然。

—— 塞缪尔 · 巴特勒

作家（1835—1902）

"去看看威利好不好。"

这道简洁的命令，被我父亲随意抛出，然后他离开房间，去招呼殡仪馆的礼拜堂里与母亲和姐姐一同等候着的亲友。

威利，我的外养祖父，已经死了三天多了。我不觉得父亲是因为自己退缩才让我去。他是那一代一个典型的苏格兰人，老派，不说一句废话，曾经在军队待过。他不会看到威利的尸体就被吓慌的。他也不认为对女孩就该娇纵，所以他大概是认为，我既然选择了这个专业，那当然是最适合做这事的人。

这时我已经解剖过几具尸体，也协助进行尸体防腐工作，但我还没满20岁，而且在解剖室里学习与第一次面对我深深爱着的人刚刚死去的身体，当然是完全不同的事情。父亲完全没有想到，我没有准备在殡仪馆的看候室里面对我最爱的长辈的尸身。我当然不知道他说"好不好"是什么意思，但他把这项工作交给了我，我们又总是按照他说的做，我就没想过说我不想做。我的父亲总是发号施令，仿佛他依然是个军人，而他那标志着军士长身份的小胡子仍然竖着，一派不容违抗的权威。

从各方面来说，威利都是个存在感很强的人。他心宽体胖，死时已达 83 岁高龄，受人敬仰，头上没有一根灰发。他曾参加二战，但和他那一代许多人一样，对此闭口不谈。他以石膏装饰材料生意为生，因弗内斯富人区里许多大房子中华美的顶角线，都要归功于他。

威利的太太克里斯蒂娜常被大家称作蒂妮，他们自己没有孩子，为此非常伤感。我的外婆是蒂妮的姐姐，她在生下我母亲 7 天后去世，而这对夫妇很高兴地收养了我的母亲，将她在一座满是爱与欢笑的房子里养大。对我来说，他们就是真正的外公外婆：和蔼，体贴，宽容，甚至可以说很娇惯我。

退休以后，威利在当地修车厂里洗车赚点小钱。我记得他站在洗车架前，手里握着冲水管，脚上穿着大筒靴，那靴筒卷下来，卷在小腿上，因为他的腿太胖了。他嘴里叼着烟，总是在笑。不知怎么，他就喜欢把嘴唇一鼓一鼓，对我们这些小孩来说真是好玩极了。他和家人一起照顾生活不能自理的太太——她患有痴呆症、严重关节炎和令人衰弱无比的骨质疏松症，生活极为艰难。像那时候的许多家庭一样，他认为这是对她的责任，从不谈什么把她送到医院或护养院的话。

蒂妮去世后，威利每周日都到我们家来用午餐，天气好时还和我们一家人一起出游。我见他出门时永远穿三件套装、衬衫，打领带。他只有两套套装，一套粗花呢的日常穿，还有一套好衣服参加葬礼时穿。

威利有一张照片，最能体现他对生活的热情和他所传播的欢笑。照片是在因弗内斯北边不远处的布莱克岛罗斯玛基海滩上拍的。那天热得烤人，我们开车到那儿去，在海滩上野餐。所有人都挤到爸爸的车里。他那时开一辆黑褐相间的 3.8 升捷豹Mark Ⅱ，又骄傲又快乐。

就算在马里湾海滩上吃三明治，威利也穿得像要去教堂，一身套装，鞋子擦得锃亮。我们打开一张轻质金属管制的花园椅子，放在沙子上，让他在我们将毯子和食物铺在海滩上时坐在阴凉处休息。妈妈准备的食物一向多得够喂一营的人，我们忙着干这些活的时候，背后爆出一阵大笑。威利卡在了那张脆弱的椅子里，他那不容忽视的体重压在细长的框架上，椅子腿被压弯了，倒向沙滩上。他像站在沉到海浪里的舰艇长一样，一边下沉，一边将手举在额前致意，他的腿相当优雅地在身前伸直，直至他臀部着地。照片里他大声嘲笑着自己的滑稽窘态，你实在没法不和他一起欢笑。他在生活中拥有的不多，却异常满足。

要是威利还能笑的话，他自己去世的方式大概也能叫他再笑一场。一个星期天，他来我们家吃午饭，他扑倒在桌边，就好像突然睡着了。他患的是主动脉瘤破裂，这事不会有任何先兆——死亡在瞬间来临。他是幸运的，但对我那颇为情绪化又敏感的母亲来说，这可真是残酷的打击。上一刻他还满怀欢喜，下一刻他就走了。威利和我家的桌布都不太走运，他倒得毫无仪态，一头栽进了他自己那碗亨氏番茄汤里，好像他一心要在最后一刻继续发挥他的幽默感。

如今我们这些亲友都悲痛地聚集在殡仪馆，准备哀悼那一辈人中最后一位的离去。但在这之前我还得先深深吸口气，抖擞精神，去做父亲叫我做的事，为威利做最后一件事：看看他"好不好"。

我想每个人在看到死去的亲人时，都会略微停顿，想起他们在世时的模样，紧紧抓住记忆，不让那形象消散在他们死后的模样中。威利曾有一个善良、温和的灵魂，生命活力四射。我从未听过他说人一句坏话，或抱怨什么事情。他曾让我假装在赛马上下注，带我去商店买糖，让我帮他洗车——他就是我年轻生命中的一个欢乐存在。我只遗憾不曾有机会在成年后更多地了解他。

我记得那看候室里的暗淡灯光，低声播放的圣乐，花的香味，可能还有一丝消毒水的气味。木棺被架在房间中央的灵枢台上，周围簇拥着鲜花，棺盖大开，但很快就要被永久地盖上拧紧，好让他安睡。

我心中突然感到一阵震动，无比清晰地意识到父亲让我做的是多大的一件事。棺材里那个人直到我检查过以后才会被下葬。威利得被检验合格。我觉得自己肩负重大任务,却还不过是个小小学徒,真不知我准备得是否充分,又会受到什么影响。

我接近棺材,听到心脏在怦怦直跳,向棺材里张望,但那好像不是威利。我猛地深呼吸一口。在那白色亚麻布间躺着的人个头小得多,蜡样的苍白取代了红润的脸色,可能只有隐隐一点依据表明这是曾经的威利。他的眼睛周围没有笑纹,他的嘴唇是淡淡的青色,并且他沉默得令人吃惊。他穿着威利那套最好的葬礼套装,但那个人的本质已不在,仅留有一丝微小的物理痕迹,而这躯壳中一度承载着他的饱满人格。那天我意识到,当那一度让我们之所以是我们的那股生气,离开了我们一贯驱使着走过生命历程的这副皮囊,物理世界中留下的不过是一阵回声或一道影子。

棺材里的当然是威利,或者至少是他的遗体。他不再是我记得的样子。几年之后,我在一场大型伤亡事件后见到遇难者家属在地上排放的死者遗体前来来回回地搜寻,他们绝望地想要找到或根本不想找到那张面孔,那时我就想起了这段经历。我想起有些同事对有些人辨认不出他们最亲近的亲属的尸体深表怀疑。但就我个人的经历来说,我明白,即便是你认识的人,他在死后也和生前大为不同。人体外貌发生的变化要深刻得多,绝不仅仅是血流停止、压强消失、肌肉松弛、大脑失去动力。一些难以描述的东西失去了——无论我们叫它灵魂、人格、人性,还是只是称其为存在。

　　死者不像电影里演员演的那样，静静躺着，如同沉睡。他们身上出现了某种空洞，削弱了能被辨认出来的可能性。解释当然也很简单——我们从来没见他们死过。死者确实死了，而非睡着了或一动不动地躺着。

　　但那时我不明白自己怎么就认不出威利，这让我非常不安。他的外貌不是因死于暴力而被破坏，也没有腐烂，我没法找这些借口；他也就死在三天之前，那时他还在喝母亲做的汤——苏格兰人并不会在下葬之前花时间把死者拉出去遛一大圈。

　　说起来，在因弗内斯这样的小地方，每个人都认识威利，也都认识我父母，要搞错身份几乎是不可能的，更别说换掉棺材里的尸体，或者对尸身做什么不法之事。他在这儿出生，长大，结婚，如今在这儿死去。殡仪员是威利的一个亲戚，谢天谢地，他不会搞错这种事的。那当然是威利。但即便我脑子里的理性部分知道这个事实，他在世时和死后模样如此迥异，还是让我困惑不已。

　　在这阵子犹豫过去后，我意识到房间里的平和气息。死者周围笼罩的寂静，与仅仅是没有噪音的寂静不一样，而是有一种安宁。我的恐惧开始消散。我意识到自己所熟识的威利已经逝去，马上就能安心地看待他遗留下来的身体了，虽然我也知道我和他的关系必定与我和解剖室中尸体的关系不一样。在解剖室中，我只在一个层面上认识他们，只知道他们作为死后尸体的一面，而威利却是在两个层面上存在于我的认知中的：现在，作为我面前棺材中的物理形态；在我记忆中，作为一个活着的人。他的这两面性并不互相吻合，也不会吻合，因为它们确实不一样。我记得的那个人是威利，而眼前这个只是他死后的身体。

我要做的事应该只是快速查看棺材，看看里面躺着的人是否就是我的外祖父，他是不是像他一向做到的那样穿戴得合适体面，这样他才能永久安息。然而，我一心想把事情做好，就干过火了。我陷进了一套宏伟的分析，足可以拍上一部喜剧节目《巨蟒剧团之飞翔的马戏团》（Monty Python's Flying Circus），但这一集里没有死鹦鹉，只有死掉的可怜的老威利。

要是那时有葬礼工作人员走进来，他们肯定要质疑我的动机，搞不好还会认为我打扰了死者的清静，将我赶出去。这座在苏格兰高地享有盛誉的殡仪馆的历史上，肯定没有一具尸体经过如此严格的全身检查。

我首先确认他已经死亡。真的，我这么做了。我摸了一下他手腕上的桡动脉是否搏动，摸了他脖子上的颈动脉是否搏动。然后我将手背贴在他额头上检查体温。我不知道自己到底为什么会觉得他在殡仪馆的冰室里放了三天之后还会有任何生命或温度的迹象。我注意到他的面部没有肿胀，皮肤没有变色，没有腐败的气味。我检查了他的手指颜色，确定轻度防腐液已完全进入血管，也看了他的脚趾（对，我还脱了他的一只鞋子）。我轻轻地扒开他的眼角，查看角膜有没有被非法移除，解开他一个衬衫纽扣，排除死后有不当的切口。我知道不该高估器官盗窃的可能。开玩笑，在因弗内斯？这真的不是国际偷窃器官黑市的中心。然后可能最过分的是，我检查了他的嘴巴，确定他的假牙都在。谁会想偷威利这些漂亮家伙呀？威利才是这些物品最好的归宿，因为他是一位细心的主人……

　　我注意到他的手表指针不走了，习惯性地给表上了弦，将他的双手横放在那大肚子上。我真的觉得他在唐纳胡利奇公墓地下躺着的时候会想要知道那时是几点，可能还会想他在那儿等了多长时间。等什么呢？就算他真的坐起来了，没有手电筒，他也看不清手表，我也没想着给他带个手电筒，是吧？我将一绺头发从他脸上拂开，轻轻拍拍他肩膀。我默默地感谢他，因为他生前是那样好的人，然后我心思清明地回到父亲身边，报告说威利一切都好。我确认他可以下葬了。

　　那天我越了许多界，也没有什么站得住脚的理由。回想起来，我简直怀疑自己当真干了这些事，但我现在也明白，死亡和悲恸会对人的心智产生不一般的影响。那时我是第一次经历这种事，我用自己觉得能做到的唯一方式去应对了。那也是个重要里程碑，那件事表明我可以区别对待事情：我能够在处理陌生人尸体时饱含同情，也能在看到我熟识、爱戴之人的遗体时控制好情感和记忆，在专业、公平地检查他时保持必要的情感抽离，不会崩溃。

这事完全没有减轻我的悲恸，但向我表明，这种情感区隔不仅是可能的，也是被允许的。为这堂课，我要感谢威利，也要感谢父亲，他干脆地认为这件事就是一件我有能力履行的任务，从来不怀疑我是否能胜任。很高兴我确实做到了。

父亲给我的奖赏是短促地点了个头，表示他听到了我的话。从那一刻起，我再也没有恐惧过死亡。

对死亡的恐惧往往是对未知之事的合理恐惧：这是超出我们个人掌控，不了解也无法为之做好准备的情况。哲学家弗朗西斯·培根在400多年前引用了斯多葛学派的塞涅卡的这句话："令人惧怕的是随死亡而来之事，而非死亡本身。"我们一心认为能完全掌控自己生命，但这往往只是幻觉。最大的冲突和阻碍存在于我们的心智中，在于我们处理恐惧的方式。就算尝试去控制无法控制之事，也没有意义。我们能做到的就是面对和应对不确定性的方式。

要理解恐惧死亡的根源，我们大概需要将死亡拆解为三个阶段：濒死、死亡和死后。死后可能是困扰最少的，毕竟大多数人都认为我们没法从死后回归，也觉得忧心于无可避免之事只是枉然。

对死后的恐惧关乎我们认为此后会发生什么：相信各种版本的天堂、地狱或灵魂以某种形式继续存在的人，以及认为死后就意识消亡的人，想法大概是不同的。死亡是真正的未经探索的目标地，就我们所知，抵达以后也无法返回。当然也从来没有人展示出可靠可验证的科学证据，表明他们曾抵达死亡又回来。在非常偶然的情况下，有人被认为是死了的，又开始呼吸，但想到地球上每天有超过 15.3 万人死去，我怀疑"回来了"的人的样本量不具有统计学意义，这些个案也没有提供更多对死亡的科学理解。

我们都听过濒死体验的故事，这些故事被描述为包含漂浮、脱离身体、强光、隧道、生前旧事重现、宁静感觉等元素的神秘事件。这些故事捉弄着我们，说我们可能可以知道死亡是什么感觉，可能还可以抵抗它。科学却有不一样的解释。在特定的生物化学条件或神经刺激作用于大脑活动时，这些故事中的现象都会发生。刺激某人右脑的颞顶叶交界处，他会产生漂浮和游离体外的感受。与下丘脑、杏仁核和海马体相互影响的神经递质多巴胺的水平发生波动时，就会诱发过去的画面生动再现，错误记忆和真实场景重放。氧气消耗，二氧化碳水平提升，会引发强光和隧道景象的视幻觉，同时产生欢欣和平和的感觉。

刺激大脑的额颞顶叶神经回路，就能让我们认为自己已经死亡——认为自己的血液流干，体内器官缺如，正在腐烂。这也是罕见的科塔尔综合征患者的感受。

　　人类偏好神秘、超自然的解释，不愿信任生物学和化学的逻辑。所有故弄玄虚的算命人和预言家为彷徨无依的问卜人测算未来时，都是以此为前提的。

　　最大的恐惧集中在死亡期间。这个不安的、痛苦的时期，可以是几刻钟，也可以是几个月，从我们知道自己将死开始，到死亡发生为止。我们到底以怎样的方式离去，是在病痛中度过最后时日，被事故或暴力突然终结，还是只是逐渐消亡？简言之：会受苦吗？恰如作家、科学家艾萨克·阿西莫夫所说："生命愉悦，死亡平和。棘手的是从生到死的切换。"

　　真希望我们都像威利一样幸运，在享受过快乐健康长寿的生命以后，突然毫无疼痛地栽进一碗暖乎乎的番茄汤里，我们一家人都在他身边。他不知道死亡将临，也就无所畏惧。对我来说这是完美的死亡，希望我所爱的人都能以这样的方式离开。在短期内丧亲之人会受到震动，我母亲就完全没有对这个事实上是她父亲的人的突然离去做好准备，没有时间准备好启动她自己的哀恸过程。她期待过的死前仪式没有发生，死亡的过程没有预警就降临了。不过，从长远来看，还活着的人都会感到安慰，知道那死去的人在死前经受了最小的身体和心理折磨。

　　一位热爱食物的快活爷爷在用午餐时扑倒；一位园丁心脏病发，面孔扑在肥料堆上……死亡和黑色幽默是老伙伴了。死亡的无常和轻率在发生当时并不好笑，却为活着的人提供了非常必需的应对机制。有反讽意味的死亡则更为残酷：一个骄傲、独立的人，总是担心自己无法掌控一切，却不得不待在冷冰冰的养老院里，被禁锢在自己的身体中度过最后的岁月；肝脏病理学家死于肝癌；害怕独自死去的女人一个人死在医院病床上……这都是我一些亲友遭遇的命运。

我亲爱的祖母，一位说盖尔语[①]的高地人，全心相信超感官。她讲了很多她祖母的故事，她说，那位老人家有预言能力，当他们那位于西海岸的小社区里有人走向生命终点的时候，她就会梦到那人的葬礼。她知道自己预见到了谁的死亡，因为她会认出梦中见到的主悼人。

有一个故事是关于"峡谷上住的凯蒂"，她是我祖母的一位远亲。我的高祖母在一次梦中看见凯蒂的丈夫阿列克领着葬礼的随行队伍，就预告她死亡将近。所有人都不免震惊，因凯蒂并没有很大年纪，而且相当健康，精力旺盛。但入夏时节，我的高祖母变得态度坚定，甚至警告说凯蒂的生命终点不会很远了：在梦中她见到人们采泥煤，说明夏天快到了。可怜的凯蒂每天都被密切监护着，她也毫无抱怨或哀叹地干着活。挖泥炭[②]的活动开始时，

---

① 盖尔语主要用于苏格兰和爱尔兰等凯尔特文化区，发音类似于德语，包括苏格兰盖尔语和爱尔兰盖尔语。——编者注

② 泥炭是煤的一种，煤化程度最低，像泥土呈黑色、褐色或棕色，是古代埋藏在地下、未完全腐烂分解的植物体。——编者注

凯蒂和大家一起出去，将泥炭块拖上沼泽岸晾干，再用牛车拉回农场。其间一群群黑压压的蚊子无情袭来，这种活儿简直累死人。

那天是什么事情惊扰了那头高地牛，没有人能说清楚。但"峡谷上住的凯蒂"被卡在了这畜生和一堵石头墙之间，被压死了。在那年夏天，阿列克正如预言的那样跟在她的棺材后面，走向墓地。我祖母是有点淘气的，我不能保证这整个故事不是她编出来的。如果不是她编的故事，那我们家族里的一些女人，尤其是长了红头发的，在过去很可能要被当作女巫烧死。此类迷信构成了误解死亡的部分长盛不衰的根源，也生成了在冬日夜里泥炭火炉边将小孩吓唬得脊背发凉的伟大故事。

我的祖母那一代人死亡的年纪多比我们今天的小，她是我认识的唯一一位祖辈，也是我生命中最重要的人。她是我的老师、朋友和知己。她相信我，其他人不理解我时，她理解我，我需要从父母之外的成年人那里获得建议、交流或保证时，总能找到她。即便我还是个孩子的时候，她也诚恳地与我谈论生命、死亡和死后之事。她一点都不恐惧死亡。我常常想，她是不是能预见自己的死亡。我记得在我和她之间许多场值得回忆的沉重谈话中，有一次我突然清明无比地明白过来：她不会永远和我在一起，于是我非常悲伤，也非常害怕，我根本不想失去她。

祖母用她深邃的黑色眼睛凛然看着我，说我正在犯傻气。她从不打算离开我，即便她"上去了"——她是这么称死亡这件事的。她发誓她总会坐在我左边肩膀上，要是我有什么事需要她，只需把耳朵转向她倾听即可。我从不怀疑她，也没有忘记过她的承诺。生命中的每一天我都记着，也仰仗着这个承诺。在思考的时候我会不自觉向左边倾斜脑袋，在我需要建议的时候还能听到她的声音。到现在我都不确定对一个害怕的小姑娘来说这是好意还是诅咒，因为，如果不是我死去的祖母，我成长中的乐趣会多得多。有许多次，当我想去做明知不应该去做的事时，她阻止了我。有人会叫这为良心，但我的吉米尼小蟋蟀① 说话时肯定是用祖母那轻快的高地口音。

在那场谈话中，祖母让我答应在我的父亲、她的独生子的最终时刻到来时，我要照看他。没有人，她说，应当独自穿过死亡的大门。她会在另一头等待他，但我必须是将他领向门槛的人。我不曾质疑过这样奇特的要求：我那时才 10 岁。我也从未问过为什么在那个位置照看父亲的人不是母亲。结果呢，母亲确实不在。我的祖母是不是在那很久以前就预见到，父亲会是他那一辈最后一个去世的人，只有下一辈能在他上路时照看他？

在死去这条路上，我们可以让人陪伴着走，但到了门前，我们只能一个人跨过那道门槛。神话、传说和文化给我们灌输了死

---

① 吉米尼小蟋蟀为动画片《木偶奇遇记》中的一个角色，代表主角匹诺曹的良知。——编者注

亡的情形，以及对死亡该抱何种期待。但哪有证据表明你或我的死亡会是怎样？这是个极为私密的过渡阶段：我们所知、所是、所理解的一切都终结了，没有课本或纪录片可让我们有所准备。要是我们无法对其施加影响，大概就不该浪费宝贵的时间去忧虑。当这个阶段到来，那只需去经历。

　　祖母死在一张冷冰冰的医院病床上。她抽烟抽得很凶，因为胸痛接受了开胸探查手术，医生发现肺癌已经大幅扩散，已然无能为力，很快就将切口缝合起来了。我知道她想要的死亡不是这样的，但那个时候，得了这种疾病，除了在医院接受治疗并慢慢死亡，没有什么其他选择。她不能待在家里，没有安慰，也不得宁静。我们还是孩子，大人不鼓励我们去探望她，所以我再也没见过她。这是我一辈子的遗憾。真希望我与她哪怕可以聊最后一次，听她与我谈谈她的死去和死亡，从她的智慧中受益。

　　就这样，我第一次真正经历死亡，就是在 15 岁，失去了世界上对我最重要的人。父亲明白我和祖母关系特别，问我想不想看看她在棺材里的样子。我又伤心又痛苦，还害怕看到她毫无生气的尸体，就拒绝了。母亲倒是松了一口气，她本不赞同这个主意。我为此也感到强烈的后悔。没有和祖母度过最后的时刻，只有我们两人的时刻，无论是她正死去时，还是在她死后，这令我感到巨大的悲伤。可能就是因为这样，我会在威利身上做出过度的补偿。

我们能做的就是享受她生前的一切——我们真这么做了。母亲不停煮食，直至橱柜空空如也。我们倒出威士忌和雪莉酒，将起居室窗户打开，让祖母的灵魂飞升。那天我记忆中的最后画面是牧师在我们的前庭花园里跳一支轻快的八人舞，音乐从立体声音箱里冲出来。是啊，我们开了个派对，她会喜欢的。我怀疑她会不会认为自己将见到造物主。我们不是信仰特别强的家庭，虽然我们也去教堂，坚守基督教价值观。我记得祖母曾经在牌桌上和当地牧师激烈争辩过哲学问题。当牧师沉浸在思考中时，她就公然换牌。

她坚信死后有生命，为此我非常希望她能回来与我谈谈。我很伤心，她不曾回来过。

第 四 章

死亡就在身边

如何说再见

有时候你永远不知道某个时刻的价值，
直至它变成回忆。

——西奥多·苏斯·盖泽尔

作家、卡通画家、

动画制作家（1904—1991）

我们几乎所有人在亲身面对自己的死亡之前，都会先早早遭遇近亲的死亡，这种经历会深刻影响我们的恐惧感和态度，影响我们对"好"的死亡方式的认知。对许多人来说，首次直击痛处的、感同身受的遭遇，很可能是双亲的死亡。

作为成年人，我们认为自己有责任处理将我们带到这世上之人的临死和死后事宜，自有人类以来的第二代就是这样做的。自然秩序如此：孩子埋葬双亲，而非父母埋葬孩子。今天，人们活得更久，有时家庭结构更为复杂，几代同堂在一个家庭中是常见的事。当"孩子"上了 70 岁，处理祖辈和父辈的死亡的责任就可能落在第三代肩上。无论如何，失去双亲不仅让我们不得不面对死亡的真相，也常常让我们的孩子认识死亡，还提醒我们自己也在变老，尖锐地指出我们自己也将死去。

我们多数人都受当下这种文化和时代的影响，对死亡避而不谈，生怕将死亡招惹上门。这样，就很难知道我们所爱的人希望在临终时怎样安排，我们又该如何为此做准备。我的先生汤姆常常和我谈起我们的四位父辈哪位会先走，哪位会活得最长，开玩笑说嘎吱响的破门总是撑得最久。但这不是什么病态的室内游戏，而是尝试为老人做管理规划，尽可能久地维护他们的尊严和独立的人格。在这件事上，我们的预测完全错误。我们以为会先走的那位，我父亲，比其他所有人多活了好些年——连他本来也认为健壮的人才早死。

我害怕我父母的死吗？说真的，我不知道。我觉得，除了考虑走向死亡对他们可能意味着什么，我并不是很忧虑他们以后会真的死去或他们死后的事。他们生命终结是不可避免的事，为此必须做好务实规划。我不想显得很冷血——我爱他们，深深地爱着他们，愿他们健康快乐地活得越久越好——但死亡是确定的，我们需要为此做好准备。

母亲病得很突然。我正在一个为期一周的警察培训中教课，父亲来电告知母亲进了医院。和我以往的预期一样，他没告诉我任何真实的信息，我完全帮不上忙。我结束我负责的培训任务后就从邓迪驱车到因弗内斯。A9公路被货车、房车、游客挤得水泄不通，我要在不违章和不危及自己生命的前提下赶紧抵达目的地，这真是格外漫长、孤独又丧气的旅程。

我到病房时，母亲对我说的第一句话是"你来了"。她一直害怕自己的身体垮了以后没有人愿意照顾她，她就被孤零零地丢在一边。她一辈子都在照顾他人——在成长时期照顾她的姨妈姨父，照顾她的丈夫，再照顾她自己的家庭——她却对自己没有信心，不确信自己为我们树立了怎样的榜样。现在该我来照顾她了。她年轻时就得过肝炎，如今她的肝脏逐渐丧失功能，其他的器官也在衰竭，腹腔积水现象变得严重，胆红素水平升高，引发黄疸。以我母亲的年纪，这种情况是不会痊愈的了。

　　她不曾顺畅地将母亲-孩子的关系转换到母亲-成年女儿的阶段，我们几乎没进行过成年人之间的深谈。所以，她对我了解极少，觉得我有时候令人无法理解，不很愿意与我分享她的恐惧和希望。我们家总体来说不是那种聊得很多、分享很多的开放家庭，母亲和任何人谈到她的个人需求都觉得尴尬。蒂妮和威利为这个丧失双亲的小姑娘做了许多许多，但她也在如此庇护和溺爱之下，长成一个非常倚赖他人的女人。我呢，则继承了父亲和祖母那种不说废话、独立自主的生活态度，很明白母亲觉得我难以接近，也很难理解。但她也知道，情况糟糕的时候总能找我，因为我会理智、务实地处理事情。

　　现在面对她急速恶化的身体状况，我觉得她大概不希望我去揣测她希望我做或不做什么。她没有表露出任何希望接受医疗干预来延缓状况恶化的意愿，也不曾要求我帮助延长她的生命。我的母亲似乎已认可了她的大限将要到来，已安心于此，没有惋惜，也不抱什么不切实际的希望。我的直觉是她一如往常那样让我来做决策，这次是决定她余下的生命。父亲和姐姐如释重负，他们都不愿担起这个责任。我尽量承担起来，安排她走向死亡和死后的事情，以及必要的仪式。我自觉自愿地做这些事，虽然内心沉重，但也很骄傲，这是一个心存感激的女儿在此世能为她亲切慈爱的母亲做的最后一件事。

我清楚地记得，我坚决地对家庭医生说不想让母亲接受抢救或以输液维生时，他露出如释重负的表情。我也不愿为她登记等待器官移植。这些都是住院医师因职责所系为家属提供最后一线希望而提出的维生概念，虽然其实双方都知道，这些做法并没有实际的作用，这些手段能起到的效果只是拉长母亲死去的过程。而使用一个健康的器官，那本可让一个更年轻的人获得极大益处，我和母亲都觉得太过分。这件事我能确定，因为母亲以前说过这个观点，认为如今在器官供应短缺的情况下，为老年人移植是一种浪费。

在她去世前，我终于将她带回她自己的床上过了一晚，这事却耗了她极大的力气，也让她极为忧虑。她害怕自己插了导尿管，需要人帮助她处理。我记得我曾问她，要是角色调转，是我需要帮助，她是否会为我做这事。她愤怒地回答了这个问题：她当然会做了。于是她只能让步，纵然不情愿，也只好承认有些时候父母和孩子的角色得调换。第二天我带母亲回医院时，情况很明显，她不可能再回到家了。只有医院能给她提供那时所需的缓和照护，或者也许是我们的医疗体系文化让我确信这一事实。不管怎样，我让医疗介入了她的死，让医生和护士对她进行一系列治疗：对于母亲来说，任何人进行如此贴身的操作都会让她觉得厌恶，更别说是陌生的医护人员了。

大体上，传达给医疗团队的决定和指示是由我做的，但主宰她死去的步伐，控制她与周边世界隔绝或关联多深的，是医护人员。在我陷入深深反思时，想到她独自在医院里待着的时刻，就谴责自己。起先朋友们还来看望，渐渐地也不来了，因她能给的回应越来越少。我觉得她宁愿在家里，在家里她能在最后的日子里得到爱和照料，但我父亲处理不了这个局面，那时也没有今天这个水平的家庭护理服务。

匆匆一生中我们在应做什么、必须做什么和想做什么之间来回折腾。最终大部分人可能都感到自己实现得太少，或者本该用另一种方式做事。是啊，在百里之外我有丈夫、孩子和一份高要求的工作，但我只有一个母亲——一位总是不能自我肯定，虽然还算虔诚，但总体是悲伤、孤独、没能实现自我的母亲。为此我后悔当时简单地按"规范"让她在医院里接受照料，让她在我不在的时候接受其他人探访。今天我会做得不一样吗？大概会的，但这是后知后觉，经验之谈。当家族里的长辈一个接一个逝去，我认为自己越来越擅长于处理这些流程。熟能生巧，至少俗话是这么说的。

从母亲第一次入院到她去世只有 5 周，我和我的女儿每个周末都过去和她挤着，营造出一种家庭生活的氛围，尽量填满和她在一起的所有时间。在倒数第二次探访时她已陷入昏迷。我对她说，下个星期六我们再来，她要坚持到那个时候，虽然我其实不大相信她能。指望她为我们安排死亡时间表，那多自大！那时，我觉得应该说这个话，鼓励她有些盼头——真是疯了，她都快死了，但现在我怀疑我是否只是延长了她的痛苦和孤独。如今我想到自己的轻率就发抖。我让自己的刻板性情控制了形势，指望她完全服从；我理所当然地认为这样对她有好处，但其实根本没有：想来就羞愧不已。也许我对自己太苛刻，但说什么也没法让我认为她不是为了我们最后一次探望她而吊着一口气，而她本可更早获得宁静。

医院病房，没有温暖、爱、个性和记忆，对试着为一个最个人、私密、发生过就无可挽回的时刻做准备的将死之人和他们所爱之人来说，是一处太过荒凉的所在。下一个星期六，我最后一次见到活着的母亲，我和两个女儿与她一起度过了一下午，我们基本没有受干扰。这肯定会是她们最后告别的时候，我不愿女儿们像我曾经那样，成长时为没有与祖母度过最后的宝贵时刻而后悔不已。

我的母亲独自待在一个小房间里，吗啡令她陷入昏迷，她没有和我们在一起吗？也许她仍与我们在一起？照顾她最后需求的助理护士只是进行规定操作，并不残忍或疏忽，但也没有显现出对母亲或对我们的同情或理解。她要做的是工作，我们对她来说基本是无关紧要的。

　　我们的二女儿格蕾丝当时 12 岁，因为护士如此无情而怒火熊熊。她常常生出怒气和愤慨——事实上，这对我们这个聪明的小家伙后来成为护士肯定起到了重要作用。经历死亡对人们来说有转变态度，甚至改变生命轨迹的力量。格蕾丝思维丰富，心胸开阔，这些品质令她成了应当陪在她外祖母身边度过世界上最后几个小时的那种护士——每个家庭都有权利期盼的那种护士。她不害怕在病人的最后时刻坐下来握他们的手，不用撒谎仍带去安慰和保证。善意和诚实不就是我们在陷入疾病、疼痛之中或临死之时所企望的吗？她最近开始考虑专门从事缓和医疗方向的工作，我并不惊讶。她的选择势必让她走上一条摧心伤肝的艰难道路，但我知道她会为自己照护的每一个病人的尊严而奋斗。她的外祖母会和我们一样为她骄傲。是啊，格蕾丝是我们自家的恩慈天使——虽然她现在染着蓝色头发，可能会吓到一些病人。

　　脑电图研究指出，在无意识或临死时，所有感官中最后丧失的是听觉。因此缓和医疗的专业人员会非常留心在接近病人时所说的话，也鼓励家人对陷入昏迷的人诉说。在最后一个周末，我们觉得母亲离开这个世界时不应该除了沉默、偶尔的遥远低语和抽泣什么都听不到。我们不是个沉闷的家庭，我们要做冯特拉普一家①：我们要唱歌。

　　我的女儿们想起外祖母的死还会悲伤痛苦，但想到那最后一天异乎寻常的经历，她们还是会笑起来。我们唱了迪士尼电影中我们记得的著名曲目、各种圣诞歌曲（虽然时值盛夏）、所有我母亲喜欢的歌、两首苏格兰传统歌谣。每逢护士或医生走进来，看到我们东倒西歪、荒腔走板地大声唱歌，都会笑着摇头。他们脸上的表情就好像投下一枚石弹一样又激起我们一阵疯狂欢笑，房间里充满了爱、大笑、光明和温暖，还有尖叫。对灵魂来说，医院是个非常不健康的场所，带去更多笑声只有好处。没有牧师看护，没有朋友致哀——只有"她的小姑娘们"在玩乐、陪伴，让人在临终前更像一个人。

　　毕竟，死是人生的常规部分，有时在西方文化中，当我们需要拥抱和赞颂死亡时，却将它掩藏起来。有时候我们尽量保护孩子远离残酷真相，那虽然是好意，但也许我们本可让他们为将来会面对的事情有所准备。我知道不是所有人都能同意这种观点，但我认为很重要的事情是，我的孩子们在那里，不仅是合乎情理地与外祖母道别，也是为了轮到她们照料我和她们的父亲时会知道，笑也可以，犯傻也可以，我们会喜欢欢笑和歌声甚于心碎和眼泪。可能有人会觉得在母亲临终的床边大唱《多佛白崖》(*The*

---

① 冯特拉普一家为电影《音乐之声》中爱唱歌的一家人。——编者注

White Cliffs of Dover）和《哪能把外婆推下车》（Ye Cannae Shove Yer Granny Aff a Bus）是大不敬，我倒觉得她会非常享受。

把所有经典曲目都唱了一遍之后，我们都累了。在此过程中母亲没有动弹一下，我们握过她的手，润过她的嘴唇，梳过她的头发。到了该道别的时候，眼泪还是不可抑制地涌上眼眶。女孩子们道过别以后，我请她们让我和母亲独处一会儿。我却发现自己说不出一个字。我没法告诉她我爱她，我会想念她，连想出些话来表示感谢都做不到。我的母亲和父亲都不曾说过他们爱我，虽然我一直知道他们是爱我的。直白地表达感情从来不是我们的家庭语言，如今要说出口，实在和我们家人之间奇特又嘴硬的相处模式相去甚远。而且我还怕一旦把话说出口，就会哭得停不下来，我不想让女儿们看到我低落的模样。我的人设一直是强大的。

于是，我只道了别，关上她的房门，留她独自走完最后的旅程。如今我最后悔的决定莫过于此。要是有可能，我愿回到那个时候，进行完全不一样的告别。我也总是觉得应当在最后时刻陪伴她，但也怕要是我们留在她身边，她会继续因为我们而不舍放手。我得让她离去，在我看来，要实现这一点唯有起身离开。

两个小时以后，我才刚走进自己的家门，医院就打来电话，通知母亲已经去世。这事发生得多快？她是等着我们离开以后才溜走的吗？还是说她在我们喧闹之后的寂静中又逗留了一段时间？也许她很高兴终于安静下来了，我们不再那样放肆地唱歌了，我有点怀疑就是这样的。在那最后的时刻，她是一个人待在医院那个房间里，还是有一位充满同情心的护士坐在她身边？吗啡足够让她安宁地、无意识地离去吗？

我永远不会知道这些问题的答案了。我能肯定的只是，虽然她没能像她希望的那样死在自己家里、自己床上，在家人的环绕下离去，但我们也尽全力了。我诚挚地希望她明了我们的努力。无论我们做过怎样的规划和承诺，疾病和死亡总会把标杆挪一挪。

与一个濒死之人在一起可能比我们预想的困难。你在所爱之人床边寸步不离地守着，但当你睡了几小时或只是出门买杯咖啡时，他们就呼出了最后一口气。死亡不按我们的意思来，她有自己的时间表。

汤姆和我让女儿们自己决定要不要在葬礼前见外祖母最后一面。我们不想让她们怀着未知的恐惧度过一生，或觉得我们不给她们这次机会去接受外祖母的死亡。她们三人开了个小会，决议都要见她。贝丝已经是 23 岁的成年女子，但格蕾丝和安娜分别只有 12 岁和 10 岁。殡仪馆的房间很宁静，棺材敞开——对威利的回忆涌了上来，不过，这回我可以欣慰地说我表现得十分得体。

那天，我领悟到要信任女儿们的坚韧、尊严和教养。我往后退，让她们第一次亲眼面对死亡时，她们都说，外祖母看起来小了这么多。果然，是安娜最先动了。这胆大包天的小姑娘曾经差点把她外祖母吓得心脏病发，那时她在野生动物园爬上了最高的攀爬架顶端，只用一只手抓着架子，热情洋溢地向地上的人远远地挥手。

安娜向棺材弯下身，握住母亲的手轻轻摩挲。再不需要别的动作，再不需要说什么话。爱的触摸显示了对死亡的无畏无惧。外祖母完成了走向死亡的路程，迈过死亡的门槛，如今死了——她们已经清晰地认识了这些概念。她们安心接受这个结局。她们知道最好的纪念是头脑中满怀快乐记忆，也知道了好的死亡是什么样的。

父亲在母亲死后一直处于奇特的游离状态。他一直没有主动安排什么事务，承担什么责任，几乎是被动地让身边一切发生。他和母亲结婚 50 年，看起来却好像没有什么悲痛之情。当时我将之归因于他斯多葛式的内向性格混杂了震惊。

现在看来，我认为后来很快出现并销蚀他生命的痴呆症状在当时已经出现，母亲一度用常见的健忘或怪癖之类的理由掩饰了他的变化。母亲的葬礼非常传统、庄重，我觉得父亲只是在机械地执行动作，不确定他是不是真的明白眼前发生的事。迹象已经很明显了，但我们因母亲死后的种种规程仪礼和心中的悲恸分心，完全没有留意，也可能我们有意不去留意。他一件旧事都没有回忆，一滴眼泪都没掉，一切于他似乎都是日常事务。葬礼过后，他和亲友闲聊，仿佛这是他与之共度一生的女人的婚礼，而不是她的葬礼。

如果说我母亲走向死亡的日子很短，而父亲的这个过程就拖得很长，非常痛苦。要是能选择的话，他一定会选一段完全不一样的终点之旅。其实要是他知道将会发生什么的话，我毫不怀疑这个从不说一句废话的苏格兰人一分钟都不会感伤，马上就拎起他的滑膛枪跑到房子后面的树林里去一了百了。我记得我一度想过，对他来说最仁慈的方式就是在他爬上房顶补瓦片的时候掉下来。但现在这个状况，到底为难的是他，还是我们呢？不得不看着阿尔茨海默病夺走家人的记忆，夺走他们几乎全部的独特身份，这样的悲恸比起被阿尔茨海默病夺走这一切的本人，会沉重几分？

父亲一个人度日，没有了母亲的干预，我们以往认为不正常的行为成了他的日常行为。他虚构出闯进屋子里偷走钥匙的男孩子，诅咒他们；他要外孙女安静，不要吵醒外祖母，而这时母亲已去世一年多了。我们看到所有这些迹象，一开始还会找理由来为他解释并开脱。

我们很少为痴呆症做计划，只是直接处理。汤姆和我每遇一个新难题，就拿出一个新办法。我的父母自1955年就住在这所房子里，我们提了许多回，让他们缩小房子面积，父亲总是挤挤眼说，他们走后就该我们来清理这房子了。如今我们不能移动他了。我们安排了一位护理人员，一日三次探访，确保他好好吃饭了

（我们订了只需加热的食物送到家），确认他安全、温暖。几乎每个周末我们都往返于这里和230英里（约370公里）开外的因弗内斯，打扫和维修房屋，给父亲换床单、洗衣、添置物品。

要经历一场危机，才能面对现实，做出艰难重大的决定。我们的这个时刻，是在一个冷极的冬天早晨，接到苏格兰北部警署的电话。我收到警方致电通常是讨论案件，但这次是个人事务：早上5点钟在 –10℃的低温中，我父亲出现在一个疗养院门外，穿着跑鞋和T恤。警察以为他是从疗养院出来的，将他带进去，却得知他"不是他们的人"。他们为他取暖，给他饼干和咖啡，尝试在谈话中发现他是谁、住在哪儿。显然他还有足够理智领着警察回到住处，那里大门敞开，厨房墙上有我永远实干的妈妈钉在那里的一张电话号码单子。A9公路啊，无论我在上面来来回回多少趟，它都不会变短一点，测速摄像头也不会少一个。

显然让他独自居住已经不安全了。这个曾经强壮顽固的人，得接受照料了。

我记得，在我还很小的时候，母亲的姨妈列娜"糊涂了""烧糊涂了"，父亲是这么描述的。她因痴呆症加剧被送入因弗内斯的本地医院，父亲每周去看望她。她完全不能做出任何反应，也不认得他，但一向含蓄的父亲每次都会坐下与她聊几个小时，她前后来回摇摆时，他就不停地轻揉她的手指。有一天我问他为何如此费力，他的回答令我震惊得从来不曾忘记，从中我还听到了祖母的腔调。"我们怎么知道她听不见?"他说,"我们怎么知道她不是被禁锢在头脑里,只是没法交流? 我们怎么知道她不孤独,不害怕?"他不要冒这个险,所以在母亲不想目睹列娜的情况,免得太过伤心时,他就去探望,和她谈话,与她做伴。父亲的这一面令我惊讶不已。所以在他自己遭遇痴呆症时,我从不曾假设他的意识已不在,我相信他的意识只是被禁锢在他的头脑里,他充满恐惧且孤身一人。

父亲活到差不多 85 岁,在他余下的岁岁年年,我们看着他180 多厘米的高大身材、刚硬的军式小胡子、罗圈腿、宽胸腔和能喝止交通的大嗓门,非常缓慢地、一点一点地萎缩下去,最终他自己都差不多消失了。疾病肆虐间,早期难挨的情绪激越阶段逐渐转为平顺迟缓的状态。我们将他转到斯通黑文(Stonehaven)离我们 5 分钟路程的一处护养院,在近两年间我们的小家庭就是他唯一的陪伴。他的老友因路途遥远无法来探望,他也不再记得他们。我们即将学成的护士格蕾丝在护养院兼职工作,见他最为频繁。我们一度怀疑这段工作经历是否会让她改变这个职业选择,但看起来她反而更坚定了决心。

我们与父亲一起度过了好多日子。说来可能有些自私,那些年给了我们良机与他共度回味无穷的时光,我们一起闲聊,和他一起听音乐、唱歌,在他摔跤导致髋骨骨折以后推轮椅出行。

我曾与他一道坐在阳光下,握他的手:我还是孩子的时候想都不敢想这种用触摸表达情感的方式。他喜爱太阳的温暖，我们带他去花园时，他就抬起脸，像一只猫一样满足地沐浴阳光。显然他仍在这些活动中获得巨大的乐趣，还有他的麦丽素、冰激凌，和他那古怪的小瓶酒。他啜过第一口，小胡子就抖一抖，脸颊上开始出现红斑。他看来并无疼痛，也不沮丧，他知道我们是谁，因我们走进房间时，他的脸就会亮起来。

但曾经的那个他，定会憎恶现在自己对他人，包括对我的依赖。护养院的护士非常喜欢他，他从来不惹麻烦，眼睛里总带点狡黠，见她们总露出笑容，送去慰藉。我们并不为他的此种状况感到"快乐"，但他是安全的，他被照料得很好，他被人爱，他身上温暖干净，没有疼痛，生活得平和宁静。话虽如此，那仍然是个无灵魂的环境：功能齐全，足够舒适，但毕竟带有临床色彩，没有家庭氛围。父亲称之为"上帝的候客室"。

在生命的最后几年里，他忘记了如何行走，又忘记了如何说话。然后，他开始缓缓地停止身体功能的运转。有一天，他仿佛已经受够了，他停止进食。很快他又不再饮水。他面向墙坐着，等着最后一刻的到来，这动作仿佛寓示着什么。也许他甚至在邀请死亡到来，我不知道。我有权过问他的健康，像对母亲那样给他的医生做出指示：不对他进行复抢救，不输液维生，只让他感觉舒适，为他止痛，在他准备完全时不阻止他离去。

死亡来把他带走时，并不激烈，相当地平和、安静、舒缓，他会喜欢这个节奏，也许其实他是导演。汤姆、贝丝、格蕾丝、安娜和我意识到时间不多了，一起去探望他，不想那就是他的最后一日。无论是出于什么原因和目的，他似乎就是决定把自己"关上"了。他蜷在床的一边，没有意识房间里是否有人。要是他能听见的话，他会听到我们聊天、大笑，听到他最喜爱的音乐《高地大教堂》（ *Highland Cathedral* ）在 CD 机中播放，就是我家小姑娘们的学校管乐队演奏的。他一直一动不动，也毫无反应。他不再摄入任何液体，两只熊掌样的大手上，皮肤温暖，却干燥得像上等纸张。

　　夜晚到来，我们该离开时，我告诉他我们要走了，早上会再来，请他等我们，就像我曾经对临死的母亲说的那样，老习惯真难改。一种明显的恐惧掠过他的脸，从他富于表露情感的黑眼睛里流露出来。我呆若木鸡。父亲已经有几个月没有与人交流了。贝丝倒吸了一口凉气，我看到的，她也看到了，这个我倒没想到。"妈，我觉得你哪儿也别去。"她说。多年以前父亲质疑过我们对列娜的揣测，他是对的。他还在，被禁锢在自己的静寂世界里，无法或不愿交流。如今在他真正看重的时刻，他聚集了气力，用唯一能做到的方式发出了求救信号。他明白接下来会发生什么，他不想一个人度过。

　　孩童时期我应承过祖母，说在父亲的最后时刻我会陪伴他，现在显然是时候了。我对他保证，回家只洗个澡换件衣服，很快就回来。我回来以后，汤姆、格蕾丝和安娜就走了，贝丝决定留下与我和外祖父在一起。

我不觉得父亲害怕死，他只是焦灼于可能会独自死去，他的母亲真是了解他。贝丝和我坐在光线暗淡的卧室里，聊天，欢笑，唱歌，哭泣。他没有回应，但我们握住他的大手，不让他有一刻独自一人。要是我们有一个人离开房间上厕所或取咖啡，另一个人就留下。他一动不动，他的手没有回握我的手，他的眼睛不曾张开。毫无疑问，这个夜晚就会是他的最后一夜——所有人都知道，他也知道——但气氛却很平和。

在那个凌晨，在生命幻影最后一度到访的时候，他的呼吸逐渐变浅。我对他说他可以走的，我们与他在一起，他不是独自一个人。他的呼吸变缓了，更缓了，加深，然后停止。我以为这就结束了，但他又浅浅地呼吸了几下。他在进行临终前最后的呼吸——几乎上气不接下气，然后发出预示着死亡的咯咯声，那是黏液在喉咙后部积聚，再也无法被咳出的临终之人呼吸之时所发出的声音。最终是最后一口喘息，那只是一次脑干反射。几秒钟后，我看到他肺里冒出的泡泡出现在他的唇边和鼻子下面，那表示肺里已没有空气，我就知道，他已死去。整个过程就这么简单，不忙乱，不沉痛，不疼痛，不仓促——只是逐渐地放弃掌控。

父亲，这个物质和精神上的存在，一度是我生命的基石，现在就像合上电灯开关一样从这个世界消逝了。他离开了这个房间，留下一个更瘦小的躯壳。这种感觉很奇异：我对这个躯壳毫无依恋，因为那不是他。我的父亲不是他的身体，他远甚于此。

我们打开窗户，让他的灵魂飞升。他的母亲是不是像承诺过的那样等着见他，我不知道。当然我也不惊讶，但可能有一点失望。然后我们哭了一小会儿，才稳住自己的情绪，着手做该做的事。我们找到护士，她来检查脉搏（我们检查过了）和呼吸（我们也检查过了），然后确认一个死亡时间——比实际发生的时间整整晚了 10 分钟，不过这没什么关系。

父亲确实是老死的。在过去，他的死亡证明可能会用更诗意的语言来描述死因，但今天平庸的医学词汇将其归于急性中风、脑血管疾病和痴呆症，许多老年人的死因都是这么写的。可我当时就在场：他没有急性中风，他可能是有点脑血管疾病（在这个年纪也是正常的），而我最近读到的文献说痴呆症并不致死。他就是时限到了，他选择在这时离去。

不过，我从他的病症中感到，阿尔茨海默病是通向死亡的残酷路径。他向死亡走去的漫长时期对我们所有人来说都很痛苦，可能在他独自一人、偶尔在夜间神志清醒的时刻，他自己也同样痛苦。我们都觉得在他至少死前两年就开始哀恸了，那时我们已经开始失去我们曾经认识的这个人。不过最后，他迎来的是"高质量的死亡"，只是过程太久。他的时间用尽，他将脸转向墙壁，他在爱他之人的陪伴下平和死去。还能有比这更好的结局吗？

第 五 章

身后事

一切却并未终结

衡量生命的不是其长度如何，而是其赠
予如何。

—— 彼得 · 马歇尔

牧师（1902—1949）

如果说无论国家、文化和信仰如何，我们对死者的帮助和安慰都大体相同，关于葬礼却不能这么说。新奥尔良的送葬队伍是出了名的色彩鲜亮，有喧闹的爵士乐；在英国传统中此类场合则比较肃穆。无论是以上哪一种，都在悼亡人情感爆发之时给了一套抚慰的程序。这些仪式之所以重要，不仅仅在于家庭和社区可在仪式中纪念逝者，公开与之道别，还在于丧失亲人的人可将他们的哀恸融进仪式里，无论这仪式要求表达还是掩饰情感，对他们来说都是一种慰藉。

　　而真相是残酷的：哀恸永不消逝。美国咨询师洛伊丝·汤金（Lois Tonkin）谈道，丧失感（loss）不是我们能"克服"的，也并不一定会减轻。丧失感停留于我们内心，生活围绕它延展，将它深深埋在表层之下。随时间流逝，这种感受也许日渐遥远、稀薄，也就更容易对付，但它不会离开。

荷兰学者玛格丽特·施特勒贝（Margaret Stroebe）和亨克·舒特（Henk Schut）在 20 世纪 90 年代提出的丧亲哀恸理论认为，哀恸主要经两个途径发生作用，我们在二者之间摇摆。他们提出哀恸的"双重过程"模型，指出一个过程是"丧失导向"的应激源，我们在此沉浸于痛苦中；另一个过程是"修复导向"的应对机制，包含了能让我们从痛苦中分一会儿神的活动。我们能指望的，就是那排山倒海而来、压得人瘫软无力的哀恸来得不那么频繁。不过，带着丧失感生活对我们所有人而言都是个人体验，没有什么预定好的路径或时间表。

至亲至爱的人的葬礼只是那条路上刚起头的一步。在英国，这些仪式大部分都根源于基督教会的某个宗派，但现在整个国家的文化都日趋多元化和世俗化，我们标记死亡的方式也是如此。大体而言，全民都不那么笃信宗教了，结果，我们的医院病床上挤满了呼求医治的人，教堂长椅上却没有了倚赖信仰的人。过去，我们会接受生存年限预测，然后就到教堂去祈祷灵魂的健康，现在我们更可能扒遍互联网，搜寻能让我们活得更久一点点的最后一线世俗的希望。

死亡越来越世俗化，与之有关的肃穆、规矩和仪式也在衰落。过去岁月中连续数周的专业哭丧，从中世纪到维多利亚时期都要佩戴的哀矜首饰（我就有很不错的一套），送葬队伍经过身边时要行的脱帽礼，还有我总是觉得有点诡异的死亡冥想（memento mori），都已消失了。古老的圣诗正让位给法兰克·辛纳屈（美国歌手、影视演员、主持人）或是詹姆斯·布朗特（歌手）。我所在的解剖学部最近有一位先生来访，询问我们是否能对他的身体做防腐处理，这样他就可以骑着自己的哈雷摩托下葬，他觉得只有这样才能保持肉体的强度。也许创意十足，但也真是疯狂——我们只能拒绝他。

我肯定是生错了时代。我偏好传统送葬队伍那样进行得体的发丧，今天在伦敦东区还能看见的那种，用羽毛装饰的黑马拉着闪亮的黑色车子，戴高帽子的葬仪员迈着恰到好处的庄重步子在前面引路。如此盛大的典礼，给人的震撼直入骨髓。

我也喜爱好墓地。好的墓地是极其平和惬意的地方，尤其是在城镇中心的，这样重要的位置反映了过去墓地对周边社区的意义。夏天祖母和我去唐纳赫里奇公墓（我父亲总把这地方叫作"因弗内斯死人中心"）看望祖父时，我们会爬到公墓山顶上进行野餐。我丈夫汤姆在进行橄榄球训练时在公墓的陡峭台阶上跑上跑下。如今那么多公墓被废弃、空置了，未来也许会创建电子坟墓，家人朋友都可将纪念照片传到网上。但在我的字典里，这种方式完全不是那么回事。

我们年纪渐长，出席的葬礼也增多，越发留意到各种变化和潮流在弃用旧有风俗，转而实施今日我们认定的合理安排。一些传统习俗的消失确实令我惋惜，但我也承认，如今我们有自由安排一场更能反映逝者的身份、个性和信仰的道别，在许多方面来说这都是积极的变化。虽然悼念仪式时间没有那么长了，也没有那么公开，哀恸仍是真实的。只要能实现安慰生者、褒扬死者的目的，那谁能规定事情该怎么做呢？同样，只要仍然有人从传统中得到安慰，传统就还是有意义的。

举行葬礼之前有这么多事情要做，有时你可能都要疑惑是不是故意设置了这一整套流程，好让你忙忙碌碌，忘却哀恸。做死亡登记，安排葬礼指挥人，领取死亡证明，发布讣告，这期间要做好多决定。我父母的葬礼都是在火葬场的礼拜堂举行的，那就要选择鲜花、圣诗，为牧师写演讲词。要不要举行送葬礼？用的话，要多少辆车合适？要选一口棺材（要是我父亲看到那口棺材，他会说还是把他烧了好，这就滑稽了，因我们正是准备将他烧掉），葬礼后举行餐会的地点和饮食安排要一一决定，还得确定该出席的人都被通知到。在苏格兰，从死亡到下葬的时间非常短，要将各种程序紧凑合理安排才能把事情按时做完，因此能把人心中最好和最坏的面都体现出来。难免有些事件会成为谈资，在家族中流传几年。

我父亲曾是多年的教堂风琴师，我了解他对自己的葬礼会喜欢和不喜欢说什么、唱什么。但即便我多想尽力令他自豪，也逃脱不了一种荒谬的感觉，因为我仍然顾及他的喜好，而当天他是唯一一个不在现场也操不上任何心的人。

　　我父亲通常在星期六晚上去教堂为周日礼拜排练。有时我和他一起去，就坐在前排，听他弹奏教堂的风琴发出悦耳的声音。他经常选取格伦·米勒（Glenn Miller）的《兴之所至》（*In the Mood*）。听着这本是大乐队演奏的曲调在空空的教堂里回荡，感觉奇特，不过我很喜欢。到了周日，作为一个小姑娘，我就该随父亲去教堂，坐到前方第二排，正对着管风琴，在唱诗时留意着唱诗本。大家唱到圣诗最后一句时，我就要把手放到前排长椅的椅背上——我们约定以此示意父亲在这一句结尾时停止演奏。有几回我忘了示意他，父亲就高高兴兴地弹出了根本不存在的下一个乐句。那天我就会挨一顿骂。

　　父亲讨厌信众不高声歌唱。在他的葬礼上，送葬宾客都咕咕哝哝地唱诗，我就留意到了。我不忍去看角落里那可怜的风琴师，也明白父亲对此会有多恼怒。我做了件不可思议的事：走到前面去，挥舞着手将大家喊停——嗯，就在仪式举行到一半时，我对大家说，父亲演奏风琴时，要是人们没有从心里唱出歌来，他是如何感受；我问大家能不能看在他的分上大声歌唱。我的女儿吓坏了，其他宾客都觉得我失了心智。但我是真的希望这个场合可资回忆。

　　选取宾客离场时演奏的乐曲对我来说就很容易了。什么曲子比《兴之所至》更合适呢？或者按父亲的叫法——《性之所至》（*In the Nude*）。

我父亲和母亲都明确说过希望遗骨入土，不过倒不在意埋的是身体还是骨灰。当然也有其他选择，但他们都不希望把遗体留给解剖使用，我也不觉得自己有权利去说服他们。

至此，事情的发展都算是理智的。关于下葬地点的问题才让人感觉荒谬至极，母亲想同威利和蒂尼一起在唐纳赫里奇公墓山脚下安息，父亲想和他的父母一起待在山顶。我们建议过他们是不是可以葬在一起，但最终占上风的是苏格兰实用主义（对父亲来说，那就是袋中鼓鼓却不拔一毛）。在山脚的凹窝处有一个空位，山顶也有一个空位，我们都已经交钱买下了两个空位，为何还要浪费钱买个新的呢？他们两人都觉得死了就是死了，只要埋得合情合理，埋在哪儿没多大关系。他们可能挺传统，但也很实际，毫不感伤。父亲总跟我允诺他会在山顶向母亲招手，母亲总是回嘴说她才不会理他。

这样，父亲就被火化了，在一个精雕细琢、他自己也会喜欢的漂亮盒子里待了差不多一年，在我们能把整个家族约到一起将他下葬之前，他的座位就在我们的门厅桌子上。我一点也不着急。他去世了，哪儿也不会去。我们的清洁工起初很震惊，后来也习惯了他待在那儿，还挺喜欢他。他们从前门进屋时就和他道声早安，给他的黄铜牌子扫扫尘。最后父亲离开的时候，清洁工们还挺舍不得。人不需要活着才有存在感。

圣诞节当天，我们觉得父亲应该和我们一起用午餐，就去把他的盒子放在餐桌一头。有些人可能会觉得这种做法太诡异了，我们却觉得有他和我们在一起，再放一顶圣诞老人帽子在他盒子上，是挺正常的。我们举杯向所有对我们来说意义非凡却缺席的人祝酒，也向他祝酒——他是那一代亲友中最后一个离世的人。

这种家族代际轮替对最小的孩子安娜影响很大，她慢慢发现，她父亲和我现在是家庭里最老的一代了，而她和姐姐们已晋升为"二把手"。因此，她很难接受我父亲去世，不仅仅是出于依恋，还因为她想到下一个去世的可能是谁，被吓坏了。

父亲入土为安的时候终于到了，我们将殊荣交予我姐姐的儿子巴里，父亲曾对他有很大的影响。巴里庄重地捧着"外公"，从汽车尾箱走向地上挖的墓穴，极为肃穆、小心地将他安放进去。安娜认为外公上路前得来一杯，在他被安顿好以后，往他盒子上倒了满满一杯麦卡伦威士忌。父亲可能会觉得这么做是十足的浪费，反正一直隐在人群后留意着我们的负责挖墓穴的工人显然是这个想法。

无论我们认为死后灵魂或者人的实质会发生什么变化，生者通常都会深切地需要至亲的遗骨居寓某处，可供探访，或可在脑海中回想。对有些人来说，这一处就是墓地；对另一些人而言，抛撒骨灰的一片广袤风景，一般是在逝者生前对他有特别意义的一处地方。许多人会把骨灰在身边存留一段时间，像我们对待我父亲一样，有些人会一直留着。有人甚至在出外时也带着骨灰，因这位至亲在世的话，就会和他们一道游玩；或者将骨灰带到逝者未能亲眼一见的地方。我知道有人将他们母亲的骨灰带到纽约去过周末，因为她生前一直想看看中央公园。

火化在 20 世纪早期被引入英国，现已成为大多数人的选择，其流行之广，从用骨灰可做多少神奇之事就可见一斑。骨灰可被发射进太空，或沉积下海洋变成礁石；可以融进玻璃，制成首饰、镇纸或花瓶；可被放入枪弹，制成鱼饵，填进烟花，嘭一声就把人送走了；甚至还能被压缩制成小颗钻石。

要是没有选出"安息之地"，也没能举行适当的葬礼，对家庭来说是极为难过的事——疑似遭受谋杀的人或灾害罹难者的尸体无从寻觅，他们的亲属就承受着这种持久的痛苦。因此，在丧失感最为剧烈之时不行此类仪式，而将遗体捐出用作解剖或其他科研工作，对死者家庭来说是一种巨大牺牲。在解剖台上教我这一课的，就是亨利。我完全理解，死者亲属会感觉他们没能"谢幕"。根据法律，捐赠给科研的遗体可在三年后取回。对家庭来说，三年后才取回至亲之人的骨灰，是漫长的等待。但就捐赠者来说，他们的夙愿得以实现，我们希望这样能给逝者带来些许安慰。

将身体留作医学和其他科学教研之用不是可以轻易决定的。选择此路的原因多种多样，但大多是出于利他之心，出于为拯救生命、减免痛苦出一份力的真诚渴望。有些捐赠者是单纯认为"死了就是死了"，与其将自己的遗体销毁或者任其腐坏，不如好好加以利用。有一位时髦老太太就手扶着臀这么对我说的：
"姑娘，它太好啦，烧掉可惜了。"有些人的理由却极其实际。在
伦敦，从葬礼到入土平均花费 7 000 英镑，英国其他地区只花
4 000 多英镑，这笔经济账是很好算的。不过，我们不对人们的
动机做任何评判。捐赠遗体是个人选择，我们的工作只是帮助捐
赠者实现这个选择。

　　在邓迪大学解剖学部有一位捐赠管理员薇芙，工作热忱，每
天都接听许多咨询遗体捐献的电话。在解剖学部，你可以放心，
在谈论死亡时不会出现尴尬的沉默、客套话或居高临下的谆谆教
诲。有些有意向的捐赠者希望来拜访我们，谈谈实际操作，或翻
阅我们的纪念册。也有人只想把事情安排好，过程越简单越好。
对于这种情况，薇芙会将必要的表格邮寄给他们。但我也知道，
对一些太过虚弱、无法到访的人，她觉得需要当面接触的话，就
会自己开车将相关文件送过去。

　　捐赠者签署文件时要当着一位见证人（不会是薇芙，那样不
合适）的面，文件一式两份，一份寄回解剖学部，一份与遗嘱一
起存放在律师处。这就可以了。不过，我们还会积极鼓励他们将
捐赠愿望向家人朋友坦诚公开，这样一来，当时日来临，就不至
于有亲友太过惊讶，他们在完成故去之人遗愿之时也不会拖延。

　　选择捐赠的人并不需要甜言蜜语或溜须拍马，只需要温暖、
保证、信任和诚实。他们打电话给薇芙，就是找对人了。我听她

回复电话时惊讶不已。她是一位和蔼的女性，带点狡黠的幽默，尽力对所有问题都给予笃实、直接而温和的回答，从不说些含含糊糊的安慰之语。有些人不时地打给她，就为了聊聊天，让她知道他们还活着，闲谈几句他们最近的病痛。他们将薇芙看作朋友，当那个可怕的日子到来时会陪伴他们家人的人，而她也总是这样做的。

当薇芙终于接到来自某个人的儿女、丈夫或妻子的电话，她会温和而坚定地引导他们走过所有必要流程，让遗体尽可能快地运抵我们学部。这时是家人备受挑战的时刻。他们可能并不理解，也不同意亲爱之人的这个决定，而且由于惯行的葬礼仪式会因此大幅延期，他们往往也感到很困扰。我们尽可能地促成捐献者的意愿得到满足，但我们也不愿增添亲友们的额外痛苦，有时也会因家人强烈反对而违背死者的愿望。

捐献者同意让我们保存他们的遗体长达三年，同时也可以选择允许一些身体器官被更长久地保存，允许对遗体拍摄用于教学的照片，以及允许我们在无法接收的情况下将他们的遗体交给苏格兰的其他教学机构使用。要接受这一切，对于一个母亲刚刚去世的人来说，是够多的了。所以我们对所有的捐献者建议，公开、诚实地向家人知会他们的捐献决定。

薇芙做的是大学里最重要、微妙和富于同情的公共关系工作，而她能在家人悲恸最为剧烈的时候毫无瑕疵地履行职责。最近她被授予员佐勋章（MBE），因为她对苏格兰遗体捐献服务做的贡献——有些鲁钝的记者却将这写为"对尸体的服务"。我为她和她的工作无比骄傲。

我们的遗体捐献者来自生活中的各种人群。有邮递员，也有教授；有爷爷，也有高祖母；有圣徒，也有罪人。在苏格兰，我们能接受捐献的最小年纪是 12 岁，不过绝大多数捐献者都超过60 岁。目前年纪最大的捐献者是 105 岁。他们曾度过的生命对我们而言无关紧要，我们差不多接受所有人的捐赠。偶有一两例捐献我们不得不回绝，这种情况很少见。要是验尸官或检察官要求进行尸体检验，我们就不能接受遗体捐献，因遗体会在检查过程中损坏。如果死者曾有大面积的癌细胞扩散导致几乎没有正常的解剖结构存留，我们可能会回绝他的捐献意愿。过去我们也曾偶尔回绝病态肥胖者，原因很现实，我们的装备无法把他们抬起来。

大约 80% 的捐献者身处大学周边区域，与泰赛德（Tayside）社区的关系令我们很自豪。如今我们有好几个几代人都"到大学去了"的邓迪家庭，他们的名字被记录在我们的纪念册上。这个册子不仅仅是对捐献者的致敬，也每天提醒我们的学生，他们何等幸运，能从这么多人的赠礼中获益，而这些人只要求一点回报：学生们学到东西。纪念册就在学部楼梯顶部展示，每一个学生每一次走进解剖室时都会看到。

有一位老年捐献者尤其体现了我们与当地社区的关系，我称他阿瑟。阿瑟总是带来欢乐：他参加所有的大学活动，无论我们组织的是法医学讲座还是创意写作讲座。他头脑活跃，渴求丰富经历，思想深沉，一直考虑的是自己能留下的东西，而不是自己的死亡。他并不是宗教信徒，认为值得为了共同利益将自己的遗体"循环利用"（用他的话来说），而不是在一场"浪费的葬礼"上毫无必要地花掉一笔钱。

而阿瑟已经给自己规划了离开世界的独特方式。他坚决不愿在自己年岁增长、软弱无能的时候倚赖他人。他希望等到自己活够了，就着手安排后事，用自己的手终结生命。他不愿邻居或朋友发现自己在死亡过程中毫无尊严。他牢牢把握着自己的心智，心思笃定，面对什么争辩都不改主意——我真的尝试过很多次了。阿瑟做了一番详尽研究，选择了他决意离开的方式。他告诉我，他已从网上购买了设备，可让他平和地离去，不会对身体造成任何损伤，且直至最后一刻他仍可完全控制自己的行动和决定。

我们可能都能抽象地理解阿瑟的这些考量，有些人也会产生共鸣，但这毕竟不是许多人会采取的细致思考过程，其结论阿瑟认为很自然，其他人则未必尽然。辅助自杀和自愿安乐死在英国仍然属于非法的。政府法案提了又提，我相信最终会有一个法案允许我们在想要进行安乐死时做出如何、何时终结自己生命的选择。我想有一天我们将能够不受政府的压力，在适当的法制管控下做出这种成熟的决定。这样，想要多少把握自己死亡的人，就不至于只能积蓄一笔钱到另一个国家去寻求安乐死，或者采取些更激烈的手段。

自杀旅游是门昂贵的生意。人们决定进行这种旅行时往往早于他们要采取安乐死的时间，因为他们担心耽搁太久，病情会加重，无法成行。为了避免这种情况，他们很可能就得放弃一些和家人在一起的宝贵时光和经历，这时他们还没有到达毫无生活质量的地步。

辅助自杀（或称辅助死亡）在加拿大、荷兰、卢森堡、瑞士和美国一些州是合法的。在哥伦比亚、荷兰、比利时和加拿大，自愿的安乐死也受法律保护。这两种做法的差异在于另一方参与的程度。如果病人要求医师使用注射致死剂等方式终结他的生命，医师照做了，这可定义为自愿安乐死。如果医师开了致死剂量的处方药让病人自己服用，这就是辅助自杀。

在美国，只有在既被诊断为绝症，又心智健全的人身上进行辅助自杀，在俄勒冈州、蒙大拿州、华盛顿州、佛蒙特州和加利福尼亚州是合法的。俄勒冈州是美国第一个将辅助死亡合法化的州，在 1994 年通过了《有尊严地死亡法案》。病人只有在经两名医生确认活不过 6 个月以后，才能获得医师开出的处方药物，自行使用，在这一过程中配有严格的预防措施，确保了其间没有任何一例滥用。获许使用的药物是苯巴比妥、水合氯醛、吗啡硫酸盐和乙醇的混合物，花费在 500~700 美元。提出申请的病人中，大约 64% 会服下药物，通常是在自己的住处。还有高达 36% 的人决定不服用药物，这表明他们明白这个选择的本质，也许只需知道在需要时手头有药，就足以安慰绝症患者，对生死的控制权仍然在他们自己手里。

在英国的医院，绝症患者对自己的最后时刻没有多少控制力，亲属也只能依赖医疗人员来让他们死去时尽可能没有痛苦。医师可能会持续使用吗啡镇静剂，撤去饮食，让死亡发生得更为迅速，我母亲就是这样。

英国医学协会定期投票反对辅助死亡，可能是担忧这种做法会让社会对医生产生不信任。但一项欧洲调查结果显示，对医生信任度最高的国家是辅助死亡合法的荷兰，看来获得选择权比压缩选择权更能增进信任。

合法化辅助死亡的正反两方讨论已进行得相当充分。支持者坚持我们应有权利自己选择时间有尊严地、人道地和无痛地死去，恰如我们有权利生存。反对者表示，任何立法都有被滥用的危险，也可能会对老年人和体弱的人造成"不要成为负担"的社会压力，还可能让人觉得患病或残障就可以终结生命。有些人出于宗教原因不同意辅助死亡，他们相信只有创世主有权力决定我们何时死去。批评者的声音经常淹没了遭遇着无法忍受、极度痛苦的不幸人群的看法，而正是这群人拼命地要获得选择辅助死亡的权利。他们要结束生命也不是非法，但要符合法律的要求，他们就不能得到任何协助，这也就意味着他们可自己操作的手段往往会造成创伤或是非常暴力。

无论是何种主张，我认为选择何时去死应是个人问题，而不是由国家控制的决定。也许，对寻求自由决定自己的死亡方式和时间之人的此种愿望报以不那么悲观、怀疑的态度，可被看作是一个负责任的社会的表现。辅助死亡合法的国家和州通常也对缓和医疗投入更多，对死亡和生命终结方式有更开放的态度，这恐怕不是巧合。作为社会的一分子，我就更希望，我所在的社会允许人们对自己的生和死有更大的掌控权。

我尊重阿瑟和他决意自己死去的意愿，我也同他一样，因为现今社会逼得他只能考虑独自操作而感到愤慨，因这社会不能或无意实现立法的弹性，令他实现他所渴望的有尊严地退场。幸好他捐献遗体给解剖学部的意愿否定了最为暴力的手段：他不想经历尸检，所以也就不想"损坏自己的身体"。

他与我们谈过要回避圣诞节和新年大学关闭的时期，询问对解剖学部来说最方便的是哪些日子。他这样谈话的时候，我感到一阵焦虑。不过我也知道我做不了什么来劝阻他，我们已进行过许多许多次这种对话了。我不会帮助他，但也不能阻止他——我没有这个权利，他也没有征询我的意见。于我来说，这大概是种特权：他觉得可以与我谈话，我不会干涉他，只听着他反复陈述，看看这些语句听上去对他自己和对旁人而言是否足够舒服又合理。

虽然阿瑟已把一切都考虑过了，他在向另一处解剖部门征询意见时却被告知说，要是他自杀，他们就不会接受他的遗体。阿瑟为此陷入深深的悲伤。他发现很难调和相关部门的这种态度和自己合情合理希望"好好死去"的愿望，以及他真心实意想帮助他人接受教育的意愿。

他已将一切都考量过了。他告诉我一个只有他和我知道的暗号，说他会在周末把这个词留在我办公室的电话答录机上，等着我周一早上听到。我接收到这个信号，就去提醒相关部门开始安排各种事项，满足他的心愿。他不会提前告诉我准备何时去死，这样是为了保护我免涉他死亡的嫌疑，也是因为他不想我尝试阻止他。这是一种古怪的善意，而我开始自然地期待电话上闪动红色信息提示灯，尤其是在周一早晨。但至今阿瑟还没有留言的迹象，我希望永远不会收到他的暗号。我得承认，他总有一天会执行自己的计划，但我当然希望他届时会享有平和、迅速、自然的生命终结过程，这既符合他的愿望，也减轻了社会现有的恐惧和限制。这件事他也知会了薇芙，以免他留言时恰逢我休假或不在办公室。阿瑟将我们两人都置于他的股掌之上。

很难描述出我对阿瑟全力支持遗体捐赠和解剖教学、与我分享他的内心愿望有多感激，但在坚持遵守各种法律要求的同时也要确保他的愿望能够实现，这让我感到了巨大的责任。但道德争议则更为沉重。深夜阿瑟蹦入我的脑海，我想到他不知在做什么，这时真正的角斗才刚刚开始。他孤独吗？他好吗？他害怕吗？他是不是正在组装自己的"谢幕"设备？我能阻止他吗？我应不应该阻止他？他有我的电话号码，我却没有他的号码。我完全不知道如果他真打算这么做的话，会在什么时候做，而他做了的话，我要干预就太迟了。现实中我能做的，只有一直和他谈话。

我不确定自己想要他改变主意，那可能就意味着他会经历他自己断然拒绝的那种死亡。但我觉得，要是我一直向他提问，至少可推动他不断地重新评估自己的决定。有时他相当生气，因为我坚持要管他的闲事儿。我对他说，我的问题都是出自"爱的心意"，他通常就做个不屑一顾的表情说："这心意可不怎么样，这个什么爱的心意。"

他惯于抛出些看似不相干的问题，实际上却勾勒出一些理论情境，令你停下来反思一番。这样做的时候，他总是闪烁着魔鬼一样的眼神。很久以前，他问我能不能看一看我们的解剖室，观看解剖过程。我倒吸了一口凉气，我们从来没有过捐献人要求看看解剖室里会发生什么的先例。不过，我为什么会惊得神魂出窍呢？我们保护的是什么？你可以买票去逛人体世界展览会，看到各种不同姿势的解剖人体赫然陈列。你可以去外科博物馆，脊背发冷地从玻璃盒子里看从人体上摘下的各类病理或异常器官，检视在玻璃罐子的福尔马林溶液里阴森冷酷地堆积着的不会腐败的器官。在互联网上你能找到各式各样和人类遗体解剖有关的图片。你也可以走进一家书店，买一本人体解剖图解，或者在电视上观看解剖过程。阿瑟似乎对参观解剖室并无疑虑，而我却不知为何陷入剧烈矛盾。我参与这事是不是太私密了？责任是不是太大了呢？

要是阿瑟实现了自己的心愿，他终有一天会成为某个解剖室中的一具遗体。我肯定他会做到的。既然他热切盼望这样做，他想看看自己在那解剖室里会是什么样子，可能在其中度过好几年的环境是什么样，那也合情合理。当可能报考的学生来参观大学，他们获得许可来参观解剖室，那可能捐献遗体的人为什么不能来看呢？说到底，他们还是这种共生关系中的另一方。想到我自己第一次走进解剖室的经历，也许我是怕他会害怕或困扰。我们完全没法知道，这对他而言会是一场彻头彻尾的灾难，还是能让他的内心无比平和。

我试过油腔滑调地回绝他的请求，但他不打算就这么算了。他礼貌而坚定地告诉我，他想和我一起做这件事，是因为他了解和信任我，但要是我觉得不自在，他也完全理解。他会去另一处解剖学部提出请求。好一番威胁！我远远地听到自己的声音在说，我会询问有关部门看是否可行，看起来就是我同意了。同意得很勉强。我一直没法拒绝阿瑟，也不知道为什么。可能是因为我太喜欢他了，我也为学部里的教职员工们全心投入服务于捐献者及其家人、学生和教育工作深感自豪。如果我们的"无言良师"是在"教学"，那他们也是教职员工。也许在未来，我也能把阿瑟看作解剖学教学团队的一员。我知道，要是我就这么打发了他，他肯定要轻蔑地笑，可能还会指责我将他当作廉价劳动力来剥削。

我向皇家解剖学监察官咨询了这个情况，他认为只要一路有人陪同，这种安排就没有什么问题。于是，在预约的当天，阿瑟和我在我的办公室见面，再次谈了会儿捐献事宜和捐献对他、对我和对学生的意义。我们聊到他的死亡计划，我尽力表达出自己的观点，他也一如往常地充耳不闻。我解释了防腐过程，他向我询问在细胞层面发生的化学反应。他问到了气味、触感和外观。我们一起查看了一些教材，他评论说，肌肉组织看上去没有他预想的那么红。他说，他本来想象那更接近在肉店里看到的肉的颜色，实际上肌肉却是粉灰色。对他来说，先看到这些图片，可以让他对将要在解剖室里见到的内容做好心理准备。

我们聊到挂在我办公室角落里的骨架，以及骨架上用颜色标记出的各种肌肉的起止点。我们拿起书架上的颅骨，讨论了骨头如何生长和折断。喝茶的时候，我们又聊到了生、死、学习。我让他掌控着节奏。

当他准备好了，我们就从办公室走到陈列馆去。阿瑟那时年纪已大，腰弯背驼，走得非常困难。但他坚持走着，一手抓着扶手，一手拄着拐杖。我们停了一会儿，我将楼梯顶上玻璃匣子里的纪念册指给他看。阿瑟感叹了一下向我们捐献遗体的人的数量，推测了一下他们的动机。我们讲到每年 5 月的纪念礼拜，他问到当时捐献者中的最大和最小年龄，是男人多还是女人多。我诚实、坦率地回答了他所有的问题。

我们穿过走廊时，经过了富有才华的医学和法医学学生做的出色的艺术作品，由此聊到解剖学和艺术之间的久远关联，尤其谈及了光辉灿烂的荷兰大师们，他们对解剖怀有一种病态的痴迷。

我们的陈列馆在一个明亮的房间，陈设了几列白色长桌子，学生会在这里学习，将解剖标本与课本中的插图进行比较。阿瑟在一张桌子前坐下，我给他展示了人体的矢状、冠状和水平切片。这些切片陈列在沉重的有机玻璃罐里，我们就可以教授与 CT（电子计算机断层扫描）和 MRI（核磁共振）扫描图像有关的解剖知识。我将一个罐子拖到他坐着的桌子前，告诉他这是一个男人胸区的水平切片。"你怎么知道是个男人的？"他问。我指了指切片上从皮肤里冒出的毛发，我们都哧哧笑起来。

我指出了心脏、肺、主要的血管、食道、肋骨和脊柱的位置。阿瑟完全被迷住了。他惊讶于脊髓居然那么细，却承载着身体上所有的运动和感觉信息；食道也这么细，他说以后他肯定得小口小口地吃东西。他评论说，看到这些人体结构如此精细，他意识到生命是何等脆弱。他看着心脏里的冠状动脉，又看看那条致使许多壮年男子死亡的动脉（左冠状动脉的前室间支），要我指出可见的心室。他被心脏的腱索逗乐了，这些组织通常被称为"心弦"，听起来很浪漫。实际上呢，他说，它们看起来就像固定着小人国帐篷的微型拉绳。他问这些标本有多老，能保存多久。

这位老先生在观看和讨论时都非常自在，这让我很放松。我没有觉察到他的厌恶，可能我自己才有这种情绪。他湿润的眼睛里没有恐惧，说话没有颤音，手也不曾颤抖。是时候上那个大家伙了，我让阿瑟继续细细查看玻璃罐子，然后自己走进解剖室，一个明亮、开放的空间，在像往常一样的工作时间里，解剖室里充斥着谈话声，学生们走来走去，进行解剖学部的正常业务。我扫视房间，想找一桌更成熟的学生。找到一群合乎要求的学生以后，我将阿瑟的事情告诉他们，问他们是否愿意与他谈话。显然，他们为此有点焦躁：他们可能要与一位遗体捐赠练习生进行一场关于解剖的谈话，而他们还站在另外一个人的尸体前，手里拿着手术刀和镊子，把肩关节打开了一半。不过，他们仔细地考虑，彼此讨论过后，决定要做这件事，于是他们选出了一个发言人。

不知道谁更害怕，是学生、阿瑟，还是我。这事会有什么后果，我仍然毫无头绪。这会是一个巨大错误吗？阿瑟慢慢地站起来，随我走进解剖室。室内安静得能听到针落到地上的声音。刚才那欢快的玩笑声消失了，在一瞬间代以一阵尊重的沉默和勤勉工作的专注气氛。真神奇，屋子里的整个气氛在一秒之间就变了，仿佛收到一道无声的命令。所有人突然意识到有一个外人在场，随即一致调整了行为。在太平间我们常见到这种情景，仿佛不成文的规定：一个陌生人进来，在你搞清楚这是谁、来做什么之前，你会调整自己的行为举止。解剖室里的学生没有收到任何提示或指示就这样做了。我真为他们骄傲。

阿瑟走近台子，有一点犹豫。带头的学生进行了自我介绍，紧张地开玩笑说，他们眼下正做着这种工作，握手恐怕不太适当。台子边其他学生也介绍了自己。他们都面色苍白又紧张，我简直以为其中一两人会晕倒。阿瑟指着台子问："那是什么？为什么你们这样切？"我退后，看着眼前发生的最让人惊讶的奇迹：阿瑟和学生们并没有因死亡而隔离，而是在解剖学的光辉世界里因死亡联合起来了。

屋子里的谈话声再起，阿瑟被接纳到他们的圈子里来。他与这个解剖小组聊了足足15分钟，实际可能还要更久些。我听到学生们因他说的话发出一两次轻松的笑声。我觉得一刻钟对他们来说够长了，阿瑟站着的时间也太久，我前去把他引开。他为学生们的专业向他们致谢，他们也为他计划赠予的无价礼物感谢他。我感觉到双方都很真诚，不太愿意结束对话。不过我也注意到，在阿瑟转身开始慢慢走开时，学生们一起发出了一声如释重负的叹息。他们真的担心会冒犯他或让他难过。但他们也明白，他们为阿瑟做的事何等重要，阿瑟为他们做的，以及将为以后的学生做的事，又是何等重要。

对阿瑟来说，重要的是回到我的办公室，再喝点茶，舒缓恢复一下情绪，再聊一会儿。他满腔热忱，兴致勃勃，比以往更为坚定地要执行捐赠计划。他唯一的遗憾，据他说，是他只能在手术刀的另一端。他发现与解剖过程的邂逅令人着迷至极，我都怀疑要是可以让他重新选择一次，他可能会成为一个伟大的解剖学家。

这段经历对每一个牵涉其中的人都产生了非比寻常的强烈影响。那我会不会再做这种事呢？老天，再也不会了。

第 六 章

遗骨会说话

我想证明你曾活过

在壁橱里，白骨就显得更加阴森恐怖了。

——威尔森·米兹纳

剧作家、企业家、故事家（1876—1933）

一个人的死亡，要过多久才不会影响他的后代亲友，布雷恩·帕顿在他的诗集《时间的长度》（*So Many Lengths of Time*）里写道："一个人，只要他还在别人的记忆里，他就还活着。"我非常赞同这种说法。尤其是当我的年纪越来越大，我经常说些我父亲说过的话。只要地球上还有人记得我们，我们就没有死去。

　　在这样的标准下，我们有一个潜在的"生命周期"，或者叫作"死亡周期"，虽然通过亲人的记忆、家庭故事、照片、影像，可以让我们存在的时间长一点，但这个周期大概是四代。在我的家族里，我们这代是最后能记得我祖父母的人，我的孩子是最后一代能记住我父母的人，因为我的孙子们并没有见过他们的曾祖父母。当我想到最终我死去的时候，我的祖母存在于这个世界的最后记忆也会消失，我就会很伤心。但想到我会和她一同死去，我又释怀了。我的生命结束，她在我脑中的记忆也消失了。而我自己，也会随着我的孙子们的死去而消失在这个世界上，当然如果我足够幸运，就能活久一点，等到我的曾孙长到一定年纪，会对我有点印象。现在想想都觉得恐怖，时间怎么过得这么快，我已经这么老了。

从法律上来讲，如果一个人的死亡时间已经超过70年，就不再有什么法医学的价值了。从现在倒回去70年，正是二战期间。我很清楚地知道，我的曾祖父母，虽然我没有见过他们，已经成为考古标本了，而我的祖母，再过不到30年，也将成为考古标本，可能我还可以活到那个时候。如果有人要去挖我祖母、曾祖母的坟墓，把她们的遗骨作为考古标本来研究，我会不会觉得被冒犯了？我想会的。

当然，如果有人要去捣鼓我祖母的遗骨，我也不会高兴，虽然我们跟离得远的祖先们的联系没有那么紧密，感情也更疏离，但对于我们大多数人来说，血缘的归属感还是有的。用礼貌而敬畏的态度对待考古遗骨，并遵循让逝者安息的要求，这种责任感必须贯穿我们的整个生命历程。这不仅仅是一堆白骨，而是某人的亲属，曾经在这个世界上笑过，被爱过，存在过。

最近我在因弗内斯大学开设了一个工作坊，其间，我们仔细观察了一具挂在科学实验室的教学用人体骨骼。那一天结束时，当同学们知道他们面对的这具人体骨骼其实是一个跟他们年纪相仿的青年男子，身高160厘米以上，因为营养不良患有贫血，可能来自印度，他们对这具骨骼有了完全不同的感受。他们不愿意再把这具骨骼放回壁橱里，认为应该给予它更多的尊重。面对没有身份姓名的人类遗骨，我们不容易产生同情心，而法医人类学的妙处就在于，它能恢复遗骨的身份，重新唤醒人类关爱保护他人的本能。我希望这是学生们该有的反应，希望他们不会让我失望。他们是一群非常成熟负责的年轻人。

有一些遗骨，不管死亡时间是在多早之前，都不能武断地将其只定义为人类考古标本，它可能还具有法医学价值。有一些重要的人为因素让这两者的定义相互渗透，比如遗骨的身份被确认或有可能被确认，或者它还有活着的亲戚可以来认领。这样的事情确实发生过，即便时光流逝，很多年已经过去了，但是在沙德伍沼泽一直没有发现被害儿童的遗骨，杀人犯伊恩·布雷迪、米拉·亨德利在这里埋葬了受害者，所以这里可以有很多的意义，除了与法医相关的东西。

我并没有立志要成为一名遗骨考古学家，但这并不意味着我从来没有处理过考古中遇到的骨骼材料。我最开始接触这个领域是在阿伯丁大学学习的最后一年。当我喜爱的解剖课程在第三年结束时，我发现来年要学习的课程完全是某些老师按照个人兴趣随意组合起来的，并不是根据什么可行的学术计划。在我学习了一周的神经解剖后，又学习了人类进化，再后面就是共焦显微术（从来没有搞懂过），还有一位喜欢故作深沉的庸俗老师，喜欢谈论潜水服和阴道冲洗对妇女的影响，太奇怪了。

最后一年跟学习比较相关的是我们必须自己开展一项研究。所有的学生都倾向于在这几个方面选择自己的研究课题：大鼠大脑的铅含量，仓鼠的垂体癌变，小鼠的糖尿病神经病变，等等。我对大鼠、小鼠及一切的鼠类，死的活的，都有病态的恐惧，所以我没有办法面对老鼠的尸体做研究。我向老师们请愿，我恳请他们让我研究其他任何方面，只要不是老鼠就好。我之后的导师建议我考虑人类骨骼的鉴定，为以后研究法医人类学做准备。这真的太好了，没有毛茸茸，没有尾巴，没有爪子，也没有扭来扭去、撕咬、抓痕，我只需要在解剖室一层一层地打开尸体，或者跟肉店买来的鲜肉打交道。

我研究的是如何通过部分骨骼判定性别。我用到的标本来自马歇尔大学博物馆收藏的青铜时代的人类骨骼。这些考古遗骨来自烧杯文化，因为独特的钟形器物而得名。他们的传统就是用钟形器物，有时还有一些小宝石、简单的装饰物为死者陪葬，一起放进石棺（用石头做的棺材或者骨灰盒）。在苏格兰东北部，这些短小的石棺由四块直立的石板和一块压顶石做成。这些石棺大多是农民无意间发现的，通常是犁头撬开了石棺的压顶石，一副蜷缩着的骨骼和一个钟形器物就出现在眼前。这些人可能是商人，从莱茵河地区移居到英国北部东海岸。因为他们通常是被埋葬在沙地里，遗骨被保存得很好。这样一来，我的研究项目就有了很好的研究标本。

马歇尔博物馆里面安静的小屋对我来说简直就是天堂。那里满是灰尘，但却很温暖，空气中有树脂的味道，让我想起了我父亲的木工房。我把自己隐藏在堆积如山的文件堆里，想象着那时人的生活，他们的健康情况，他们是如何死亡的。这都是些爱好和平的人，很少死于外伤。他们让我很感兴趣，我被这些隐藏在遗骨背后的故事深深地吸引了。但我的心底隐隐有一丝遗憾，对自己的发现并不满足。这种遗憾并不只是因为这种文化发生在4 000多年前，离我们遥不可及，更是因为我清楚地明白我们没有办法知道他们的生活、他们的死亡。当时究竟发生了什么，都是我们的猜想和推论，并不是事实。所以，我发现研究最近在这些岛屿居住过的居民们的生活和死亡更有挑战性，当我用自己所学去判定当代的死者，解决他们呈现出的问题时，我有更多的收获。

因为我们的岛屿早在1.2万年前就有人类居住了，所以对于每一个法医人类学家来说，都不可避免地会在工作中经常遇到各种考古素材。因为每个世纪的人口数量有很大的差异，我们只能估计大概有多少人曾经在这里生活过。就整个世界而言，从5万年前的智人开始，大概有超过1 000亿的人在地球上生活过，这个数字是我们现有人口（70亿）的15倍。活着的人口数绝不会超过已死亡的人数，因为如果超过了，那就意味着我们的总人口要超过 1 500 亿，我们的地球绝对养不活这么庞大的人口。

在 21 世纪的现代，在英国，每天在 3.9 万人当中就有一个人死去，一年需要处理超过 50 万的死亡人数，人们通常是采取土葬或者火葬的方式。其实我们在尸体腐烂发臭前处理它们的方式不外乎就是这几种。一直以来，全世界认可和接受的尸体处理方式有 5 种。第一种是直接将尸体暴露在野外，陆地上或天空中的食腐动物会分食尸体。第二种是将尸体扔进河里或海里，海洋生物会帮忙处理尸体。第三种是将尸体"储藏"在地面上的陵墓里，这种方式深受富裕阶层的欢迎。第四种就是把尸体埋在地下，土里的无脊椎动物会完成腐蚀过程。在获得允许的情况下，我们可以在任何地方埋葬尸体，包括私人土地，只要确保不会污染水源。最后一种是火化，就现在的情况来看，这是最快速干净的一种方式，虽然也有可能引发空气污染。

最极端的一种尸体处理方式就是吃掉逝者，这种方式既不被推崇，也不被当今社会认可和接受。食人在很多文化中都有出现，虽然在英国把尸体作为一种食物非常少见。但在萨默塞特郡的高夫洞穴里，我们发现了食人行为的痕迹，这里曾是冰川时代切达大峡谷牧马人的居住地。在这里发现的人类遗骸有明显的被连续切割的痕迹，人肉被切割下来食用。在之后的几个世纪里，有更多的药用食人行为的证据被发现，这种行为源于对尸体的神化和崇拜。人们把尸体作为治疗疾病的药引，例如治疗偏头痛、肺痨和癫痫，还有一些日常滋补的药也是用尸体的一些部分制成。那时候的人们认为，如果一个人突然死亡，他的精气神就会停留在他的肉身里足够长的时间，会对食用他的人有益。这些"尸药"通常是碾碎了的骨头、风干的人血和融化的人脂，当然也还有其他难以下咽的身体器官。

1679 年的方济各会药剂师甚至会给病人开出人血药方。药剂师首先会从刚死去的人身上提取血液，这些死者都符合性格温和忠厚、体形丰满圆润的要求。药剂师会让血液自然风干至黏稠状，然后再将风干的血块放到软木桌上切成薄块，完全风干后放到容器中，在火炉上搅拌成糊状，放干，趁热放入青铜研钵里捣磨成粉，粉质要细到可以从丝绸上漏下去，最后在罐子里密封好。每年春天，将粉末溶于干净新鲜的水里，就成了一剂补药。

很有意思的是，一位英国的法学家指出，食人癖本身在英国是不犯法的，但有专门的法律制裁杀人或者肢解尸体者。这种说法让我的小女儿安娜，一位实习律师（我们叫她小鲨鱼），产生了很多疑问。如果一个人吮吸自己伤口的血，或者自己吃自己的肉（这种行为被称为食己癖），这样的行为触犯法律吗？如果是两相情愿地互相食肉，但是没有人死亡，这算不算违法呢？看起来，在英国，触犯法律的食人癖是跟谋杀或者肢解尸体联系起来的，而不是一种孤立的违法行为。我不知道安娜会选择哪方面的法律。

　　从历史上来看，土葬是英国人比较喜欢的殡葬方式。远古时期，葬礼地点的选择通常跟文化的重要性和土地的神圣性相关。但等到正式的宗教开始掌权，教堂墓地就出现了，如果死者是特别重要的人物，可能会直接被安放在教堂或者教堂的地窖里。

　　工业革命后，大批移民进入城市，墓地变得很紧俏。维多利亚时期开始新建的城市公墓，多半都在郊区。坟墓的重复利用在 1857 年殡葬法颁布之前非常常见，随着墓地变得越来越稀少，将部分尸骨迁出的方法是最有效的解决墓地紧张问题的办法，但这样有损逝者的尊严，可能会惹怒公众。殡葬法规定扰乱坟墓是违法的，除非有官方的挖掘命令。有意思的是，只有打开坟墓这个举动是违法的，而盗取尸体，只要尸体有衣服覆盖就不算犯法。

　　20 世纪 70 年代以后，市政委员会有权利再次利用年代久远的墓地，只要墓主人的棺材是完好无损的。这样一来，市政委员会可以将坟墓深挖，将上面一层作为新的墓地安葬另外的逝者。这种做法通常是针对 100 年以上的坟墓，这些坟墓一般没有人再来照料和拜访。2007 年，《伦敦地方当局法案》修订，为墓地重复利用扫清了障碍。伦敦是墓地短缺最为严重的城市，法案规定，只要租赁人和亲属不反对，自治的市镇有权挖掘 75 年以上的尸骨，将它们放置在更小的棺椁里再埋葬。这样一来，墓地就可得到重复利用，更多的尸体可以埋葬在这里，并且跟原来的墓主人也没有什么联系。2016 年，苏格兰议会也颁布了类似的法令。

坟墓的重复利用会涉及感情问题，也会引发宗教和道德隐患。但是，英国墓地短缺已经到了危机点，根据 BBC 的调查发现，到 2033 年，英国一半的墓地将会被占满。我们必须要采取措施，否则再没有可供使用的墓地，或者说现在是时候寻找其他处理逝者的方式了。

就全球而言，一年大概有 5 500 万人去世。所以墓地短缺不仅仅是英国面临的问题。短缺严重的城市多半是没有墓地重复利用的传统。例如南非的德班、澳大利亚的悉尼，这些城市跟伦敦一样，在推行墓地重复利用相关立法的过程中遇到很强的文化阻力。

在世界上的很多城市，尤其是欧洲城市，自古以来都采取了不同的举措，它们会定期把遗骨从地面或者地下墓地迁移出来，埋葬到大型的地下墓穴，或者装到骨灰罐里，监管人甚至可以在这些地方发挥他们的艺术天赋。最大型的地下墓穴在巴黎的街道下面，有接近 600 万具遗骨在那里安息。最华丽的要数捷克共和国的人骨教堂，这座教堂始建于 1400 年，为了安置从教堂拥挤不堪的墓地里迁移出来的遗骨。1870 年，一位名叫弗兰蒂泽克·润特的木雕工被安排处理堆积在这里的遗骨，他将 4 万 ~7 万人的遗骨精心制作成了教堂的装饰物。人骨制成的吊灯、盾徽，还有华丽的拱壁。在整个过程中，润特并没有让个人情感影响到他对艺术作品原料的选择，他的杰作让人难以忘怀，那么多的作品都是来自儿童的骨骼，包括他用来显摆的个人签名。

在现代欧洲国家，将遗骨从墓地迁出的传统逐渐演变为对墓地的循环利用。例如德国和比利时在公共墓地提供 25 年的免费存放期，超出这个时间之后，如果家属不愿意续费，那么这位"住户"就会被转移到更深的地下或者是另外一个大型墓地。这样的做法在气候更加温暖的地方更普遍，比如西班牙和葡萄牙，在这里，尸体腐烂得更快，遗骨埋葬在地下的时间就更短。如果家属愿意支付费用，遗骨会被转移到地下墓地。到最后，如果逝者没有近亲在世，遗骨会再被挖出来。有的可能被博物馆收藏，做研究用；有的被火化，碾磨成骨灰。新加坡处理遗骨的方式跟欧洲和澳大利亚差不多，但现在新加坡有意学习英国挖掘、深埋的方式。

葬礼，无论时间长短，无论是埋葬在地下还是建造纪念碑，都逐渐过时了。仅在美国，埋葬在地下的木材就有 3 000 万英尺（约 914 万米），水泥 160 万吨，防腐液 75 万加仑（约 341 万升）和钢材 90 万吨。从这些数据可以很直接地看出葬礼对环境的污染。如果环保人士担心土葬带来的地下污染，那火葬也不容乐观。一次火葬大概会用到相当于 16 加仑（约 73 升）的燃料，还会增加全球汞、二噁英、呋喃（一种混合有毒物质）的排放。一个估计是，仅在美国，火葬一年消耗的能源可以让火箭在地球和月球之间往返 83 次。然而，火葬的比例在美国仍然在持续上升：1960 年，选择火葬的人占全部死亡人数的 3.5%，而现在这个比例已经接近 50%。

　　这样的现象并不奇怪，世界上火葬率最高的国家是那些将火葬视为文化传统或者宗教选择的国家，尤其是有大量印度教或者佛教人口的国家。日本以 99.97% 的火葬率稳居榜首，紧随其后的是尼泊尔 90% 的火葬率，印度 85% 的火葬率。如果只是就数量而言的话，中国选择火葬的人最多，一年将近 450 万人。

　　火葬将身体的有机物烧尽，只留下干燥的、含有惰性矿物质的骨骼，大部分都是钙磷酸盐。最后骨灰的重量大概占人体的3.5%，相当于 1.8 千克。大多数的火葬场都是这样的流程，把火化后留下的骨头从焚化炉中取出来，再用骨灰研磨机把骨头研磨成骨灰，并挑拣出里面的金属物质（医疗植入物）。在日本的传统火化程序里，家人会用筷子拣出逝者的骨头，然后放进骨灰盒里，首先放脚骨，最后放头骨，这样一来，逝者就不会头朝下了。

　　在英国，四分之三的人选择火葬而不是土葬。在 20 世纪 60 年代火葬率激增后，近几十年选择火葬的人数趋于平稳。现代社会喜欢挑战极限，更新更环保的方式开始出现（火化后的骨灰没有了主要的营养物质）。其中一种叫"水焚葬"，这种方式的原理就是碱性水解作用。将尸体放入一个大缸里，放水和碱液（烧碱或氢氧化钠），在高压下加热至 160℃，大约 3 小时。这样一来，身体组织就变成了绿棕色的液体，富含氨基酸、多肽和盐。剩下的易碎的骨头被骨灰研磨机研磨成粉（其实就是钙磷灰石），可以撒到什么地方或者作为肥料。

另外一种方法叫"冰冻葬",这种方式是将遗体放置在 −196℃ 的氮液里,然后剧烈振动,让遗体分解成块,之后在干燥机中除去水分,在将骨灰粉末埋在第一层土壤里之前用磁铁将骨灰中的金属物移除,埋在土壤里之后,微生物会完成后面的工作。最新最环保的殡葬方式叫作"遗体堆肥",但这种方式还在设计阶段,它的理念就是家人把自己逝去的亲人用亚麻布包裹起来,放置到一个"分解中心",这个中心正中有一个三层高的塔,就像是一个加大版的花园堆肥。在这里,遗体会被放置在木屑锯末上,这样可以加快分解。4~6 周后,遗体会分解成大概 1 立方米的堆肥,可以作为树木的养料。但是设计者还不知道该如何处理遗骨和牙齿,所以这种遗体堆肥的方式还有很长的路要走。

如果现代的殡葬方式成为一种常态,那么我们留给后代的可以追寻的物质踪迹会比我们祖先留给我们的要少很多。考古学家和人类学家通过对遗骨遗物近距离的研究窥探,推进了学术的发展,丰富了人类历史。

历史久远的遗物包括遗骨和随葬的服饰。正如我们之前讨论过的那样,一定条件的气候因素,例如酷热、干燥、零下的气温、浸泡等,使得一些遗体被完整保存了好几百年。雪人奥蒂斯,1991 年在奥地利和意大利交界的山区被发现,即便已经死去 5 000 多年,其遗体也几乎完整地保存下来。还有约翰·托灵顿,在 1845 年富兰克林展览会上展出过，他在加拿大最北端的冻土层里被发现，与他的两名同事一起被埋葬在那里已经 129 年了。

还有著名的"沼泽人"，比如格劳巴勒男子、托伦德男子、林多男子、斯蒂德雪特女人和肯温德森男孩，这些遗体因为埋葬在泥炭里被很好地保存下来。因为浸泡在弱酸性高镁液体里，2 000 多年前中国汉朝的一具湿尸保存十分完好，这就是著名的辛追夫人。1971 年，长沙一家医院的工人在挖掘防空洞时发现了辛追夫人，她的血管几乎完好无损，血管里甚至还有少量的 A 型血液。

虽然我的团队很少会参与这样重大的考古发现，但我也有违背自己一贯作风的时候，我被说服与另外三名科学家一起参加了 BBC 第二频道的一个系列节目。这个节目名叫《历史疑案》，2010 年 11 月第一次播出。节目的剧情是，我们会检查节目组为我们准备的遗骸，研究人员适时给我们一些有用的线索，我们需要拼凑出死者生前的生活状态。我们是真的不知道他们会给出什么样的线索，也不知道会有什么样的发现，所以很紧张，但也很吸引人。我现在仍然时不时会抱怨，因为出现在电视机银幕上真的很难为我，我长了一张更适合出现在广播里的脸。但是我们挖掘出来的这些故事让我明白，不管死去多少年，不管年代多么久远，这些逝者的故事仍然打动人心。

参与电视节目之后，曝光率增加，隐私减少，对我来说这是喜忧参半的事情。被完全陌生的人当作公众人物，无论是评判还是表扬，都让人很紧张。大多数人只是想告诉我，他们是如何喜欢这个节目，当然也有大胆的人会评价我的长相，或者是说他们非常反对我说过的什么话，当然也有人直言不讳地说我并不聪明。

我们四个嘉宾中，有三位是女士，这一点也比较特别，也许正是因为这个原因，我们收到了更多谈论人性的信件和邮件。我们被称为"邓迪三女巫"，事实上这个称呼还真的挺贴切，三女巫中的赞茜·马莱特是一位法医人类学家和犯罪学家，她收到了很多言辞不当的信件，事实上，她是一位非常杰出的年轻女性。凯瑟琳·威尔金森，我们的面部复原专家，收到很多夸赞她作品的小诗，称赞她是富有同情心的艺术家。而我，收到特别多监狱囚犯的来信，在信中，他们希望我能帮助他们重获自由，辩称自己并没有杀妻。我们在节目中关注到了一些特定的社会方面，被观众笑称是"女同性恋疑案"，观众们直接把我们的同位素专家，沃尔夫拉姆·迈耶·奥根斯坦老先生忽略了，但我觉得老教授并没有因为被忽视而不开心。

积极的方面是，我们收到很多友好的邮件，观众们只是简单地喜欢发现新事物。跟观众的互动让我们认识到，公众对于我们祖先的遗骸能告诉我们的故事非常感兴趣，也很想知道我们怎样用刑侦技术窥探过去的生活。当我们把过去的普通人的故事讲给观众听时，很多时候我们都觉得很心酸。这些人不是国王、主教或者战士，他们是孩子、女工。我们想让这些普通人知道，我们并没有忘记他们。他们用一种特殊的语言书写自己的故事，需要法医人类学家来翻译。

其中一个悲伤的案例是一具保存完好的解剖标本，他是一个8岁左右的男孩。这个没有记录在案的木乃伊男孩在邓迪大学解剖部门的一个橱柜里被发现。他的肌肉组织已经被剔除，只剩下骨架和人造的动脉循环系统。我们对他一无所知，也不知道该怎么处理这个标本。所以我们希望这个节目的调查研究可以让我们对他有所了解。

调查刚开始进行得很顺利，越到后面越棘手。这个孩子并没有营养不良，也没有明显的迹象表明他是死于疾病。对他遗骸的检测发现，他死于1832年解剖法案颁布之前。他会不会是解剖学家犯下的臭名昭著的儿童杀人案件的受害者？那个时候，解剖学家会按孩子的身高来付钱，抑或他是被盗墓者、盗尸贼从坟墓中挖掘出来卖给解剖学家的？为了训练学生或者进行探索性科学研究，买卖尸体在当时很盛行。我们知道当时有名的手术专家约翰·亨特和解剖学家约翰·巴克莱都在做动脉灌注的实验。对这个男孩遗骸中的化学物质分析显示，他体内的化学物质与亨特和他的后继者所使用的化学物质相同。具有讽刺意义的是，我们几个解剖学家有可能揭开了早期解剖学家的一些不法行为。不过，这对我们并没有什么影响。

在节目的最后，我们必须要做出决定，这是我们一开始没有想到的。我们现在该如何处理这具遗骸？他是应该继续留在我们部门，还是被送去病理博物馆，或者是被妥善安葬。我们意见一致地选择妥善安葬。我自己本身就对遗骨展示持保留意见，我并不希望看到遗骨像商店里的商品一样被陈列起来，只是为了满足观众的好奇心。在教育和娱乐之间有一条很明显的界限，在我们的心中，我们很清楚地知道什么时候这样做是正确的，什么时候这样做是错误的。最直接的就是把这个男孩想象成自己的孩子，你会怎么做？不幸的是，想要得到许可来安葬这个男孩比我们预想的困难得多，所以他现在暂时被安放在一家病理博物馆，直到对他有下一步安排。

另外一个悲剧人物就是我们的"十字骨女孩"。这个女孩才十几岁，我们差不多可以肯定她是一个妓女，她在伦敦南部的萨瑟克十字骨墓地被发现。她因为患有三期梅毒被严重毁容，不用说，这是她在工作中被传染的。我们通过梅毒的发展过程推测，她最开始被感染时不会超过 10 岁或 12 岁，从这一点可以看出，19 世纪的童妓问题多么严重而可怕。当我们对她进行面部复原时，梅毒对这个年轻生命造成的伤害让我们都很震惊。凯瑟琳对她进行了第二次面部复原，我们可以看到，如果她没有染病或者那时候有青霉素，她会是什么样子。不可避免的，当我们面对一具人类考古遗骸时，我们都会有一些情感连接，尤其是看到重塑之后的这个年轻女孩的脸，有血有肉，多多少少可以看出她本来的样子，如果命运善待她，她可能就会长成这个样子。这样戏剧性的情节，让我们更加明白，我们面对的是一个真实的人，她曾有过希望、梦想、个性，真正地生活过，而我们也许能够重建她的生活，甚至知道她的名字，但这只是也许。

　　节目中遇到的最大的装有遗骨的编织袋里是一个女人和她的三个孩子，他们在英国赫特福德郡的鲍多克被发掘出来，时间可以追溯到罗马时期。这位年轻的女子被发现时脸朝下，右肩处有一具新生儿的遗骸，进一步发掘时发现，在她两腿之间还有第二具新生儿的遗骸，第三个宝宝还在女人的盆骨里。造成女人死亡的原因，也是造成现代医疗落后地区妇女死亡的原因，这就是头盆不称（母体骨盆的尺寸与婴儿头部的大小不协调）。如果婴儿在子宫内无法转动，而是保持臀位，也会造成难产。在现代的发达国家，干预难产是相对简单和安全的，然而在罗马时期的鲍多克绝对不是。

　　第一个孩子顺利出生，但我们并不知道是不是生下来就是死胎，还是生下来之后不久死亡的。三胞胎中的第二个遇到了难产的情况，卡在产道里，我们不知道是因为臀位（婴儿的遗骨位置像是臀位），还是只是单纯地卡住了。看起来这位母亲是在生第二个孩子时死亡的，她的第一个孩子和她葬在了一起。当母亲和第二个孩子开始腐烂，产生气体，婴儿头部也因为腐烂变小，婴儿最终在死后被推出了产道，这就是我们所说的"棺材婴儿"。第三个婴儿还在子宫里，因为第二个孩子卡在产道里，它没有了出生的机会。这是一个多么让人伤心的结局，原本应该欢欢喜喜迎接新生命的诞生，却成了一尸四命。

最近，我在邓迪大学的团队协助了玫瑰郡的一次意义重大的考古发掘。在挖掘因弗内斯北部的黑岛罗斯玛基的一个洞穴时，他们发现了一具人类遗骸。因弗内斯对我来说充满着关于童年和家人的回忆，尤其记忆犹新的是威利被卡进沙滩椅的事情。我喜欢巧合，特别是过去的时光、地点再次出现在生命里。

我们统一对遗骨进行研究，用我们法医人类学的创伤分析去揭示发生在这名男子身上的真相。为了罗斯玛基这个项目，北苏格兰考古协会与当地的协会建立了合作关系，一起参与这些洞穴的考古：谁曾经使用过这些洞穴，为什么要用，什么时候使用的。

这具遗骸发现的地点是在高地村北部，被当地人称作熔炉洞后面的沙地的放射性碳定年显示，这名男子极有可能是生活在皮克特时期，在维京人到来之前，铁器时代后期，中世纪早期。他的脸朝上，身体呈"蝴蝶状"，臀部被固定住，双脚踝交叉，双膝展开。两膝之间有一块大石头。他的双手放在腰间或者臀部，两臂周围都放置了石块，另外一块石头放在了他的胸口处。我们猜测放置石块的原因可能是为了让尸体下沉，凶手害怕死者会变成鬼魂复仇，或者仅仅是为了保证尸体不会随着波浪飘走。

通过死者头部创伤的面积判断，他生前肯定遭受了很严重的暴力，身体的其他部分没有受伤的痕迹，而且从各方面情况来看，他是一个健康、身材匀称的 30 岁左右的男子。

创伤分析是一个逻辑推理的过程，需要对骨骼的性质有很深刻的了解：当骨骼受到创伤时它的性质会如何改变，会相继产生什么样的额外伤痕，以及受伤的先后顺序。通过检查这些骨折的位置，以及它们之间的相互关系，我们可以得出一些推论，我们可以推断出受伤位置的先后时间顺序和造成伤害的武器。

我们推断，这名罗斯玛基男子首先被袭击的地方是他嘴部的右侧，他被什么尖锐的东西狠狠地刺中，比如长枪、长矛或者其他顶部尖锐的武器，所以他的门牙被打碎了。伤口相对整洁干净，武器并没有一路刺中脊柱，也没有再造成其他的伤害。他在遭受第一次袭击后还活着，因为我们在他的胸腔里找到了一颗牙冠，是他在受到袭击后吸入胸腔的。紧接着，他的左侧下巴受到重击，武器可能是拳头，也可能是棍子的一头，形状符合他右边牙齿上圆形的擦伤。这一次袭击造成了下颌骨大面积粉碎性骨折，也伤到了连接头部的关节，就连颅骨底部的蝶骨也断裂了。第二次的冲击让死者身体向后倒下，头部撞到了坚硬的地面，或者是沙滩上的石头，就在他被埋葬的地方。从他左侧的后脑开始，他的颅骨有多处骨折，而这些骨折是在动态情况下接二连三发生的。

当死者朝右侧躺时，攻击他的人，或许不止一个，俯下身确保他不可能再站起来，拿起一件顶部是圆形的武器，或者就是第一次袭击他的那件武器，刺向了他的左眼窝，并从右眼穿出。这致命的一击在他的头顶造成了一个很大的侵入式伤口，因为力量过大，他的头盖骨都粉碎了。

我被邀请去克罗马蒂向当地的历史协会展示我们的发现。这具遗骸是在发掘工作收尾时被发现的，所以他们的团队决定把最后的发现作为惊喜呈报给协会。因为我就来自因弗内斯，当地人对我都很熟悉，所以他们都在猜测为什么我要参加他们的会议，团队领导展示的最后一张幻灯片上出现了罗斯玛基男子被发现时的现场照片，会场里的人开始议论纷纷。这个时候，我站了起来，向观众解释了罗斯玛基男子的身份，以及他身上发生的故事，最后向他们展示了一张由我的同事克里斯·瑞安复原的帅气的面部照片。观众们顿时沸腾了。

后来，一位女士告诉我，她当时太兴奋了，精疲力竭回家躺下。她以为我们只是枯燥的考古发现讲座，结果她因为这位考古发现的男子所遭遇的残忍谋杀，心情跌宕起伏。她看着死者的眼睛，栩栩如生的面庞，简直不敢相信他是生活在 1 400 多年前的人，觉得他倒像是某个走在罗斯玛基街道上的人。让我非常开心的是，人们总是会为另外一个人的故事动容，即便是几百年前的人身上发生的事，并且还把这些先人看作自己社区的一员，毕竟他们曾经在这个地球上生活过。生活在罗斯玛基和周边的人甚至给我寄了自己儿孙的照片，指出他们和我们这位皮克特人的相似之处，说他们也许是他的后裔。

这样的考古研究从揭示死者的死亡过程的角度来说，给我们带来了极大的满足感。但是作为一个人类学家，我却很沮丧，因为不管我们多么肯定这个人的死亡原因，也没有人可以确定我们的发现，也不能给我们提示哪里做错了。我第一次感觉到这样的沮丧是在大学时期研究烧杯文化的时候，因为缺乏实质性的证据，让人很烦恼。对我来说，越是涉足考古发现，越觉得有可能找到一些记录文献的证据，可以帮助我们更精确地拼凑出逝者的生活，让证明他们存在的证据更有说服力。

这可能是我对 1991 年遇到的一个 19 世纪古怪的爱尔兰人那么念念不忘的原因。当时我们在伦敦肯辛顿的圣巴纳巴斯教堂挖掘地下墓地。地下室的天花板开裂，如果不采取措施它真有可能会坍塌。我们去的原因是，这个地下室一直被作为墓地，在工人下来加固墙体前我们必须把这些遗骨转移出来。伦敦大主教允许我们执行这次挽救任务，我们需要清空所有的棺材，再将遗骨火化安葬。

逝者躺在三层的灵柩里，这是 19 世纪典型的富人用的棺材。

这种好几层的棺椁像是俄罗斯套娃。最外面一层是木质的，有的时候会有一层针织物裹在上面，还有带着装饰物的手柄，除了一个个写着逝者名字和生卒年的名牌，还有一些其他配件。第二层是铅质的，由管道工把它密封好，上面有定制的图案，也有一个说明逝者身份的名牌。这一层铅做的棺材是为了让液体不外流，通常都用麦麸包裹一圈，目的是吸收那些因为腐烂产生的液体，同时防止气味飘散到外面的教堂里，免得教区居民在做礼拜时被熏到。

最后的一层是用便宜的木材做的，通常是榆木，仅仅是为了给第二层的铅棺做一个内衬。在最里面的棺材里，逝者规矩地仰躺着，身着华服，头下面有一个马毛填充的枕头，周围是打了孔的棉布，这是为了看起来更像昂贵的苏格兰刺绣织物。

当我们去挖掘那些遗物时，外棺已经不完整了，只剩下些木块和棺材残余配件。但那些坚固的铅棺却都保存完好。我们必须要打开这些像储藏罐一样巨大的容器，找到第三层木棺并打开，取出逝者剩下的遗骸。我们得到许可，对这些遗骸进行拍照研究，并将逝者身份存档。我们的调查是为了确定是否能从这些19世纪的墓穴里提取出DNA，铅棺里逝者的基因密码是否还存在。

很不幸，答案是否定的。随着尸体的腐烂，腐烂的液体呈微酸性。因为这些液体无法流出去，就同最里面的木棺相互作用产生了微弱的腐殖酸，腐殖酸使碱基对之间的化学键断裂（碱基对是 DNA 双螺旋结构的基本组成单位）。所以这些关于基因的信息都分解成了黑黑黏黏的棺材底部沉淀物，像巧克力慕斯一样。（解剖学家都喜欢用食物来类比他们遇到的物质，虽然不是很贴切，但很容易让人理解。）

鉴于 19 世纪初墓葬的数量，很多名牌上的人跟军队有关系也就不足为奇了。因为在 19 世纪欧洲发生了很多战争，这一时期的记录非常全面。我们邀请了切尔西国家军事博物馆的工作人员关注我们的挖掘进展，看看这些逝者当中是否有历史上有名的人物。

其中一个灵柩引起了他们的注意。引起轰动的并不是爱弗利尔达·切斯尼夫人本人，而是她的丈夫，英国皇家炮兵部队的弗朗西斯·罗登·切斯尼将军，他有很多丰功伟绩，尤其著名的是乘坐蒸汽轮船探查幼发拉底河的事迹。因为这次航行，他找到了通往印度更近的新航线，原本欧洲人到印度需要经过非洲的好望角，路途遥远还危险重重。我们把爱弗利尔达的棺椁留到了最后，因为害怕时间来不及，希望她的名气可以帮我们争取一些额外的时间。我们只有 10 天的工作时间，而我们有 60 多具铅棺需要开棺，记录，转移遗骨。

遗憾的是，爱弗利尔达在婚后不久就去世了，被埋葬在这里。我们打开棺材后，发现她的遗骸已经很不完整，只剩下她戴着高级手套的小巧手骨。她的一只手骨比另外一只大很多，我们猜测她在幼年时应该患过某种麻痹症。爱弗利尔达本人并不值得一提，但是她的陪葬物真的很有趣。她古怪的丈夫在她死后给她穿上了自己在结婚当天穿过的西装，也就是 1839 年 4 月 30 日穿过的军装。还在她的腿上放了两条裤子，胸口是他的军外套，头的位置放上了军帽，脚下放着军靴。我们把所有的军装都交到了英国国家军事博物馆有经验的管理者手中。而爱弗利尔达则和其他的逝者一起被火化，他们的骨灰被埋葬在另外一个墓地中。

随着时间的推移，我对爱弗利尔达古怪的"小丈夫"越来越感兴趣。（据说他的身高只有 162 厘米的样子，他把木塞垫到鞋子里才达到军队要求的身高。）我读了很多关于他的书，开始研究这个人物。有一天，我找到一个家庭网站，上面的人用的是他的姓氏。我在网站留言，问他们是否知道切尔斯的日记的下落。我在挖掘墓地时得知他写下了这些日记。后来，我得到了戴维的回信，他是切尔斯将军的直系后裔，现在住在芝加哥。这开启了我们之间一段长达 15 年的网络友谊。随着我越来越多地挖掘出关于他祖辈的故事，他会把这些发现一点一点地讲给他生病的父亲听，每次他的父亲都很急迫地想知道我又发现了些什么。他会问戴维："那个苏格兰女人和你联系了吗？有没有什么新发现？"

这个已经死去了一个多世纪的男人，却成就了两个素未谋面的人之间的友谊，还让另外一个暮年老者有了一个新的爱好，不得不说，这是一个奇迹。毫无疑问，有一些人真的有那样的人格魅力，他们的影响可以从坟墓中延伸到现实生活里。白骨不仅仅是一堆陈旧的遗物，它们是一个个鲜活生命曾经存在过的证据，让后代子孙产生共鸣。

在伊拉克结束第二次海湾战争时，切尔斯将军的故事还在我脑中盘旋，有一天我发现自己就坐在幼发拉底河边，而守卫河岸的正是皇家炮兵部队的一个营。这是我遇到的又一个神奇的巧合。突然，我听到自己跟一名军官说："皇家炮兵部队有军人慈善基金吗？"我完全不知道我是怎么想到这个问题的，当我说出口时，最感惊奇的是我自己。这位年轻可爱的军官回答说他们当然有。当他热情地向我介绍慈善基金所做的好事时，我的脑中浮现出一个清晰的声音，督促我继续自己的研究，或者是把历史上那些不为人知的军人的故事写下来。有一天也许我会这样做，皇家炮兵部队也会因为我的努力受益。我相信弗朗西斯也会赞同我的做法。

我必须要承认，我真的有点喜欢那位爱尔兰男人，一开始只是有一点点兴趣，逐渐发展成为一种执念。有一次我甚至逼我的家人去爱尔兰旅游，就是为了找到他的坟墓，从远处通过望远镜观察他用灵巧的双手建造的房子。幸运的是，我有一个非常宽容的丈夫，他接受了我们婚姻里的"第三者"。

第 七 章

莫失莫忘

唯有找到，方可治愈

逝者，没有谎言。

——奇伦

古希腊圣者（公元前 600 年）

虽然考古遗迹非常令人着迷，但我还是更愿意关注当下，帮助解决当下的谜团，协助认定死者的身份，将违法伤人致死的犯罪分子绳之以法。帮助受害家庭找到答案，让犯罪者受到惩罚，还含冤的人清白，这让我很有成就感。

还是学生的时候，在考古的世界里探索许久之后，我决定不再停留于对过去的探索。我继续向前，选择当下的挑战，每一次峰回路转，每一个决定，都能让我兴奋不已。我从来都不想跟活着的人打交道，虽然我非常欣赏救死扶伤的医者所做出的卓越贡献。我自己总是觉得活着的病人要比死去的尸体麻烦很多。作为半个控制狂，半个懦夫，我觉得只需要单向交流的工作更适合我，换句话说，就是我是唯一进行提问的那个人。

如果我选择了医学，我知道假如因为我的错误，对某个人的生命造成了伤害，或者是加速了某人的死亡，我一定会万劫不复，我一定会再也不相信自己的决定能力，我一定会把自己当作害群之马。有的人可能会说，这就是一名医生该有的态度。但我如果对病人造成了伤害，我一定无法再继续。所以我觉得我以后要选择的路，在少年时期就已经决定了。对我来说，我一直是跟尸体在打交道，从少年时在肉制品店打工，到后来在解剖室工作。

当然，法医人类学家并不是就没有错误。没有错误的法医只出现在《犯罪现场调查》这样的电视剧里，那些聪明绝顶的科学家最终都能胜利。然而给我们留下最深刻印象，更能体现法医名誉的却是那些没有被破解的谜案，或者是我们觉得处理得还不够好的案件，尤其是不管你做了多少努力也无法确定无名死者的身份，或者没有找到尸体，有可能失踪人员已经死亡这些情况。这些没有形成闭环的圆都让我们觉得还有工作要做。这些谜案就像是皮肤里的螨虫，不管你怎么抓挠，除非谜底被揭开，否则瘙痒的感觉不会消失。

我不知道还有什么比自己所爱的人下落不明更让人难过。他们都发生了什么？是否安好？会不会遇到什么劫难？他们死了吗？会不会被遗弃到什么不毛之地，或者被关到哪个不知名的地洞里？这些失踪人员的父母、兄弟姐妹、子女、朋友无时无刻不被这些想法折磨。

悲伤是我们在失去亲人朋友时的反应机制，不仅仅是已确定死亡之人的家属悲痛欲绝，那些失踪人员的家人朋友更是沉浸在悲伤中难以自拔。每个醒来的清晨，入睡前的夜晚，甚至在梦中，他们的脑子里都是失去的亲人。表面上，随着时间的推移，有的人已经学会处理这种悲伤，但在没有任何预兆的情况下，一个名字，一个日期，一张照片，一首歌，都可能让他们再次陷入痛苦之中。这是典型的处理悲伤的两种方式，一种叫作"丧失导向"，另一种是"修复导向"。一对经历孩子失踪的夫妇曾经告诉我，他们的世界好像陷入了永恒的沉默，如果你的脑子不断重复播放那些噩梦般的片段，陷入这样的恶性循环，你永远都无法走出治愈的那一步。

同样难以想象的是那些萦绕在家人心头无法散去的悲痛，因为他们甚至没有找到尸体可以表达哀思。虽然他们都很清楚，他们的亲友极有可能已经不在人世，但他们的内心还是拒绝接受这个事实。比如那些在火灾、飞机事故或自然灾害中失去了亲人的人，可能会理所当然地认为尸体总会被找到，如果他们看清现实，明白也有可能找不到，一定会增添他们的伤痛。

这就是为什么法医人类学家会检查每一个身体部分，不管它多么细小，就是为了确认死者身份。在苏格兰发生的一起严重的火灾就展示了我们怎样找到一个可能永远失踪的人，并确认她的身份，让她入土为安。一处很偏远的房子着火了，可能一个小时或者更久后，远处的农民才发现火光，并拨打了火警电话。等到消防员从 20 多公里以外的站点，急急忙忙地顶着狂风从乡间单行道赶来的时候，这栋房子已经被烧得只剩下一个外壳。屋顶已经坍塌，瓦片和烧焦的阁楼的残留物足足有三尺深，把所有的东西都埋葬在里面。

这位年老的女主人据说很喜欢喝点小酒，而且还有很大的烟瘾。我们听说，冬天时为了取暖，她喜欢睡在客厅的一张沙发床上，不管白天夜晚，壁炉里都烧着炭火。我们召开了一个法医策略会议，一致认为她的遗骨最有可能在沙发床的附近被找到。等到消防员告诉我们可以安全进入房子时，我们得到了这间房子的平面图，在不破坏重要证据的情况下，我们设计出进入客厅的最佳方案。我们穿着"天线宝宝"一样的白色连体服、黑色的高筒靴，戴着面罩、护膝和双层的橡胶手套。我们手脚并用艰难地沿着墙壁爬向客厅，用扫帚、铲子和水桶清理碎石瓦砾，直到能看到一楼的地基，全力以赴地寻找遗骨的踪迹。

我们的工作进度非常缓慢，因为这栋房子在被火烧过之后乌黑一片，再加上灭火时水管冲出来的水让到处都很潮湿，有的地方还在冒烟，摸上去还会烫手。两个小时之后，我们终于走到了东面墙边放沙发床的位置，我们很仔细地清理了上面的杂物，但却没有在沙发床的铁架子下面发现人类遗骨的踪迹。我们注意到这张沙发床并没有被打开，也就是说，在火灾发生的这个晚上，女主人并没有在这张沙发床上休息。

3个小时之后，我们召开了第二次策略会议，我们需要决定接下来该搜寻的地方。沙发的残余部分被我们清理了，我们讨论是应该继续沿东面墙搜寻还是转向西边的主屋。我站在那里，巡视这一片狼藉的时候，我发现了一块长不足 3 厘米，宽不足 2 厘米的灰色碎片。我们拍照后，将这块碎片捡了起来。这是一块人类的下颌骨，上面没有牙齿，已经被烧成灰状了。

我们的猜测是，遗骨可能是在沙发和壁炉之间的某个位置。在这个位置上，我们找到了一节极其易碎的左腿骨、一些脊柱骨，上面附着尼龙材质的东西，可能是女主人的衣服残片，还有一节左边的锁骨。

就这样，我们找到了女主人的部分遗骨，但问题是，我们要怎么证明这些遗骨就是她的呢？因为我们没有办法从这些都快烧成灰烬的遗骨里提取 DNA。她有佩戴假牙，但是假牙估计已经被大火烧毁了。我们只能从手边仅有的东西入手。锁骨是最关键的。锁骨上有明显的曾经骨折过的痕迹。有过骨折的骨头看起来跟完好无损的骨头有很大的差别，虽然骨骼有自我修复功能，但这算是修补工作，不管怎么修补，总会留下一些受过伤的痕迹。

这位女士的医疗档案显示，她大概 10 年前摔倒造成左边锁骨骨折。这个证据足以让检察官允许我们确认她的身份，并将遗骨返还给她的家人。虽然遗骨还没能装满一个鞋盒，但总归是个念想。

对消防人员来说，这起案件让他们明白了有法医人类学家在现场的重要性。他们承认自己不可能把那些快要烧成灰烬的东西当成是人类骨骼，也许他们根本就不会注意到，直接当成火灾的残渣清理掉。那次事件之后，苏格兰的法医人类学家经常会同警察、消防员一起参与重大的火灾事故。就这样，跨部门的合作关系建立起来，并且证明了它的重要性，毕竟在寻找有些身体部分时，只有专家才有可能认得出来。

对我们来说，最麻烦的是两类失踪人群：一种是失踪人员没有留下任何线索，我们不知道该从哪里着手开始寻找；另外一种是我们找到尸体，但无法确认他们的身份。

我们都在报纸上看到过这样的文章，年轻男女参加周六的深夜派对后，在回家的路上失踪了。如果发生这样的案件，英国失踪人口部会展开调查。我们会首先推测最有可能发生在失踪人员身上的情况，然后展开最有效的搜索。如果失踪人员回家的路径周围有水，比如小河、运河或者湖泊等，这些区域是我们首先要去排查的。在英国，一年大概有 600 人溺水身亡。其中最主要的原因是意外（约占 45%），另外 30% 是自杀性质的溺亡，仅有 2% 是由犯罪导致的。让人不意外的是，一周死亡率最高的一天是周六，因为周六是娱乐活动的高峰时段，有很多过量吸食毒品、酗酒的情况发生。大约有 30% 的溺水发生在海岸线、岸边、沙滩附近，另外 27% 是在河里，而大海、港口、运河这些地方大约占到 8%。在上报的自杀事件中，有 85% 是发生在运河、小河里。这些令人惊讶的数据就解释了为什么人员失踪后，附近水域是首选搜查地点。

研究儿童失踪案件得出的数据为重案组和专家顾问们提供了重要的信息来源。大多数疑似被绑架的儿童（超过 80%）最后很快被找到，并且安全无恙，没有受到任何伤害。通常他们只是迷路走失。毫无疑问，绑架杀人犯们会被媒体大肆报道，好在这些人毕竟只是少数。就受害者的性别而言，女孩多于男孩，5 岁以下的幼童比较少见。当然，这些数据对于经历过儿童失踪的家庭并没有安慰作用，但在现实中是情报主导警务模式必要的数据支撑。

当孩子失踪后没有及时找回时，最有可能的情况就是遇害了，但有的家长仍然坚守希望，期望自己的孩子也能像新闻报道中的那些团圆故事的主人公一样，多年后还能安然无恙地回到自己身边。这些故事虽然很少见，但确有发生，就好像卡米亚·莫贝利的故事一样。1998 年，卡米亚在佛罗里达州杰克逊维尔的一家医院出生几个小时后就被一名女子带走，这名女子自己刚刚经历了流产。18 年后，卡米亚在 300 公里以外的南卡罗来纳州被找到，她一切安好，在不知道自己真实身份的情况下度过了普通快乐的童年。只有少数幸运的家庭能有这样的结局，但这种经历也让相关人员付出了沉重的代价，尤其是对孩子的身份认知和归属感造成的根本性伤害。而另外的孩子，如果是因为一些更邪恶的原因被绑架，可能会受到虐待，那是每一对父母的噩梦。

虽然知道像卡米亚那样的故事非常罕见，大多数失踪儿童的家庭还是几十年如一日地保留了一丝希望，也许是为了缓解内心的痛苦。没有见到尸体，尤其是没有明确的证据表明他们的孩子已经遇害，如果不抱有希望，就好像是遗弃了孩子一样。

这样的案件会被官方公开，并耐心地等着新的证据出现，这样做能让公众受益，比如，挽救一个家庭，或者有机会在犯罪者的有生之年将其绳之以法。正如最近一位警署负责人告诉我的那样："我们不会让悬案结案。"只有等到发现尸体，并进行身份认定，我们才能为这起案件画上句号。但这样的消息并不会让亲属得到安慰，因为这粉碎了他们长期以来的希望和梦想，迫使他们接受最终的现实。而让家属更痛苦的是随着调查的展开，他们进一步了解到他们所爱的人的死亡及死前的环境。但我认为，从长远来看，告知家属实情是对他们小小的仁慈，因为只有接受现实，他们才能结束那些不切实际的猜想，才能真正开始正视已失去的东西，才能开始治愈。

我经常会想到那些正在经历儿童失踪的家庭，如果是我经历这样的悲剧，我的心情会是怎么样的。通常我都会很克制，在本书中讲的悲剧主人公都是匿名的，但我想破例一次，用真实的姓名重新回顾一下两名失踪儿童和一名失踪母亲的故事。我希望通过重新关注他们的案件，能有些许可能找到他们，或者将他们带回仍然思念他们的家人身边。他们的家人已经接受他们遇害的事实，唯一的心愿就是知道他们葬身何处，并把他们"带回家"。谁知道会不会有人突然想起什么线索，或者良心发现，即便只有一丝希望能让这两个家庭找到他们一直想要的答案，那讲述他们的故事就是值得的。我的祖母，一个宿命论的虔诚信徒告诉我，我们永远不会知道，当时机对了的时候，会有什么样的新机会出现。

　　第一宗失踪案件发生在我还是青少年的时候，我记得非常清楚，因为案件就发生在我家附近。我当时绝对不会想到，30 年后我会参与到这起英国最长时间的人口失踪案中。蕾妮·麦克雷，35 岁的因弗内斯人，和她 3 岁的儿子安德鲁最后一次被人看到是在 1976 年 11 月 12 日，一个周五。警察得到消息说她在把大儿子交给和自己关系不好的丈夫后，就去了基尔马诺克的姐姐家。后来又有消息说她是去见她的情人了，他们保持了 4 年的婚外恋关系，而且这名叫作威廉·麦道维尔的男人还被证实是安德鲁的生父。

　　就在那天晚上，在因弗内斯以南 12 公里的地方，一位火车司机发现在 A9 公路边的停车处有一辆车着火了，那就是蕾妮的蓝色宝马。当消防员赶到的时候，车已经被完全烧毁，车上并没有蕾妮和她儿子的踪迹，甚至根本没有任何蕾妮和她儿子在车上待过的痕迹，虽然后来在车上的一只靴子里发现了一个血点，检查发现这个血点跟蕾妮是同一个血型。一时间流言四起，更有谣言说在达尔克罗斯机场有飞机在降落时没有任何灯光辅助，蕾妮被阿拉伯某个富豪酋长绑架到中东，过上了奢侈的生活。

当然，这些谣言没有任何根据。只是因为时间是无法追忆的，社区的居民在面对这样无法解释又令人心疼的事件时，倾向于编造让人津津乐道的故事，这就成了各个地方的传说。这样的故事会被好意地报道，但是也很容易误导公众，还会被居心叵测、喜欢被关注的人利用。这些谣言通常都没有什么实际作用，反倒会浪费很多珍贵的警力资源。

我记得在一个星期天的下午，警察敲开我家的门找我父亲问话。当时有超过 100 名警察，几百名志愿者和后备军人参加了搜救。他们搜寻了所有室外的小屋、棚屋、厕所，还有我们 A9 公路附近所有的民宅。因为蕾妮和她儿子的失踪，因弗内斯附近的家庭多多少少都受到了影响。警察夜以继日地搜寻，在库洛登沼泽地和周围的建筑物，还有附近的灌木丛来来回回地查看。英国皇家空军派出堪培拉轰炸机，配备热敏传感装置，在失踪区域作业。潜水员下到湖里和废弃的被水淹没的采石场寻找，翻遍了每一块石头。

一位经办这个案件的探长曾经要求挖掘汤玛丁以北的道马格雷露天矿场，那里离蕾妮起火的轿车几百英尺，有报道称这里有尸体腐烂的恶臭味。但不知道什么原因，挖掘停止了，因为没有新的线索出现，警察逐渐遗忘了这个案件。然而像这样的重大案件，会在社区居民的心中留下一块伤疤，可能永远都不会愈合。这个镇子的人也不是都能释怀，尤其是蕾妮的亲人和朋友，除非失踪人员被找到。如果这些失踪人员里有年幼的孩子，这个尖锐的痛苦可能会延续好几十年。如果安德鲁还活着，这个时候他该40多岁了（蕾妮应该70多岁了）。每逢他们的失踪纪念日要到来时，本地的媒体就会再报道一次他们的事件。可能乍一看觉得这挺让人害怕，但这样的方式让公众不会遗忘他们。

2004年，因为要把A9公路扩展成双车道，要从道马格雷露天矿场运来沙子和碎石，这样一来，警察就有机会重新调查这个矿场及矿场周围的区域，最终解答关于失踪案的部分遗留问题。

道马格雷露天矿场是一处占地900平方米的独立三角形区域。西南边是A9公路，有一处陡峭的斜坡下到方谭克湖，北边是鲁思文路。从1979年开始，好几个间接的证据都指向这个矿场。有居民上报说在失踪案发生的当晚，看到有人在A9公路上推着婴儿车（安德鲁的婴儿车就没有找到）。还有人看到有一个人好像是拖着羊一样的东西爬上斜坡（蕾妮在失踪当晚穿了一件羊皮外套）。巧合的是，跟蕾妮发生婚外情的威廉·麦道维尔所在的公司当时就在开采这个矿场。这些零零碎碎的消息，再加上探长在1979年挖掘这个矿场时闻到过腐尸的味道，我们有足够的理由对这个矿场重新展开一个全新的完整的调查，以重新侦查这起悬案。

我和英国顶尖法医人类学家约翰·亨特一起被邀请参与并领导这次挖掘，试图找到蕾妮和安德鲁·麦克雷的遗骨证据。英国皇家空军在1979年拍摄的航空照片让我们对矿场各个区域的形态都有详细的了解。有了图片参照，我们可以在挖掘后精确地恢复矿场在案发时的原貌。清理工作完成后，我们就开始搜寻遗骨可能的位置。我们和矿场主一起合作，他们派出挖掘工人和专业的司机，与我们的法医队一起组成一个团队。

道马格雷矿场非常偏僻，唯一能从A9公路过来的一条小道被警察严密看守。媒体对此案的关注度特别高，还有些过分热心的市民不惜一切代价干扰我们的思路。甚至有些人认为警察有意要封锁消息，实际上根本没有。为了搞清楚事情的来龙去脉，他们甚至想向我们施加压力。谢天谢地，这是在他们搞出无人机之前进行的挖掘。我们召开了新闻发布会，向媒体解释我们想要取得什么样的成果，并保证一有进展就会向它们通报。我们希望这样可以让媒体满意，不再干扰我们的工作。结果，因为挖掘工作耗时太久，它们终于厌烦了，甚至不知道我们是不是还在那里工作。

挖掘工作不可避免地引来了很多的信件，正如薇芙说的那样，都快装满 13 个垃圾桶了。这些信件有的来自阴谋论者，有的来自好心的公众，他们希望自己能参与到这起案件中，希望自己异想天开的理论或者幻想可以成为破案的关键线索，最终帮助揭开这个谜题。我收到的来信中，有告诉我应该在 A9 公路的哪个具体位置挖掘尸骨的，甚至还有一个人跑到公路上画了个大大的 X 标记，让我去看。还有人告诉我说本地的黑帮和恋童癖群体都有警察内鬼，所以我们根本找不到尸体。很多人写信告诉我们他们认为的最有嫌疑的人，还叫我们去挖他家的马厩。当然我也收到很多有洞察力的人的来信。我只能说，他们的精神世界还挺有趣，因为每一封信的答案都不一样。我知道大部分写信的人都是出于好心，但实际上这些信件只会耗费我们大量的时间，没有什么实际价值。

在蕾妮和安德鲁失踪 30 周年的时候，这个露天矿场早就已经被填平，还种上了树。我们预计至少要用一个月的时间才能让矿场变成与 20 世纪 70 年代差不多的样子，并且圈出几个可能的埋尸地点。如果要找到尸体，我们需要的时间还会更长。

首先要做的工作是清理这个区域里的 2 000 多棵树，让这个矿场恢复到原来的样子。现代伐木装备的作业速度让人难以置信，砍树，剥皮，切块，一气呵成。原本需要好几周的工作量在几天就完成了。我们在矿场周围特意留下一些树木没有砍伐，目的是起到掩护的作用，防止媒体偷拍和过分热情的公众从已经很危险的 A9 公路过来偷窥。我非常自信，只要蕾妮和安德鲁的遗骨埋在这里，我们就一定能够找到，虽然很快我就后悔自己在媒体面前说了这样的话。我并不是有意要给人虚幻的希望，如果我们没有找到，至少我们可以在案件中排除这个矿场。

有一种可能是，这个矿场是第一抛尸现场。尸体可能最先是被埋藏在矿场的某一个地方，然后被转移到第二抛尸地点，甚至第三抛尸地点。这个想法符合现代犯罪推理，而且有人在这里闻到了尸体腐烂的味道。第一抛尸现场一般都离案发现场近而且方便（在这个案件中，也许被烧毁的车辆是第一案发现场），也是犯罪分子熟悉的地方。因为大多数的谋杀是即兴的，所以凶手处理尸体和作案工具时都很慌张。等到凶手有时间思考后，他或她会返回第一抛尸现场，把尸体转移到一个更安全的地方，通常都远离案发现场。因为第二个地点是经过慎重考虑的，所以更难预测和寻找，第三个地点就更不用说了。

接下来的四个星期我们搬走了两万吨的泥土，同挖掘工人一起合作的是人类考古学家、法医人类学家，在一桶又一桶的泥土里寻找遗骨、衣服、推车、行李的踪迹。考古学家指导挖掘工人，仔细检查每一铲泥土，而人类学家再负责查看一桶一桶的泥。我们一天要经历各种天气，干燥、湿润、冷热、冰雹、大风等等。

我们找到什么了吗？我们复原了矿场在 1976 年以前的地形地貌。我们找到了一袋咸酸口味的薯片，袋子上的图片是吉米·萨维尔主持的女王加冕纪念比赛。我们知道，如果尸体被埋葬在这里，我们一定能找到，因为我们的探测仪能找到的骨头比我们人类能找到的骨头小得多，比如兔子和鸟类的骨骼都能被仪器发现。我们找到了恶臭的原因，在 20 世纪 70 年代修建 A9 公路时，工人们的排泄物和垃圾被埋在了这里。但我们没有找到蕾妮·麦克雷，也没有找到安德鲁，甚至没有找到跟他们有联系或者跟他们的失踪有关的间接证据。我们整个团队都很受打击，因为我们带着很高的期望开展了这项浩大的工程。但我们已经尽力了，不管他们曾经在哪里，现在在哪里，但肯定不是在道马格雷露天矿场。

挖掘工作的花费超过 11 万英镑，但如果能找到关于蕾妮和安德鲁的任何踪迹，这一切都是值得的。警察局长在当时因为重启调查这宗 30 年前的失踪案，受到很多谴责。如果能够找到遗骨，他很可能就成了人们眼中的英雄。就我而言，我觉得这个决定非常勇敢决绝，体现了他作为警察的职业操守，不管时间过去多久，也不会轻易了结任何一个案件。

回到我的办公室后，我又仔细回想了整个挖掘过程，看看还有什么可以做的。蕾妮的姐姐给我们写了一封亲笔信，感谢我们所做的一切，我被她的信深深地感动了。她唯一的希望不是复仇，而是能把她的妹妹找回来，好好地安葬她，最终让她安全地长眠在家人的身边。那些一直没有找到的失踪人员的家庭，通常都走不出阴影，日复一日地等着有人能敲开自己的家门，带来令人兴奋的好消息，虽然他们在内心深处都明白，他们得到的可能会是他们早已预料到的坏消息。

有的时候，如果搜寻成功，我们会非常开心。如果没有，我们只能接受现实，我们找错了地方，我们没有办法找到原本就不在那里的东西。蕾妮的姐姐就总结得非常好，比我在采访里总结的更有说服力。她说："时间不能治愈所有的伤痛，我不敢相信那些杀人者随着时间流逝真的相信自己可以不受制裁，当我看到陈年旧案最终被破获时，我总是很欣慰，我相信有一天我妹妹的案子也会这样。"

时间、耐心、良心，是为失踪人员家庭提供希望的源泉。苏格兰警方没有放弃寻找蕾妮和安德鲁，他们的家人也没有。一定有人知道蕾妮和安德鲁都发生了什么，被埋在哪里。也许这些年他们只是对自己所知道的事情或者听到过的事情保持沉默，不愿意站出来指证凶手。但随着时间流逝，对凶手的忠诚也会改变，随着亲人朋友一个个离世，如果这个人或者这些人还有一点良心，即便是在临死前才良心发现，他们也必会做一件正确的事情，结束受害家庭的悲痛。

我想提到的第二宗案件是 11 岁的莫伊拉失踪案。1957 年一个寒冷的冬天，小姑娘莫伊拉从她奶奶的家里跑出去买黄油和给她母亲的生日贺卡，之后再也没有回来。2014 年，苏格兰检察总长弗兰克·马尔霍兰做了一个不同寻常的决定，他判定有恋童癖的亚历山大·盖特萧尔为杀害莫伊拉的凶手，盖特萧尔于 2006 年去世，此时距莫伊拉失踪已经整整 49 年了。公交司机盖特萧尔是已知的最后一个见到莫伊拉的人，因此被指控为凶手，但这与找到实际的证据证明他是凶手还是有很大区别的。从法律上来说，嫌疑人在法庭上被判定有罪之前都是无辜的，因为盖特萧尔已经去世了，没有办法出庭，审判也就不可能实现了。

我还记得在 2002 年，我和一位已经退休的侦查凶杀案的警官坐在一起看电视新闻，这个新闻节目是调查在剑桥郡索汉姆失踪的两个小女孩，一个叫霍利·威尔斯，另一个叫杰西卡·查普曼。她们学校的看门人员伊恩·亨特利在接受电视采访时说他在两个女孩经过他的门卫室时还跟她们说过话。这位退休的警官对我说："一定要密切关注最后一个声称见过失踪人员的人，我觉得这个亨特利就很可疑。"我们现在都知道了，亨特利就是杀害霍利和杰西卡的人。我真的非常敬佩这位警官的先见之明。警察的直觉，再加上多年的经验，真的是无价之宝。现在很多的警方调查都是依靠现代科技，但是那些好的旧时的侦查技巧也应该继续保留沿用。

莫伊拉案件背后的关键推动人是一位出色的活动家桑德拉·

布朗。桑德拉比莫伊拉小几岁，也是在克特布里治长大。她非常顽固，一定要搞清楚莫伊拉失踪当天发生的事情。不但如此，她还不遗余力地为儿童保护事务奔走游说。2001 年，她设立了莫伊拉·安德森基金会，旨在帮助遭受性虐待、暴力、欺凌的儿童的家庭。1998 年，她写了一本名叫《这里有恶》(*Where There is Evil*) 的书，披露了莫伊拉失踪的相关信息及前 40 年的调查细节。桑德拉的行为让人非常敬佩，她有坚定的信心，哪怕经历艰难险阻也要看到犯罪分子被绳之以法。这就是典型的拉纳克郡人率真的性格，他们热心并富有同情心。性侵儿童的严重后果不仅仅波及家人朋友，也影响到周边看似不相关的人。

桑德拉相信当时在克特布里治活跃着一个隐秘的恋童癖群体，还认为亚历山大·盖特萧尔不但绑架了莫伊拉，而且杀害了她。桑德拉为了保护儿童免于性侵尽心尽力，所以谁也不会想到桑德拉的父亲就是亚历山大·盖特萧尔，这确实让人惊讶不已。

2004 年我第一次见到桑德拉，那个时候盖特萧尔还活着，桑德拉费尽心力不放过任何线索。她甚至找了个灵媒一起寻找莫伊拉的遗骨。（是的，装神弄鬼的人无处不在，对吧？）她也联系了我，他们找到一些骨头，问我能不能检测一下。

他们在芒克兰兹水渠附近寻找莫伊拉的遗骨时发现了这些骨头。灵媒显然是无法承受这些枯骨释放出来的哀怨忧伤，所以他认为这些骨头传递的是一个孩子的痛苦，并相信这个孩子就是莫伊拉。

我对灵媒这种事情的态度向来都很明确，这绝对是无稽之谈。但我觉得我能理解这种做法，为什么有人会聘请那些自称是灵媒的人，当他们尝试过各种方法都失败之后，真的会死马当成活马医。有的"灵媒"很认真却把情况搞错了，有的只是江湖骗子，我很担心他们可能会给这些脆弱的受害者家庭造成更多的伤害。既然骨头已经找到了，我也愿意做检查，但我跟桑德拉说得非常清楚，如果这些骨头被证实是人类骨骼，那就不再是我跟她之间的事情，因为警方就会介入了。她同意我的看法并且非常理解。现在我跟桑德拉也是很好的朋友，她看到这些可能会觉得很好笑，但我觉得她真的是一个很疯狂的人。

骨头送来的方式也是神神秘秘的。这个灵媒显然曾经在邓迪大学工作过，这确实很凑巧，但我被告知，他不想被人知道自己的身份，所以会将这些骨头放在我的办公室门外。我一直在等着这些骨头被送来，终于有一天，它们被送来了。这些在他们看来带有那么强烈的能量和痛苦的遗物却没有得到足够的尊重，只是随随便便地被装在一个超市的手提袋里，挂在我办公室的门把手上。袋子上有一张字条写着：芒克兰兹。在打开之前，我做了记录，拍了照片，戴上口罩和手套。如果这些确实是人类的骨骼，这样可以避免 DNA 交叉污染。我承认我在打开手提袋的时候很紧张。但没过几秒我就大声喊出来："天啦，这简直是在开国际玩笑。"

因为我眼前的这些骨头分明就是屠宰场里那些奶牛的肋骨和肩胛骨。

我把这个消息告诉了桑德拉，她像一个士兵一样勇敢地接受了这个事实。对她来说，这只是一条走不通的路，她还是会继续完成她的使命。在之后的几年中，我和桑德拉偶尔也会联系，这期间莫伊拉·安德森基金会和莫伊拉的家人一直没有放弃向司法部门提起诉求。大概在 2007 年，她告诉我莫伊拉的遗骸有可能被埋在芒克兰兹墓地。她向苏格兰检察总长，也就是弗兰克·马尔霍兰的前任提出调查坟墓的请求，她感觉获得批准的可能性很大。

跟官方的交涉从 2008 年一直持续到 2009 年，这期间桑德拉安排采集和分析了莫伊拉姐姐的 DNA 样本，并请我保存这些报告以备不时之需。直到现在，我也保留着这些报告。桑德拉给了我一份莫伊拉失踪当天所穿衣物的清单，如果我们找到她大衣的扣子、鞋带或者她的童子军勋章，我们就能有所警觉。桑德拉完全进入了战斗模式，她申请使用 GPR（探地雷达）来扫描墓穴，这个请求获得了批准，之后也确实发现了一些有意思的结果。但话又说回来，这本来就是一片墓地，本来就会有被挖的洞和被埋葬的遗骨。

2011 年，我跟桑德拉长谈了一次，她向我解释了她想让我们挖开墓穴发掘遗骨的原因。她相信莫伊拉的遗骸有可能就在一名叫作辛克莱·厄普顿的人的棺材下面，辛克莱·厄普顿在

1957 年 3 月 19 日被埋葬在这里。

桑德拉的推理是这样的：莫伊拉是在 2 月 23 日左右死于那个疑似恋童癖群体里的某人之手。她失踪的那一天，她的尸体可能被隐藏在盖特萧尔的公交车上的某个隔间里，直到凶手能找到一个合适的抛尸地点。如果盖特萧尔确实是凶手的话，那么处理尸体成了他的当务之急，因为他很快就被要求出现在克特布里治的法庭上，当时他被起诉性侵 12 岁女童，很有可能坐牢。事实上，4 月 18 日他被判处在索格汤监狱服刑 18 个月。就是在服刑期间，他跟另外一名囚犯说过，他最近认识的一个叫"星奇"的人帮了他一个大忙，而帮忙的人永远都不会知道自己究竟做了什么。

辛克莱·厄普顿，在盖特萧尔入狱前的一个月刚过完 80 岁的生日，而且他还是盖特萧尔的一位远亲。所以盖特萧尔很有可能知道他的逝世和在芒克兰兹即将举行的葬礼。这位无辜的男人是不是及时为盖特萧尔提供了一个绝佳抛尸地点？坟墓已经挖好，对凶手来说再好不过了。谁会去墓地找一个失踪的人？盖特萧尔可能知道墓穴下面那一层已经挖好，并且为了周二的葬礼，整个周末，墓穴都会敞开。莫伊拉会不会就在墓穴里，在厄普顿的棺材放下去之前，她的身上被覆盖了一层薄土，也许就这样，她永远消失了。

我不得不说，桑德拉的调查和逻辑确实很有说服力。我制订了一个计划递交给刑事部，详细说明了挖掘坟墓需要做的事情，然后我们就静待消息。当时弗兰克·马尔霍兰还是皇室法律顾问，现在马尔霍兰大法官已经被任命为苏格兰检察总长，这位心胸开阔的男人从来不害怕做出有争议的决定。弗兰克是一个经验丰富的人，在莫伊拉失踪两年后他出生在克特布里治，所以他和这个小镇有很深的联系，也能理解居民寻求答案的心情。2012 年，他下令悬案督查将莫伊拉的案件作为谋杀案重新调查，我们获得允许跟当时斯特拉恩克莱特警察局的侦缉总督察派特·坎贝尔直接交涉，开始商量挖掘事宜。到那个时候为止，我们跟桑德拉一起调查这个案件已经 8 年。

协议是这样的，在地方议会和所有相关家庭的允许下，我们可以展开挖掘工作，但同时一定要特别注意可能出现的青少年遗骸，如果出现那样的情况就需要专业的法医认定，虽然从记录的资料上看，这里没有埋葬未成年人。在挖掘工作的性质没有改变之前，斯特拉恩克莱特警察局会一直支持我们的工作，但如果挖掘工作的性质改变了，那么这个案子就会被移交刑事部。我们会立即停止为这些家庭工作，变成为刑事部工作。

我们建议挖掘工作在夏天开始，因为夏天白昼会更长，雨水更少，气候更温暖，而且芒克兰兹墓地的土壤湿润黏稠，夏天土壤会干燥一些，更容易挖掘。结果，所有的文件手续完成后已经是 12 月了，我们还能要求什么时候开始呢？我们只好在 1 月的第二周开始工作。我和我的同事鲁西娜·哈克曼打趣说，应该建议警察们以后也在冬天去挖东西，这样换位体验一下，也许他们就能同意我们的建议了。当然，这样的抱怨并没有任何作用。

我们证实在这个三重家庭墓穴里应该有 7 口棺材。3 口棺材在左边，是比较近的年份，分别是 1978 年、1985 年、1995 年埋葬在这里的；中间一口棺材可以追溯到 1923 年；右边也有 3 口棺材。根据资料显示，厄普顿先生的棺材应该是右边三口中间的那一口，而另外两口棺材里分别是他 1951 年去世的妻子和 1976 年去世的亲属。首先我们没有理由去打扰其他逝者，除非有必要，比如我们发现厄普顿先生的棺材并不在我们预计的地方，我们才被允许挖掘其他的棺材。

有些棺材并不一定还在它原来的地方。时不时地，可能有很多种原因导致逝者被埋错地方。有的时候，当你打开一个墓穴时，你发现空间太小根本放不下棺材；有时候完全错放了。档案记录也不一定准确。实际上，1976 年我的祖母去世后，我们打开墓穴想让她和我的祖父一起合葬，结果发现在这个墓穴里躺着的是一个孩子。据我们所知，我们的家族里并没有孩子过世后被葬在这里。我们查询了墓地的档案，并没有发现这个孩子的记录，但这样的事情却真的发生了。这个孩子被转移安葬到另外的墓地。我心里觉得很不舒服，我的祖母得重新选择一块墓地，还得把上面一层留下来，作为我父亲百年以后的去处。

我们在芒克兰兹墓地的团队称得上是梦之队。鲁西娜·哈克曼博士跟我一起在邓迪大学共事 16 年，我跟克恩格·坎宁安博士也是十几年的同事，还有简·比克，在他还是博士生的时候我们就认识了。我们之间建立起了高度的信任和尊重，因为经常在一起工作，我们对这些任务都已经习以为常，即使不说一句话，我们也能明白对方需要什么。

在开始之前，我们要先把墓碑固定好，但事实上，我们最终把墓碑暂时移到一边，以防墓碑倾倒砸到墓穴里，要了我们这四条人命。要到达厄普顿先生的棺木，我们必须要先挖到 1976 年安葬在这里的麦克尼里夫人的棺材。黏土质地的土壤非常坚硬，虽然有机器挖开上面一层土壤，让我们可以看到棺材的盖子，但剩下的工作就要手工挖掘，害怕万一出现需要法医鉴定的情况。

我们获准对第一口棺材的主人做一些相关的人类学检测，确定她是否符合资料显示的麦克尼里夫人的年龄。麦克尼里夫人享年 76 岁，这口棺材是典型的 1976 年的款式，一层薄薄的复合板再加上一层刨花板的壳，根据土壤被水浸渍的程度来看，我们猜测棺材可能没有被很好地维护，最后也确定了这猜测。麦克尼里夫人被小心装入一个结实的装尸袋里，并且被妥善安置好，直到我们重新把她安放到棺材里下葬。我们很高兴麦克尼里夫人的遗骸跟她的身份相符。

因为白天不足 6 小时，我们需要发电机和电灯辅助才能完成10 小时一班的交接。我们非常想要个取暖设备，但一直也没有配备。苏格兰西部寒冷的冬天，冰冷彻骨，还非常潮湿。当我们在被水浸泡的黏土里工作时，身体都会下沉。如果我们想把自己的脚拽出来，我们的威灵顿长筒靴就留在泥潭里了，所以双脚不得不一直粘着泥，又湿又冷。如果有谁觉得法医人类学很酷的话，他应该到 1 月的芒克兰兹墓地来待一天，刺骨的寒冷，及膝的黏土，随时有可能坍塌下来的挖掘墙，我们有可能是在"自掘坟墓"。

当我们搬开麦克尼里夫人棺材的底座时，希望接下来发现的是厄普顿先生的棺材盖。我们确实挖到了另外一口棺材，有金属的光泽，还有铁锹跟木头撞击的声音，这些都表明我们挖对了。这是一口实木棺材，符合厄普顿先生下葬时的习惯，而且保存完好。我们之前看到的金属光泽其实就是名牌的一部分。我们小心地把名牌清理出来，让它慢慢干燥，然后再清理干净，名牌上有他的名字、死亡年月和年龄。厄普顿先生的棺材位置是正确的，所有的信息也相符。我们不知道的是，莫伊拉的遗骨是在棺材里，还是棺材下面，或者是在侧边，甚至也有可能在更下面的棺材里，下面的棺材属于厄普顿先生的妻子，她比厄普顿先生早 6 年安葬在这里。这些猜测都有可能，所以每一种可能都要调查。

我们打开了棺材的盖子，发现厄普顿先生的遗骨保存得非常完好。我们一丝不苟地把他的遗骨一块一块整理出来，确定没有儿童的骨骼（确实没有）。然后我们也把厄普顿先生放到装尸袋里等着再次安葬。厄普顿先生的棺材的侧面有点散架，露出底座来，这里本来是莫伊拉最有可能被隐藏的地方，如果桑德拉的推理正确，她认为莫伊拉的尸骨就是在厄普顿先生的棺材底座下，他妻子的棺材盖上面的地方。当我们搬走底座，我们发现，这两口棺材之间的距离甚至连一张卷烟纸也放不下。不管莫伊拉在哪里，肯定不是在厄普顿先生和厄普顿夫人的棺材的间隙里。

但是，还有一种可能是莫伊拉被"塞到"了这个墓穴的某个角落里，所以我们后来又向外进行了挖掘，而且我们也检查了棺材的前面部分和后面部分，还是什么都没有找到。我们最后的任务是检查厄普顿夫人的棺材。在厄普顿先生举行葬礼前，这个墓穴就被打开了，所以凶手有可能打开了厄普顿夫人的棺材，把莫伊拉的尸体放在了里面。跟厄普顿先生的棺材一样，她的棺材也保存完好。当我们打开棺材的盖子，只看到一具老妇人的遗骨。我们也把棺材的边边角角都检查了一遍，还是什么都没有发现。不管莫伊拉在哪里，肯定不在芒克兰兹墓地。

要把这个消息告诉桑德拉非常困难，因为她是那么希望可以给莫伊拉的家人一个答案，那么想给整个克特布里治社区一个答案，她是那么肯定可以在这里找到答案，才会千辛万苦地游说各个部门，让这次挖掘得以实现。难过的还有厄普顿先生的家人，在毫不知情的情况下被卷入这个跟他们没有任何关系的案件中。他们的卷入正说明了，这样的失踪案件的余波会影响到很多人。

他们也希望可以找到莫伊拉的尸骨，这样至少可以让挖掘工作有意义，抵消带给家属的负面情绪。事实是，他们跟整个小镇的其他人一样，都非常失望。他们重新安葬了亲人，并在墓地举办了一个纪念仪式。

这个在1957年凭空消失的小女孩还是没有被找到，她的案件进展一直被公开。因为莫伊拉已经失踪了60余年，那些知道关键信息的人已经越来越少，我们也不可能再对凶手提起诉讼，但是我们争分夺秒想要找到莫伊拉的原因是为了让她的老姐姐们放下心中这块大石头。

就在不久前，悬案小组收到举报说，有人往芒克兰兹水渠里扔了一个麻袋，所以他们放水搜查了这条水渠。雷达显示在水渠底部有异常现象，所以他们派出潜水员去勘查。我们的小组也到了现场，结果发现那是一袋巨型犬的骨头，也许是一只德国牧羊犬。其他的地点也在检查之列，也许有一天好运会来临，不管是通过情报，还是意外事件。

蕾妮和安德鲁·麦克雷的失踪是在莫伊拉失踪20年后发生的，还有希望等到某一个人突然良心发现，结束这个家庭的悲痛。在失踪人口案件中，活不见人，死不见尸，是让亲人朋友最悲伤的事情。如果我们做的工作可以给他们带去一丝安慰，那就是值得的。如果那些悬案的凶手还活着，他们一定会受到制裁。对于杀人罪，我们零容忍。

第 八 章

鉴定身份

你是谁

真正的身份窃取不是为了金钱，不是发
生在网络世界里，是精神上的行为。

——斯蒂芬 · 柯维

教育家（1932—2012）

没有尸体，要查明失踪人员的遭遇非常困难。这跟找到尸体，却没有任何线索可以确定身份一样让人头疼。

不幸的是，我们在现实中遇到的情况，跟理论上一具待确认的尸体应该对应一个上报的失踪人口是不一样的，这个理论太理想化，好像我们需要做的事情就是把二者联系起来，现实绝不可能这样简单。这个上报的失踪人口可能是在国外，离发现尸体的地方十万八千里；或者上报的时间是在很久之前，档案被封存遗忘；也可能根本就没有上报，因为没有人注意到有人员失踪，没有人足够关心要去通知警方。有的人说这是社会冷漠的表现，但事实上，有些人就是不愿意与人交往，成为社区的一分子。只要他们没有违法乱纪，他们的隐私和匿名的心愿都应该被尊重。那些愿意独居而不跟外界接触的人，最后独自死去，姓名不详。对于这样的人，要确定他的身份就很困难。不幸的是，在有的案件中，死者最后也无法确定身份。

死亡和被发现死亡之间的时间差会让鉴定工作变得更复杂。有一次我们被叫到伦敦的一个公租房里，这里住着一位中国男子。因为他已经 18 个月没有交房租，所以地方政府决定破门强制收回出租房。他们非常吃惊地发现，这名男子躺在自己的床上，紧紧地裹着羽绒被，像一个蚕茧一样。他已经死亡超过一年，基本上就剩下一堆枯骨了。床单和床垫把腐烂产生的液体都吸走了，所以软组织保持干燥的状态，他变成了木乃伊的样子。

这名男子生前独来独往，死后也无人知晓，没有人挂念他，也没有人了解他。警察对周围邻居一家一家进行询问，他们都没有觉察到他不见了，虽然有的人仔细思考之后想到几个月前他的窗台上有很多死苍蝇，也有难闻的气味传出来，但他们以为那是夏天温度太高导致垃圾变质发出的气味。

死因无法确定，也没有指纹，DNA 和牙齿的记录可以证明这具尸体就是那个中国男子本人。最后验尸官根据他的种族和年龄判定了他的身份。有的时候，在有几百万人口的大城市里，你可以轻而易举地把自己隐藏起来。面对这样的尸体，我们不知道该从哪里着手调查，也没有亲朋好友可以联系，让他们提供死者的一些线索，仅凭警方的调查很难找出死者的身份来。在理想的世界里，我们希望警方有无限多的预算，也不缺人手，可以一个个比对失踪人口，再跟没有确认身份的尸体匹配。然而现实世界有各种各样的限制，失踪人口越来越多，有的人永远也无法找到，我们也不知道他们的生死。事实上，在英国的每一个警察局，不管警察们多么努力，都有无法确定身份的遗体（我们称之为无名氏）。每一年，这些无法被确认身份的人被埋葬，墓碑上没有姓名，也没有亲朋好友去探望。

我们当中的大多数人，死亡时都能被确定身份。因为大多数人在临死前都是在医院或者家里被医治或看护，或者在养老院、收容所。那些突然死亡的人，比如因为事故丧生，也都会有一些证据证明自己的身份，例如钱包、手提袋里的银行卡、驾照或者其他有名字的资料。即便有时候突然发现一具尸体，如果是在他自己的房子里或者车里，我们也有可能知道死者的身份，会有一些纸质的材料能够追踪死者的身份。在那样的情况下，我们会及时通知亲属来认领尸体，协助调查。

最有挑战性的情况是在隐蔽偏远的地方发现一具尸体，或许尸体已经腐烂，也没有间接的证据可以证明死者的身份，DNA和指纹数据库里也没有记录。这个时候就需要法医人类学家的介入了，法医人类学家在这样的情况下可以提供最好的线索，或者是唯一的线索，将死者和他的身份联系起来。

法医人类学家的每一步操作过程都会被记录下来，在这个过程中我们需要用到很多常识性知识和逻辑学的解释，还有对细节的重视。我们在遇到人类遗骸时通常要做两类身份的认定：一种是生物身份认定，也就是进行一般性分类；另外一种是个体身份认定，我们需要确定死者的名字。一种身份可能会帮助另外一种身份的认定，但不管怎样，我们都会做好准备，因为这可能需要很长的时间和耐心。显然，我们会首先比对 DNA 和指纹信息，希望可以通过这种最简单直接的方式找到死者的姓名。通常，这么容易就确定死者身份都是白日梦，我们还得用到传统的人类学的方式方法，都是些繁复细致的工作。

把人类大体分为几种常见的类型，这样可以缩小可能的范围。死亡时间越近，我们就越有可能精确断定包含四种因素的生物身份：性别、年龄、身材、种族。这些信息可以让我们发出失踪人口告示。例如，我们发现一具白人女性的尸体，年龄在 25~30 岁，身高 158 厘米左右。正确地收集这些基本的指标非常重要，因为如果哪个细节搞错了，就可能无法确认死者的身份，或者会延长警方的调查时间。我们也有可能作为专家证人出庭，所以我们的建议必须建立在可靠的科学基础上，不能仅凭自己的猜想。

决定身份识别的第一个因素就是性别，性别就是很直接的两种类型——男性和女性。Sex（性别）这个词在我们这个领域里是很特别的，它不能和 gender 这个词混为一谈，前者仅仅是指因为基因组成的不同而区分的男女，后者却是跟性格、社会、文化的选择相关，可能跟生理上区别的男女不一致。

人类基因构成形式是 46 个染色体配成的 23 对染色体，父亲和母亲各自贡献了一半的细胞核基因。其中 22 对染色体虽然有细微的差异，但有相同的配对形式（就好比是给黑色袜子配对，只是黑的程度有一点差异）。然而第 23 对性染色体携带决定性别的基因信息，有很大的区别（就好比是不同颜色的袜子组成的一双袜子）。

我们当中的大多数人还能记得在学校生物课上老师讲的，X 染色体携带的是形成女性的基因，而 Y 染色体携带的是形成男性的基因（尤其是 SRY 基因）。女性携带的是 XX 性染色体组合，男性携带的是 XY 性染色体组合。我们从母亲遗传的都是 X 染色体，如果从父亲那里得到的也是一个 X 染色体，那么 XX 的染色体组合就会形成一个女胎。如果从父亲那里得到的是一个 Y 染色体，那就形成一个男胎。有时候会出现很少见的染色体畸形配对，跟正常配对相比多或少一个染色体，例如克兰费尔特综合征（XXY）即先天性睾丸发育不全，特纳综合征（XO）即先天性卵巢发育不全。但这些病症都非常少见，在我的职业生涯中，我没有遇到过这样的病人。

胚胎的性别在精子和卵子结合的那一瞬间就决定了，但在开始的几周，胚胎的性别并不显现出来，不管是外部还是内部都没有明显的男女之分。即使是在受精 8 周后，也只有一点点的软组织能够表明这是一个男胎或者女胎。直到第 12 周，我们才能确定胚胎的性别，那就是在孕妈妈第一次做 B 超时，有可能看见胎儿的外生殖器官。

现在，有一些医院选择不再告诉准父母胎儿的性别，表面上看是因为人手不足，鉴定性别需要比较多的工作。但实际上他们有另外的担心，比如害怕搞错性别可能会面临诉讼，还要防止有的文化更倾向于一种性别，夫妻进行选择性流产。所以，胎儿的性别要等到出生的那一天再揭晓，跟没有发明超声波之前一样。我喜欢这种惊喜，不想提前知道我腹中胎儿的性别。就好像我的公公说的那样："只要有一个头，十根手指，十个脚趾，管他是什么性别。"

如果准父母非常想要知道胎儿性别，B 超医生也是通过观察胎儿的外生殖器官给出答案，跟生产时护士、接生婆用到的方法一样：如果有阴茎，那就是男孩；如果没有，那就是女孩。这也是法律上对性别的定义。实际上这样的定义并不全面，因为定义一个孩子法律上的性别不应该只看生理，还有文化、社会等各个方面的因素。但因为从一开始我们就只是通过生理结构来定义性别，所以直到现在，这也是我们最常用的方式。

从确认胎儿性别的那一刻起，这孩子的整个童年就被设定好。根据狭隘的文化给出的定义，我们只是通过有没有阴茎来判定男女，继而按照这个判断来养育男孩或者女孩。也就是说，当一个男孩进入青春期，第二性征开始发育时，我们要看到他的外生殖器官（睾丸和阴茎）长到合适的大小，还有手臂上、大腿上、胸口、腋下、脸部和生殖器官区域的男性体毛，声音也应该变得低沉。而女孩则要发育胸部、臀部，长出腋毛和阴毛，月经来潮。试想一下这个狭隘的期望对个人信心的打击，如果这个孩子有性别认知障碍，或许前 12 年一直以为自己是个男孩，结果开始发育胸部，或者他一直被告知自己是个女孩，却开始长胸毛。青春期是一个最敏感的阶段，也最容易产生各种各样的奇思妙想，如果突然发现另外的真相，那样的打击有时候真的可以摧毁一个年轻人。

在大多数的案例中，我们从出生就被定义的性别都是正确的，但作为法医人类学家，我们对另外的可能持开放态度。如果男性的骨骼是蓝色，女性的骨骼是粉色，那对我们来说就太方便了。虽然这听起来很滑稽，但我们暂时先用这两种颜色来区别男性和女性的身体。蓝色代表能产生睾酮的 SRY 基因，而粉色则代表没有 SRY 基因，雌激素是主导。每一个婴儿都有两种性激素，只是每种激素的含量不同。因为男性胚胎只有一个 X 染色体，除了主导的睾酮，也会产生一定量的雌激素，这些雌激素只是起普通的生物化学作用。女性即便没有 Y 染色体，也可以通过其他的生物渠道产生少量的睾酮，比如卵巢和肾上腺。如果你怀疑我的说法，想想等到更年期，雌激素开始下降，不能跟身体产生的睾酮相抵消，女性就会开始长出胡须。维多利亚时代马戏团里经常见到的长胡子女士并不是违背自然的怪物，而是人类正常的身体变化。

性别，也就是我们理解的男性和女性，是指在基因和生物化学物质相互作用下身体各个组织包括大脑的不同。试想一下，一个女性的胚胎产生过量的睾酮（基因突变造成的肾上腺增生），或者是一个男性胚胎的 SRY 基因没有起作用或者没有产生足够的睾酮（肾上腺发育不全），或者产生过量的雌激素，这个时候你就可以看到基因上的性别区分和相貌上、心理上的不一致。

作为法医人类学家，我们必须要有这样的认知，那就是骨骼显现出来的特征是性别基因和各种生物化学物质相互作用的复杂结果，不是明明白白的蓝色和粉色，还有灰色的区域。（或者根据色彩混合原理，粉色和蓝色混合应该是紫色。）有的基因上定义为男性的人也会显现出一些女性的特征，有的基因上定义为女性的个体，可能比那些性别基因和生物化学物质和谐共处的男性更有男子气概。人类最奇妙的地方就是我们有很多的可能，这些特质让人类成为值得探究的物种。

即便是刚去世不久的人类，要确定生理上的性别也很困难，尤其是如果死者曾经做过一些手术。所以对于我们来说，不被间接证据影响判断是非常重要的事情（比如发现死者身上有女性内衣的残留物），我们要注意死者是否存在先天发育不良或者后天手术的可能。死者没有子宫可能表明他是男性，但也有可能是做过子宫切除手术，或者是先天没有子宫的女性（当还是胚胎的时候，器官就停止了发育）。没有阴茎或者有乳房性征可能证明死者是女性，但同样也有可能是死者生前做过部分变性手术。

2006 年的亚洲海啸导致超过 25 万人丧生，在那些专门判定死者性别的工作人员看来，仅从生理的角度判定男女是一件困难的事情。其中受到海啸影响的一个国家就是泰国，泰国被公认为世界变性之都。在这里，男变女的手术费用仅是美国同样手术的四分之一，所以泰国每年都有 300 例以上这样的手术。而且第三性别或者说"人妖"，是泰国社会不可分割的一部分。传统意义上的两性区别在这里没有办法完整表述第三性别人群。而且在灾难发生后，外部身体的评估一定是建立在内部检查的基础上的。

当尸体开始腐烂后，要鉴定生理上的性别会更加困难。人在死后，外生殖器会很快腐烂，而解剖尸检也许不能完全判定性别。用 DNA 分析法来查找 SRY 基因可以帮助证明死者是男性，但这个方法却没有办法证明死者是女性，除非构建完整的染色体组来分析（个体染色体分析法）。那如果摆在我们眼前的只是一堆枯骨，我们该怎么办？

虽然我之前所说的男性骨骼是蓝色，女性骨骼是粉色，纯属天方夜谭，但一具完整的成人骨骼已经有很多判断性别的依据了。我们要寻找的那些特质，是青春期时性激素水平上升，身体因这些激素的作用开始显现出来的特点。如果占主导的是雌激素，那么骨骼上对应的变化我们称之为"骨骼女性化"。这并不能表明这个个体就是女性，而是仅仅表现出了一些女性的特征。这个时候女性骨骼最大的特征就是骨盆要为以后胎儿的成长提供空间，并且保证胎儿的头部能够顺利通过。

女性的骨盆有时候也会有异常的情况，在过去，头盆不称（婴儿的头与产妇骨盆不相称）对于孕妇来说是实实在在威胁生命的情况。如果产妇骨盆不够宽敞，胎儿的头部无法入盆，也不能通过这一段骨性产道，产妇可能好几天都生不出孩子来，也没有有效的解决方法。还记得我们在鲍多克挖掘的因为难产去世的产妇和三胞胎吗？在过去的好几百年里，很多妇女都死于难产。

在有些文化里，或者某些具体的情况下，产妇的生命安全更为重要，一些可怕的助产工具会用来帮助头盆不称的准妈妈，比如产钳。早期的产钳是一种状似小长矛的金属工具，可以通过产妇的阴道到达宫颈口并推入子宫，通常产钳会刺到它遇到的胎儿的任何身体部位。在正常的分娩中，胎儿应该是头部朝下，所以产钳一般会刺穿胎儿颅骨的前囟，这里是胎儿头部最柔软的区域，骨头可以移动，所以头部可以通过产道。

早期的产钳前端有一个钩子，操作者会将产钳在胎儿头部来回移动，找一个可以钩住的地方，通常是眼眶（眼窝）。在这个过程中，胎儿的头部通常都会被破坏一部分，这样才能将胎儿的头部硬拉出产道。后来改进的产钳前端有交叉式的装置，两叶设计贴合胎儿头部，这样就保证胎儿能被完整地拉出产道。

头盆不称在现代社会不是那么常见了，可能这就印证了"适者生存"的道理，因为不合适的骨盆形状会导致母婴的死亡，女性的骨盆逐渐进化为适应生产需求的形状。即便是现在，在世界上有些地区，生产对于孕妇和胎儿来说还是一件很危险的事情。在世界卫生组织（WHO）的报告中，每年有 34 万产妇因为生产死亡，270 万死胎，310 万新生儿死亡，大多都发生在不发达国家和地区。在撒哈拉沙漠以南的非洲，每 7 名妇女中就有一名死于生产，头盆不称占产妇死亡原因的 8%。

但在医疗条件好的地方，产妇骨盆的大小形状就不那么重要了，因为可以通过剖宫产取出胎儿，这个手术对于产妇和胎儿来说安全率都很高。在一些发达国家，因为麻醉技术和抗生素的普遍应用，再加上"自然生产不时髦"观念，剖宫产成为非常热门的选择。而且医院为了避免法律经济纠纷，发现产妇和胎儿只要稍微有危险就会建议进行剖宫产。

21 世纪的西方妇女的骨盆形状和尺寸实际上是写在基因里的。让人觉得具有讽刺意味的是，利用骨盆的形状及大小确定性别这个方法在考古样本中取得的成果比近代的法医样本更加精确可靠。因为在近代，两性特征中为了保证顺利生产形成的骨骼特征正在逐渐丧失。

　　如果身体中的主导激素是睾酮的话，那么青春期的首要任务就是增加肌肉量。我们都知道额外摄取合成的类固醇会降低健美运动员的脂肪含量，增加肌肉量。骨骼肌肉之间的方程式很简单：强壮的肌肉需要附着在强壮的骨骼上，这样才能抵消肌肉附着的压力。在头部、长骨、肩部和骨盆区域的肌肉会发育得更好。所以睾酮会让骨骼更加男性化。不过还是那句话，这并不代表这样的遗骨就是生理上、基因上的男性。

　　在还没有主导激素出现之前，例如青春期前的儿童，骨骼就会保持孩童的特点，这个时候人体的骨骼相对来说更趋向于女性化。因为我们鉴定性别需要的骨骼特征在青春期前还没有出现，根据骨骼来鉴别儿童性别不具有可靠性。

　　如果有完整的成年人骨骼用作分析，那么法医人类学家大概可以有 95% 的概率断定性别，当然我们必须把不同人种骨骼稍有不同的因素考虑进去。比如荷兰人是世界上公认的最高的人种，但是他们的婴儿并不会比其他西方人种的婴儿大多少。所以，他们的产科并发症的发病率极低也就不奇怪了，因为荷兰女性不需要为了保证胎儿娩出的顺畅而进化出更加宽大的骨盆。身材相对矮小的女性，其盆骨显示出更多的性别特征，因为自然界会为了让女性安全地孕育生命进化出更合适的骨盆形状。这个研究告诉我们，在鉴定荷兰人的性别时，单用骨盆来区别会很困难。

　　很显然，如果遗骨受到破坏，破裂或是不完整，鉴定性别就会更加困难了。想要比较精准地确定性别，需要辨认出很小块的骨骼，还要知道这些骨骼是身体的哪个部位。是肱骨的末端，股骨的上端，还是肩胛骨棘突的一部分？当我们在寻找这些最能体现男女差异的单个的身体部分时，我们需要仔细甄别。所以我们希望这些有较大男女差异的骨骼部分没有受到损害，这样才能得出结论。比如骨盆的坐骨切迹，突出的颈部后侧肌肉纹理，耳后乳突的大小，眉毛下面的眉弓，这些都是线索。

　　通过骨骼鉴定性别时，两性骨骼特征差异越大，法医人类学家的发现判断就更可信。但我们必须牢记，我们用于分析的男女特征，实际上是人体分泌的生物化学物质作用的结果，它们本身并不能作为证明个体生理或基因性别的证据。正确地辨别无名尸体的性别非常重要，因为在将失踪人员和死者相匹配时，首先筛除另外一个性别的失踪人口，会有更大的机会找到答案。相反，假如我们的鉴定错误，那么找到匹配人员的可能性就会很小。

　　虽然我们在判定成年人性别上成功率很高，但涉及断定儿童性别时，我们做得很不好。有趣的是，就鉴定工作中的第二要素年龄而言，儿童骨骼更容易鉴定，成人骨骼鉴定起来更加困难。如果你能理解，活着的成年人可以给我们提供很多的线索，但估计他们的年龄却很困难，那么对于断定尸体年龄的困难性就不会感到惊讶了，尤其是如果尸体已经是一堆枯骨，甚至是一堆支离破碎的枯骨。

在现实生活中，年纪越大的人，我们越难估计他们的年龄。我们可以随意走到一所小学的任意班级，估计这些孩子的年纪，最多会有一年的误差。如果是估计一个中学班级孩子的年纪，我们能猜到大多数孩子的年龄，但肯定会有一些特殊情况，有的孩子要么看起来要大很多，要么看起来要小很多，因为他们不可能同时经历青春期的各种生理变化。如果要猜测一屋子成年人的年龄，我们应该会让一些人很开心，同时让另外一些人很生气。

在幼年时，年龄与面容、身材之间有很明显的关系。脸部是一个判定年龄的可靠标准，因为面部为了适应牙齿的发育也需要相应地改变。每年在我的孩子们过生日的时候，我都会给她们拍张照片，这让我可以创建一个她们面部变化的时间轴。（合格的科学家总是把自己的子女当成实验对象。）第一次明显的变化是在四五岁，面部的下半部分，也就是下巴要开始发育，为了有足够的空间让孩子在 6 岁左右长出第一颗恒牙的磨牙。第二次明显的变化是在青春期前，下巴会再次发育，为第二颗恒牙的磨牙提供空间。在这之后，青春期的激素开始汹涌而至，导致各种各样的生理变化，她们的生活（或者说是我们的生活）也会天翻地覆，与之前大不相同。这个时候，她们美丽的脸庞就要开始定型了。

儿童年龄和身材尺寸之间的关系可以在我们给孩子买衣服的时候看出来。童装是按照年龄而不是具体的测量数据来区分的。因为生产商可以估计一定时段的儿童身高，例如从出生到 6 个月之间的孩子，身长可能是 67 厘米左右。我们买衣服的时候不会说买多长的，我们会说给 4 岁孩子买的。随着孩子年龄的增长，标签上的年龄间距也会增大，婴儿的衣服开始会是 3 个月的间距，然后是 6 个月。周岁左右及一些更大的年龄阶段，商标上的间距会是 1~2 岁，直至 12 岁。随着青春期的到来，年龄和身材尺寸之间的关系变得更难以预测。

所以当我们检查胎儿或者婴儿的遗骸时，上肢的长骨（肱骨、桡骨、尺骨）和下肢的长骨（股骨、胫骨、腓骨）可以让我们估算出年龄，误差大概是几周。如果是幼童，误差大概是几个月，年长儿童的误差可能是两三岁。

然而我们的鉴定并不只是简单的测量。儿童的骨骼跟成人不同，有的骨骼是由好几部分组成的，这是为了让骨骼有发育空间，随着年龄的增长最终会融合。因为骨骼的发育和融合跟年龄有很大的关系，所以骨骼发育的程度是一个很可靠的指标。例如，成年人的股骨（大腿骨）就是一个单独的长骨，然而儿童的股骨却是由四部分组成：股骨干，远端的关节（靠近膝盖部分），近端的股骨头（靠近臀部的地方），以及股骨头侧边有肌肉附着的大转子。股骨第一部分从软骨转化为骨头的部分是股骨干，胎儿在子宫内第 7 周时出现这样的变化。胎儿在足月生产前，膝盖中心的骨骼骨化形成。事实上在过去，这部分骨骼在 X 射线中可以显示出来，就表明从医学的角度来说，这个时候的胎儿出生就可以存活了。这个指标非常重要，因为如果女性在这个时候引产会受到处罚，而且这个处罚会比死产严厉得多。

股骨头的骨性部分，也就是后面会发育成髋关节的部分，在婴儿 1 岁左右形成骨化。大转子在 2~5 岁开始形成骨化点，大转子的周围会附着臀中肌、臀小肌、股外侧肌及其他肌肉。骨骼的其他部分也会随着年龄的增长逐渐融合。

女性在 12~16 岁，男性在 14~19 岁，股骨头会跟股骨干融合在一起，不再是分开的两部分，再过一年左右，大转子也会跟股骨干融合在一起。在完全形成成年人骨骼之前，最后融合的骨骼部分是股骨的末端，靠近膝盖的部分，女性在 16~18 岁完成，男性在 18~20 岁完成。当未成年人骨骼骨化完成，骨头就不会再生长了，那个时候的身高就是我们以后一生的"高度"了。

未成年人骨骼的生长和成熟一般都会遵循一定的规律，如果生长过程跟我们预计的差不多，那么我们就能估计出他的大概年龄。相比较而言，有一些骨骼能提供的信息更多，例如，成年人的手骨大概是 27 块，而一个 10 岁孩子的手骨大概是 45 块。分析手骨可以让我们估计活人或者死者的年龄。因为手掌是最容易，也是最没有道德争议的可以暴露在 X 射线下的身体部位，所以经常用于移民申请或者难民庇护中，鉴定申请者是否是未成年人。

在世界人口当中，大概有一半的人口是没有出生证的，也就是没有文件可以证明他们的年龄。如果是在那些不在意出生证明或者其他文件的地理区域，没有这些证明也不会有太大的麻烦。但是如果没有这些证明的人想要移民到一个很看重官方证明的国家，那他们就很容易跟当地政府产生冲突。

在联合国大会上签署了《儿童权利公约》的国家，有义务为儿童提供保护，包括住所、衣服、食物和教育。当政府发现有虚假的移民申请，或者是儿童穿越防护栏这样的情况时，有时候法医人类学家会被要求鉴定这些人的年龄，尤其是跟刑事案件相关联的人，比如犯罪嫌疑人，或者是被拐卖的受害者。

我的同事鲁西娜·汉克曼博士是英国仅有的两名有资质鉴定活人年龄的专家之一。她利用骨骼的医学成像，例如 CT 扫描、X 射线、磁共振等估计成年人的大概年龄，之后她的判定会被呈到法庭上，法官在量刑时会参考年龄判定，做出具体的刑罚，或者是作为处理国际儿童权利案件的证据。

一旦个体度过儿童期和青少年期，年龄相关的特征跟实际年龄之间的关系越来越弱。40 岁之前的个体我们断定年龄的误差大概在 5 年，40 岁以后，人体骨骼的机能逐渐下降。说实话，机能下降的程度跟我们的基因、生活方式、健康情况有关。有时候一个 60 岁的人看起来只有 40 岁，相反的情况也有。当我们面对一具 50~60 岁的遗体时，我们通常会描述他为"中年人"。我特别讨厌这个标签，尤其是我也处在这个标签描述的年龄阶段。如果超过 60 岁，我们会描述他为"老年人"，这太让人失望了。这就显示了，我们在鉴定 40 岁以上人群的年龄时，不管是活人，还是死尸，或者遗骨，都是心有余而力不足的。

情况就是这样，我们更擅长鉴定成年人的性别，鉴定未成年人的性别要困难很多，然而未成年人的年龄更好断定，判定成年人的年龄却很不容易。那么其他两种生物特征的鉴定呢？身高和种族。总体上来说，我们很擅长判定其中的一个特征。我们期许的是，我们最擅长、最有把握的判定可以在鉴定死者身份时起最大的作用。唉，如果生活能那么简单就好了！不幸的是，我们最擅长的身高测定应该是四个生理特征中最不重要的一个。

我说的这些不符合法医人类学家的光辉形象，不像电视剧里那样，对吧？但是在现实世界中，我们必须要承认，如果个体的身份很难确定，那就要靠经验、专长，还有确定身份四要素过程中我们能得到的任何线索来帮助我们解决这个问题。如果哪位法医人类学家声称自己能百分之百确定遗骨的性别、年龄、身高和种族，那么他真的是一个很危险而且没有经验的科学家，因为他没有理解人体的多样性。

在英国，成年人身高的差距大概是 40 厘米，在 150 厘米到 190 厘米之间。不在这个范围的身高通常被认为太矮或者太高。女性的平均身高是 165 厘米，男性的平均身高是 178 厘米。当然，影响身高的最主要因素是基因和环境。如果你的父母很高，一般来说你也会很高；如果你的父母很矮，那么你也不会很高。我们可以推算孩子在成年以后的身高，有两种方法。一种方法是将两岁时的身高乘以 2。（是不是觉得不可思议？我们在两岁的时候已经长到成年身高的一半了。）另外一种方法是用 MPH 方程式来算（就是父母身高和的一半），男孩身高（以厘米计）=（父亲的身高 + 母亲的身高 +13）÷ 2，女孩的身高 =（父亲的身高 –13+ 母亲的身高）÷ 2。

为了说明基因对身高的影响，我们只需要看看世界各地不同的人类身高平均值。世界上男性平均身高最高的是荷兰人，平均值为 183 厘米，最矮的男性是东帝汶人，身高平均值是 160 厘米。拉脱维亚女性击败荷兰女性，平均身高为 170 厘米，成为世界上最高的女性；危地马拉女性是世界上最矮的女性，平均身高为 150 厘米。

记录在案的最高的人是美国伊利诺伊州的罗伯特·珀欣·瓦

德洛，他在 22 岁去世的时候有 272 厘米高。非常不幸的是，他的身体分泌过量的生长激素，导致他在 1940 年临死前还在长高。最矮的纪录保持者是尼泊尔的钱德拉·巴哈杜尔·丹吉，身高仅为 54 厘米，这个天生的侏儒症患者比其他患者长寿，他在 2015 年 75 岁时去世。

通过这些事例我们可以看出，基因并不是唯一影响身高的因素，还有比较少见的生长激素异常的影响。比较常见的影响身高的因素有营养、海拔、疾病、生长差异、酒精、尼古丁、出生体重、激素等。在有利条件下，儿童可以长到预计的身高，但如果条件恶劣，可能就会比预计的身高矮。

西方文化认为，长得高是很好的事情，长得矮则是劣势，所以我们当中的大多数人都会过高地估计自己的身高。因为我们在估计别人的身高时是按照自己的身高为基准，所以我们也会过高估计别人的身高。我们不愿意承认的一个事实是，其实我们的身高会随着年龄的增长缩短，但无论在哪个年龄段，我们都一直沿用自己年轻时的身高，即便事实上我们越来越矮了。每过 10 年，我们的身高大概缩短 1 厘米，70 岁以后，会再缩短 3~8 厘米。

我们的身高由身体各个部分的长度和厚度构成。包括从脚底到头顶的皮肤，还有各种骨骼的高度和长度（跟骨，距骨，胫骨，股骨，髋骨，骶骨，24 节椎骨和颅骨），加上骨头跟骨头之间关节的间距，再加上关节和关节之间软骨层的厚度。临床上说的关节炎和骨质疏松也会改变骨骼和关节的正常形态，降低整体的高度。不管你相不相信，一天的不同时刻我们的身高也是不一样的，晚上的身高平均要比早上起床时的身高矮 1.5 厘米。起床 3 小时后我们基本就比起床时矮了，因为软骨下陷压缩减少了关节与关节之间的空间。

　　确定遗骸的身高也不是一件容易的事情，我们需要把不同的骨头、软骨、关节之间的空间这些测量数据相加。如果发现的尸体骨骼没有被移位，那些骨头上面应该还附着很多软组织，我们会将尸体仰卧放置，开始录音并测量记录。如果尸体是在停尸间里，我们会遵照计算儿童年龄的方法程序，通过测量长骨来计算。因为如果一个人的手臂很长，尤其是腿长的话，相对来说，身高应该就很高，反之则是矮小的身材。我们会测量 12 根长骨的长度（股骨、胫骨、腓骨、肱骨、桡骨和尺骨，人体的这些骨头都是成对的），我们的测量装置叫作测骨盘，我们会把测量的数值通过回归公式来计算个体的性别种族。计算出的身高会跟这个人活着的时候有三四厘米的误差。

　　事实上，在法医调查中，身高并不是确认身份非常重要的指标，除非这个人特别高或者特别矮，其身高可以作为非常明显的指认特征。我遇到过一些家庭，他们抱着一些不切实际的幻想，认为找到的遗体不是自己的儿子，即便 DNA 都已经确认了身份，他们还是不肯相信事实，就是因为我们给出的死者身高估计是在

167 厘米左右，而他们儿子生前的身高是 172 厘米。这就是为什么我们的估计会有误差，并且会给出一个大概的范围。

———————

第四个鉴定身份的指标是种族。我们之前用 race 来表示种族，但我们现在避免用 race 这个词，因为这个词经常跟负面的社会不平等联系起来，恐怕会导致一些不好的偏见和错误看法，也是因为我们要寻找的生理上的证据其实源自很早很早之前，ancestry 更能体现这层含义。鉴别种族在警察的调查过程中很重要，但是法医人类学家可能跟警察对种族的理解不一样。警察想要知道的是死者大概来自哪个社区，例如，他们是该去调查波兰人的聚集地，还是中国人的聚集地。不幸的是，我们不能仅从检查遗骸就知道死者来自哪个团体，或者生理上更接近哪个族群。

我们通过一些基本的特征区分种族：皮肤、头发或眼睛的颜色，鼻子或眼睛的形状，头发的类型，语言。多地点采集的基因数据都验证了我们已经认可的一个理论，尽管不同地域之间的人群有一定程度的融合，但我们还是可以将全球分为四个基本的人类族群。"走出非洲"这个概念定义了第一个族群，就是发源于撒哈拉沙漠以南的人种，直到现在大家也还认同这个分类。第二个族群的地理区域是在北非到欧洲，还包括从东边一直延伸到中国这一广阔的区域。第三个族群的地域分布在东亚的广阔地区、北太平洋、南北美洲和格陵兰岛。第四个族群的地理区域相对封闭，包括南太平洋群岛、澳大利亚和新西兰。我们根据这四个地理区域将人类分为四个人种：黑色人种、白色人种、蒙古人种、澳大利亚人种。

我们很容易区分我们的祖先是来自哪个人种，但时间越近的过去，区分越是困难，我想如果我们仔细研究我们的基因，再结合我们自己的历史，就会觉得我的说法很好理解。在远古时代，各人种之间的融合很少，但在我们这个狭小的现代世界，一代又一代的人跟外界族群的交往越来越频繁，各个人种之间的基因差异也越来越不明显。

基因不能告诉我们怎么区分中国男性和韩国男性，英国女性和德国女性。更别说帮助我们断定一个混血儿的种族了，比如他的母亲这边有个印度的外祖父、英国的外祖母，父亲那边有尼日利亚的祖父、日本的祖母。

各种人种之间也有一些基本特征的差别，尤其是颅骨的面部区域。我们能发现那些人种特征不明显的个体在面部区域的差异。我们有电脑程序可以帮助处理颅骨的测量数据，给出个体最可能属于哪个人种的建议，我们需要很谨慎地处理电脑给出的答案。我们期许的是在需要鉴定死者种族时，死者的头发或者其他软组织保存完好，这样有助于我们的鉴定工作。或者是死者的私人物品可以提供一些线索，例如衣服、纸质文件或者是一些带有宗教性质的饰品。DNA 分析是我们最有可能找到死者属于哪一个人种的方式，但是 DNA 无法确定死者的国籍，也不能告诉我们带有印度人基因的死者是出生在孟买还是伦敦。只有稳定同位素分析法可以给我们提供一些帮助。

一旦这四个生理指标确定之后，我们的下一步工作就是用这些指标排除不符合条件的人，找出最有可能的匹配者，然后再运用一种或几种国际刑警常规使用的方法来确定：DNA 比对、牙科档案或者指纹。我们无法获得遗骸的指纹，但是有可能在腐烂严重的尸体上取得指纹。

如果 DNA 数据库也没有找到这个人，警察就可能会将信息向公众公布，期望可以有新的线索。如果要确定死者的姓名，我们则需要情报部门继续追踪，同时也希望公众可以提供有用的线索帮助排除或者更进一步的调查。当警方给出这样的信息，死者为黑人男性，年龄为 30~40 岁，身高在 172 厘米左右，他们就已经初步缩小了范围，将女性、儿童、老人、太高或太矮的人，以及黑人以外的其他人种都排除了。但是即便如此，正如我们之前讨论过的，仍然会有好几千名记录在案的失踪人员符合这些生理特征。

　　警方贴出的寻人启事通常都会有照片，这个照片是死者的面部复原图，我们在第一章里就提到过面部复原技术帮助我们确定了森林自杀案死者的面容。这些法医界的艺术家或者说是复原专家的工作，需要建立在我们给出死者正确的生理特征的基础上。如果我们确定死者的性别是女性，而事实上是男性，或者说死者是黑人，事实上却是白人，估计的年龄在 20 岁左右，事实上已经快 50 岁了，那么这个复原图跟死者本人就不会有任何相似之处。

　　2013 年爱丁堡的一个案件可以说明面部复原图在帮助加快确认死者身份的过程中起到多么重要的作用。一名被肢解的女性的尸体在阔斯托夫山的一个小坟墓里被发现。唯一的线索是死者手上那枚很特别的戒指和一些牙齿矫正过的痕迹。我的同事凯瑟琳·威尔金森教授复原了死者的面部容貌，这张照片在国际上流传开来，死者的一位在爱尔兰的亲戚认出她就是来自都柏林的菲利斯·邓利维。邓利维太太在爱丁堡和她的儿子住在一起，而她的儿子声称她已经回爱尔兰了。在发现尸体一个月后，因为确认了死者身份进而找到了杀害她的凶手，就是她的儿子，她的儿子最后也认罪了。

　　死者的死亡时间越短，腐烂程度越低，确定身份就越快，就越有可能找到证据。在这起案件当中，迅速确认死者身份无疑加速了调查的进程，最终逮捕了凶手。

当我们对死者身份有相对充分的估计时，从死者骨头上取出的 DNA 样本可以跟死者的母亲、父亲、姐妹、兄弟或者子女的 DNA 相比对。甚至有可能找到失踪人员自己的 DNA，比如一把牙刷、一把梳子或者是扎马尾辫用过的皮筋上还有一些掉落的头发，都可以提取 DNA。我们也可以从格思里卡上获得 DNA 标本，格思里卡是由国民医疗保健部门保存的血液样本。从 20 世纪 50 年代开始，基本上在英国出生的婴儿都留下了血液样本，婴儿脚后跟被针刺后流出的一点点血液会被吸附到一种特殊的纸上，用来做一系列的基因检测以确定是否患病，包括镰状细胞疾病、苯丙酮尿症、甲状腺功能减退症、囊性纤维化。几乎所有的国民医疗保健部门都保留了这些格思里卡，但是将这些卡片上的血液样本用作法医鉴定是有争议的，因为在最初的确认书上并没有标注这个用途。但正是通过格思里卡提供的基因比对，才确认了一个前文提及的在 2004 年亚洲海啸中丧生的英国人。死者身份得以确认，遗体才能返还给他的家人。关于隐私的问题就交给律师们去争论，不管确认身份的结果是好还是坏，这个用途足以弥补同意书的缺失。

在 1995 年成立的英国国家犯罪情报局 DNA 数据库是世界上最大的国家 DNA 数据库。有超过 600 万份的文档记录在案，代表了超过 10% 的英国人口。其中大约有 80% 是男性的 DNA 数据。

最近的数据显示，这个数据库帮助 60% 的案件锁定了嫌疑人。我们认为应该在英国建立全民 DNA 数据库，以减少无名尸体和疑案数量。有的时候，通常是在一些悬案当中，个人的 DNA 样本可能会不经意地帮助警方找到跟样本主人有关系的犯罪嫌疑人。这样的事例就发生在一个"鞋子强奸犯"的身上。这名强奸犯在 20 世纪 80 年代的南约克郡强奸了至少 4 名女性，而且还企图强奸另外两名女性。他在作案之后会偷走受害者的鞋子。大概 20 年后，将一名女性酒驾司机的 DNA 样本与 DNA 数据库相比对后发现，这名女司机跟强奸犯拥有同一个家族基因，她是强奸犯的姐姐。当警察突袭强奸犯的工作地时，警方发现他收集了超过 100 双女鞋，其中也有受害者的鞋子。他被判处不定期刑（在判决时只宣告罪名，不宣告确定的刑期），但法官要求他至少在监狱里待 50 年。

公众的意见一直都呈两极分化的状态，一方认为建立全民 DNA 数据库的益处大于个人隐私权的保护，另一方则认为个人隐私更重要。这是一个很大的马蜂窝，我相信这个争论还会持续很长时间。

虽然没有牙科档案的中央数据库，但大多数英国人一生中肯定看过牙医，也做过牙齿的治疗，当然前提是我们要先找到他们的牙医才能知道这些信息。很多人不止一套牙科档案。因为不是所有人都跟定一位牙医，而且因为很多手术并不涵盖在国民医疗保健体系之内，还有一些私人治疗的记录会在另外的牙医那里，而不是在正式注册的牙医手中。另外，越来越多的人选择出国接受更好的治疗或者美容整形，当然也有很多人是因为国外的治疗更便宜，这些记录很可能都不在国内，这样的记录很难追踪。而且因为牙医的这些记录只是为了以备核查，记录的信息可能对于我们的调查并没有太大的帮助。

现代社会的人出现了一个新的麻烦，而且很有讽刺意义，这个麻烦源自高科技的牙科医学。跟我这个时代的大多数人一样，我基本上一颗好看整齐的牙齿都没有。我的上颚跟我的北欧祖先一样不够宽，无法容纳全部的牙齿，所以这些牙齿都混乱地挤在一起，像那些老墓地里东倒西歪的墓碑。当我 14 岁的时候，我的恒牙已经长齐了。我体内的微量元素含量，例如银、汞、锡和铜都很充足。再加上我们一直坚持老式的苏格兰饮食，饮用水里的氟化物也很少。结果就是，虽然我的牙齿不美观，但是跟别人很不一样，特别是因为这几年做过牙根管的治疗、牙齿镶嵌、拔智齿，如果是我的尸体需要确认身份的话，我想我的牙医可以一眼就认出那是我。

相比较而言，现在的青少年都有一口美观的牙齿。他们的牙齿矫正器保证长出来的每一颗牙都很整齐，这样他们就可以露出一口漂白了的牙齿，展现他们好莱坞式的微笑（实际上牙齿的本色应该是微黄，不是那么雪白），如果他们用了什么牙齿的填充物，也是一样的洁白无瑕，很难区分出来。我相信我们的家庭牙医在通过牙齿的形态确定我女儿们的身份时会很困难。

在英国，被逮捕、被羁押，或者确认犯罪的人都会被要求采集指纹。可供查询的手指纹、手掌纹的数据库有超过 700 万组十指指纹（10 个手指头的指纹）数据，每年跟犯罪现场采集的指纹配对成功的有超过 8.5 万组数据。这个指纹系统也应用在边境管理中，据估计，英国签证移民局的工作人员每周都要核实超过 4 万组的指纹数据。

只要我们有这些生物参数和一个疑似的死者身份，我们就可以用一种或全部三种国际刑警认可的确认方法来帮助确定死者身份。即便一级生物特征没能帮助到我们，我们还有二级证物，例如伤疤、文身、衣服、照片或者其他一些私人物品，可以让我们有理由认定死者跟某一个特定的失踪人员相匹配。

没有办法确定身份的尸体，以及那些一直没有找到尸体的失踪人口，都是法医人类学家的梦魇。尤其是我，在东邓八顿郡的巴尔莫发现的年轻人的尸体让我一直都无法忘怀。关于他的相关信息我已经放在本书的最后。我非常真诚地想要寻求帮助，我想在这里仔细描述一下他，希望看到这本书的人有可能知道关于他的消息，帮助我们解答谜团，让他可以回到家人的身边。

故事的开始是这样的，2013 年 2 月的一天，我们在邓迪大学的团队接到消息，警方之前在东邓八顿郡的巴尔莫森林的隐蔽处发现一具腐烂严重的上吊的尸体，他们希望我们能参与调查。警方在2011年10月16日发现这具尸体时，他应该已经遇害6~9个月。失踪人口比对、DNA数据库查询都没有找到匹配的人。死者的个人物品里也没有可以帮助确定身份的东西。地方检察官排除了他杀的可能，认为自杀的可能性更大，但还是要求在作为"无名氏"安葬这具尸体前，再做一次仔细的审查，希望可以确定死者身份。我们被要求检查这些遗骨后给出一个生理特征的测评（格雷格·坎宁汉博士负责），复原面部容貌（克里斯·莱恩博士负责），分析死者的私人物品（简·比克博士负责）。

从盆骨、颅骨、长骨的特征来看，我们认为这具遗骨应该是属于一名男性的。我们通过他的肋软骨（就是肋骨与胸骨相连接的那部分）、耻骨联合（左右骨盆在前面的关节联合处，位于下腹区），以及第一和第二骶椎（脊柱的底部）连接处的骨化程度，推测他的年龄应该是25~34岁。他应该有北欧人种的基因，发色很浅（还有部分头发保留下来）。他的身高为175~185厘米，体形偏瘦。没有采集到有效的指纹。他的牙齿进行过一些治疗，但是因为不知道他的名字，很难找到他的牙科档案。

如果说有什么线索能够指认这名青年男子，就是他身上的多处伤痕。他的左边鼻梁骨曾经受过伤，鼻子在外观上有明显的弯曲。颅底翼突外板断裂后愈合。这两处伤痕应该是源自同一次创伤事件，就在他死亡前的几个月。他是经历了车祸还是暴力事件呢？

还有另外一处骨折是在他的左下巴的地方，在第一次尸检时，法医没有注意到这处伤痕，这处伤痕恢复得并不好，但也很可能是跟前面两处伤痕在同一事件中造成的。这样的下巴骨折应该在医院装上螺丝钉和固定板治疗，但因为他没有接受这样的治疗，他应该在每次咀嚼的时候都忍受着巨大的疼痛。是因为这些身体的伤痛让他决定自杀的吗？

在他的膝盖处我们发现一些关节退行性变的迹象，这种情况在他这个年龄是很少见的，所以有可能他行走困难，是个瘸子。他上面牙齿的左侧门牙缺失，每次张开嘴都能清晰地看见，这也应该跟他脸部其他伤痕一样，是在同一次事件中造成的。

他穿着一件浅蓝色短袖 V 领 polo 衫，胸前印有白色的文字和图案；深蓝色长袖圆领拉链开衫；排扣式牛仔裤；灰黑色相间的运动鞋，鞋底为红色。牛仔裤的长度跟他的身高相符，腰围的大小和 polo 衫、开衫一样，都是小号尺寸。有人对这身装扮有印象吗？请一定仔细阅读本书的附录，详细了解衣物的品牌、商标和尺寸。

这名男子是谁？有人说他是住在巴尔莫森林的流浪汉，因为他符合我们的描述，而且人也不见了踪影。所以这是一种可能。但因为这名流浪汉没有名字，警方认为沿着这条线索也没有办法继续追查下去。

也许这名巴尔莫男子就不想要人发现他。也许他很恐惧，所以躲藏起来。他下巴上的伤是谁造成的？为什么他选择独自面对伤痛而不寻求医疗救助？为什么他要结束自己的生命？结束这个词真的很奇怪。他是怎么结束生命的？他又是从谁的手中结束生命的？我们关于死亡的词汇总是那么模棱两可。我们有很多的疑问，而有的时候，我们自己并不能解答这些疑问。

我认为，如果你活着的时候有名有姓，死的时候也应该是这样的。可能有一些人被迫剥夺了留名的权利，那么我们这些人就有义务尽可能地找回他们的姓名。时间的流逝也不能改变这个决心，只是让这些任务更加艰巨。但是像亚历山大·法隆，他在1987年国王十字车站的火灾中丧生，直到16年后，他的遗骸才最终被确认，这个案例告诉我们，一切皆有可能。

在这个世界上的某一个地方，一定还有家人在思念着这个巴尔莫男子，而我们最大的愿望就是让他回家。

第 九 章

残缺的尸体

凡所经历，必有痕迹

让烈火和十字架，成群的野兽，撕碎我的骨头，分食我的身体。

—— 伊格那修

安提阿教会主教、殉道者（约 35—107）

几乎在所有的神话中，都有记载把人的身体分解成块，作为祭祀或者作为处罚。那些反映西班牙人在新世界的暴行的木版画和 18 世纪的手术医生威廉·亨特创作的讽刺版画《审判日》，都体现了在人类社会的某个阶段，肢解人尸的做法曾经出现过。事实上，几乎所有的人类社会在某个历史阶段，因为文化、宗教或者仪式的需要等原因，都有过分尸的做法。只有在相对现代的社会里，肢解才被看作亵渎人体的行为，不被人类接受，并被认为是犯罪，通常是谋杀。

　　当然，并不是所有的肢解人体都是犯罪。工作时出现的事故，运动时的不幸遭遇，都有可能让人失去手脚。还有卧轨自杀，可能造成更严重的身体破坏甚至出现身体部分四处散落的情形。大规模人员伤亡的事件，比如空难，也会造成严重的人体伤害，搜救人员会找到很多残缺的身体部分。

　　英国每年有 500~600 起杀人案件，也就是 10 万人口里有一个人被杀害，在这些杀人案件中，大概有 3 起案件涉及受害人被肢解，显然肢解并不是常见的犯罪手法。但是如果有肢解的案件发生，就会点燃公众和媒体的想象力，而且会获得比其他犯罪更长篇幅的报道，还给小说、电视剧、恐怖电影提供了丰富的素材。

　　在现实世界里，怎样处理尸体才不会被发现呢？每个人都觉得他自己知道答案（大多数人是看了电视剧《嗜血法医》之后了解到的），还有一套完美的杀人理论。但是，如果有完美的杀人方法，尸体就不会被发现，凶手也不会被绳之以法。所以，被公众所知的这些都不是完美的犯罪。如果一件罪案确实发生了，但犯罪嫌疑人却逃脱了，我们对他的犯罪手法却一无所知，即使抓不到凶手，也很难证明整个案发过程，但案件还是会被提起诉讼。

　　即便是在最有利的条件下，处理尸体也是很不方便的事情，因为要考虑尸体的体积、重量和不易搬动的性质，所以对于抛尸的人来说，想要隐藏自己的犯罪行为非常困难。当然，如果抛尸的地方就是第一案发现场，就另当别论了（我们确实有在床下、橱柜里、衣柜里、浴帘后、阁楼上、储藏室、花园里、棚屋里、车库里、烟囱上、天井下面、车道上发现过尸体），但尸体一般都需要被转移到别的地方去。事实上，凶手会很着急地要把尸体从犯罪现场搬走，因为凶手需要尽可能地让自己远离证据。

但是，如果要移动尸体，就要面临一些很实际的问题。凶手能搬动一具完整的尸体吗？如果不能，他得从哪里下刀？要用什么工具来肢解尸体？要用什么东西来包裹尸块？相信我，这些尸块会流出很多液体，什么样的容器才足够大？什么时候搬走？他可能会被发现吗？可能到处都有监控，也可能被路过的人注意到。要用什么交通工具来运送？要把尸体扔到什么地方？到达抛尸地点时，他打算怎么处理尸体？他自己一个人可以吗？

如果凶手在杀人之前是有预谋的，那么他或她可能提前考虑过如何处理尸体。但是大多数的凶杀案都是激情杀人，所以凶手不大可能会提前考虑周全。一旦凶手意识到受害者已经死亡，不管是有意还是无意杀人，各种各样的问题都会涌入他已经特别惊慌的大脑里。所以凶手在当时的决定多数没有经过仔细的考虑，而是一时冲动，毕竟大多数人都不会有这方面的经验。对很多凶手来说，这应该是他第一次也是唯一一次杀人碎尸，所以通常都会给警察和科学调查员留下一些线索。

是不是故意杀人在量刑时很重要，因为法庭一旦判定嫌疑人有罪，如果是蓄意谋杀，量刑就会更严重，蓄意肢解尸体也是这样。如果杀人是被认为最严重的犯罪行为，那么故意亵渎尸体是另外一项犯罪行为，这是践踏人权的行为。肢解尸体的行为在凶杀案中是特别严重的情节，会被判处重刑。事实上，那些被羁押在女王陛下监狱里的被判处终身监禁的人，都是因为谋杀甚至情节特别严重的谋杀，这表明了我们的社会对杀人这种罪行的高度重视。

因为肢解尸体的案件非常少见，有的警察可能在自己的职业生涯中就见过一次或者根本没有见过，所以他们通常会向专业人士求助，法医病理学家和法医人类学家在这方面会更有经验。我在邓迪大学的团队因为经常参加这样的案件被英国国家犯罪局任命为英国专家。

刑事犯罪中的肢解尸体大体分为五类，主要依据是犯罪者的意图。防卫性肢解是最常见的原因，有85%的肢解尸体案件都是这个原因。防卫性肢解这个古怪的名词是指凶手分尸的原因是为了尽可能快、尽可能方便地处理尸体，动机通常是为了消灭证据和掩盖罪行，在凶杀案件中最常见。换句话说，分尸是一种逃避方法，并不是凶杀的一个因素。逻辑上就是为了把尸体分解成好处理的尸块，这样比较容易将尸体搬离犯罪现场，还不会引起他人的注意。

科学数据显示，大多数的杀人犯或者肢解尸体的罪犯跟受害者是认识的，而且案发现场很多是在罪犯的家中或者受害者的家中。肢解通常就发生在凶杀现场，作案工具就是厨房里的刀具，地点有可能在棚屋里或者车库里。当然还有一个地方——浴室，浴室的设计让液体容易排出，清理现场也很方便，所以这里是凶手在室内经常选择肢解尸体的地方。浴室里的浴缸刚好能装下尸体。所以一般在涉嫌犯罪肢解案件当中，犯罪现场专家通常会先从浴室开始侦查。

在浴缸或者淋浴间这样一个受限的空间里割锯尸体是一件很棘手的事情，血液和尸体组织会不可避免地溅得到处都是，不管事后凶手如何仔细地清理现场，只要用棉签擦拭墙壁、水龙头底座和地面，都有可能发现血迹。仔细检查 U 形管道也可能会有一些发现。还有就是浴缸的表面、淋浴的地方，都有可能留下电锯和刀具的痕迹，因为在用刀分解身体时，刀刃不可能只落在尸体上。

防卫性肢解尸体通常遵循了解剖的一些原则和方法，将身体分成六部分是最容易的：头部，躯干，两个上肢，两个下肢。完整的躯干也还是很重的，体积也很庞大，不好搬动，但是一般凶手也不会再把躯干一分为二，因为那样会暴露太多的内脏器官。直接砍断骨头也不太容易，因为骨骼太坚硬了。在生活中，我们的骨骼要一直支撑我们身体的重量，还要承受磕碰摔倒的冲击力，骨骼必须很强壮。肢解尸体时很常用的工具是电锯、砍刀甚至是园艺工作中用的剪枝刀。四肢通常是最先被切除的，因为它们只有一头跟身体相连，所以它们会很碍事，没有它们在身体上晃来晃去，躯干会更好处理。凶手通常会砍断股骨或者肱骨让四肢跟躯干分离。

肢解头部比较麻烦，因为颈部是由一系列紧密连接、相互重叠的骨头组成的，有点像是小孩堆的积木，要一刀就砍下去非常困难。当然最重要的原因还是心理因素。大多数的凶手在对尸体做出这件最具侮辱性的事情之前会让死者面朝下，而不是面朝上。一个可能的原因就是面对死者的眼睛，凶手无法砍下尸体的头部。

除非凶手打算将尸块藏在室内，否则凶手必须把这些尸块从浴室或者分尸现场搬走。很多凶手都会选择用塑料袋、垃圾袋或者保鲜膜来包裹肢解的尸体，有时候他们也会用窗帘、毛巾或者羽绒被。在这个过程中，如用垃圾袋装尸块的话，砍下的骨头的尖锐部分可能会戳穿袋子，即使换毛巾来包裹尸块，在毛巾吸收了足够的血液后，也会有人血滴下来。

把尸体用地毯卷起来的剧情通常发生在伊灵喜剧里，现在凶手最常用的运输工具是滑轮行李箱或者背包。凶手会找一个他们熟悉的地方抛尸。水域是最常见的选择，比如小河、海湾、湖泊、池塘、水渠或者大海。

防卫性肢解尸体也包括蓄意掩盖死者身份的情况。在这样的案件中，凶手会把注意力放在肢解和破坏尸体上。破坏面部是首要目标（使死者从视觉上难以辨认），然后是牙齿（防止通过牙科档案确定死者身份）和双手（毁坏指纹）。有的时候，凶手为了去除死者的文身，还会剥掉死者的皮肤，也会把死者身上所有的饰品拿走。

　　幸运的是，他们这样煞费苦心也是白费力气。凶手可能认为他们已经了解人体，知道哪些身体部分是确认身份的关键，但是他们不了解的是法医学的发达程度比他们想象的要全面得多。在我们看来，每一个身体部分都可以在一定程度上帮助我们确认死者身份。在过去一代人的时间里，把人体当作画布的文化潮流给法医专家提供了更多的线索。越来越多的人有文身，身上的各种地方有穿孔，而且还有很多人往自己的胸部、臀部、腹部甚至小腿移植硅胶假体，所有这些个人对自己身体的修饰都为我们的鉴定提供了新的机会，只要这些改变还留有足够的证据。

　　当然，如果尸体是完整的，确定身份的概率更高，但有时候即便是严重腐烂的尸体，甚至是尸块，也可以为我们提供重要的线索。凶手可以把穿孔处的饰品取下来，但只要那一处的皮肤还在，针眼的痕迹也是有价值的线索。还有那些做过硅胶假体移植的死者，如果我们够幸运，硅胶假体的生产批号还能辨认出来，那就是非常有用的线索，可以帮助我们追踪到手术的地址和手术患者的详细信息。凶手有可能剥离了文身处的皮肤，但是如果你知道文身原理的话，只需要一些解剖学的技巧就可以通过墨迹还原部分文身的图案。

　　皮肤分为三层：表皮层，真皮层，皮下组织。最外面的一层，也就是表皮层，是由已经死亡的细胞组成，这些细胞会不断掉落，每天大约有 4 万个死细胞掉落。在表皮层的墨水颜色会逐渐变浅，最终消失，这就好比用指甲花的汁液文了一个暂时的文身。表皮层的下面是真皮层，这一层就是文身艺术家们施展技艺的地方。在这里有很多的神经末梢，但没有血管。这就是文身会很痛，但不怎么流血的原因。想想你的手被纸割到的时候，有的时候根本不会流血，但还是疼得要命。这是因为这个伤口只是从表皮层进入真皮层，这里有神经末梢，但还没有触及皮下组织的血管。如果文身深入到皮下组织，并不会留下什么痕迹，因为心血管系统会把墨水当成是废物排泄掉。用作文身的颜料分子很大，是惰性分子，通常不会跟免疫系统相互作用，所以会留在表皮层和皮下组织之间的真皮层上，就像三明治中间夹的奶酪一样。但是不可避免地，一些墨水分子会跟免疫系统相互作用（文身会随着时间褪色），这些遗留物会被带到淋巴系统作为废物代谢掉。

真皮层的每一条淋巴管都会与一个终端相连。我们的身体里分布着很多的淋巴结，尤其是在四肢的起始部位聚集，比如腋下和腹股沟等地方。在这些部位的淋巴结就有点像是我们浴室里过滤毛发的地漏。因为墨水分子太大，无法通过淋巴结，就会在这里聚集。这就是为什么有文身的人，所有的颜色都会聚集在淋巴结处。

我们在学习解剖的时候，一直都记得这个无伤大雅的趣事。当我还是学生的时候，有一次我切开亨利（我的大体老师）的腋下时发现他的淋巴结是蓝色的，并且还带有一点红色的痕迹，跟他前臂的老式海军锚和字母的文身颜色是一样的。现在，随着文身变成一种必须要有的装饰物（在美国，有超过 40% 的 20~30 岁的人至少有一处文身），我们在淋巴结处发现颜料的概率越来越高。而且，文身师用到的颜料也是五颜六色的，现代人的淋巴结的颜色就跟万花筒一样。

试想一具被肢解了的躯干被发现，没有任何上肢的踪迹。如果躯干没有被破坏，我们就可以寻到腋下的淋巴结。看看这里的淋巴结是否有颜料的踪迹，以此推断死者的一条手臂或者两条手臂是否有文身，文身是什么颜色的。不幸的是，我们没有办法推测出文身的图案是一只海豚，还是一些凌乱的线条，或者只是一个简单的"妈妈"字样。当手边没有任何线索可以跟进时，这只是个开始。

让我懊恼的是，我有一个女儿有三处文身（还只是我看到的），几处穿孔，可能还有些什么花样是不想让妈妈知道的。如果我哪天想去文身，也是为了它的实用性。我一直打算着把"英国，布莱克"的字样和我的社保号码文到我戴表的地方，这样就没有人注意到我的文身了，就像伦道夫·丘吉尔夫人那样，据说她的腰间就文了一条蟒蛇。这样的话，万一我遭遇什么不测，或者我的尸体在我死后很久才被找到，我手腕上的那一圈文身应该会给鉴定小组一些线索，让他们的工作稍微容易一点，但我现在还没有鼓起勇气去文身。我还记得我曾经走进因弗内斯的一家珠宝店，想打耳洞，作为给自己的 15 岁生日礼物。我当时真的特别紧张，我跟店主说，如果你们让我先预约，下次再来的话，我肯定就没有勇气了，所以要是今天不打的话，我就永远都不打了。所以我觉得我可能永远都鼓不起勇气去文身了。

有一些穷凶极恶的凶手想要尸体完完全全地消失，比如用化学物质或者火烧。溶解尸体并不像有的人想的那样简单容易。强酸和强碱是非常危险的化学物质，而且大量囤积这样的化学物质肯定会引起注意。想要找到在毁尸过程中不被强酸强碱腐蚀的容器也不容易。

我曾经协助调查过一起发生在英国北部的案件，一个男子承认自己杀死了他的岳母，还处理了尸体。他声称自己把岳母的尸体放在浴缸里用醋和烧碱完全溶解，还把尸体溶液冲到了下水道。他编造的这个故事被他拙劣的化学知识出卖了。醋是一种酸，烧碱是一种碱性物质，这两种物质在一起会相互中和。而且，在商店能买到的这些化学物质的腐蚀强度不可能溶解成人的骨骼、牙齿和软骨，让尸体变成可以冲到下水道的液体。能溶解尸体的酸必须非常强，正常的家庭用下水管道可以承受这种酸的可能性为零。

虽然有人自首，但是被告提供的证据是一眼就能看穿的幼稚把戏。这名男子后来又改口说他把自己的岳母剁成块扔到城市中不同的垃圾桶里，但我们在垃圾桶里也没有发现死者的任何踪迹。

还有那些流传在他家乡的谣言，说他把岳母的尸体放到了自己的烤肉店里，但也没有任何证据可以证实这种说法。

第二种常见的肢解尸体的类型叫作过度肢解，有的时候我们也把这种行为解读为"过度杀害"。凶手在杀人过程中的极端愤怒延续，肢解尸体就是这种愤怒延续的表现形式。但这种形式的特点其实是更具有偶然性，并不具有逻辑上的缜密性。在这样的案件中，肢解在死者死前就已经开始，甚至是造成死亡的原因。分析死者受伤的模式可以得出是否属于过度杀害。过度杀害是英国最著名的连环杀手最典型的做法，他被叫作开膛手杰克，他在维多利亚时代的伦敦白教堂附近的街上至少杀害了 5 名女性，也很有可能超过 11 名。

有超过 100 个凶手被怀疑是开膛手杰克。但是让人失望的是，即便威廉·伯里声称自己是开膛手杰克，也并没有确凿的证据可以证明他的说法。威廉·伯里是在邓迪被处以绞刑的最后一个人。在杰克作案的时间里，威廉一直住在离白教堂很近的鲍街，他杀害并肢解了自己的妻子。如果他就是开膛手的话，那我办公室的架子上还有一节他的颈椎。

第三种肢解尸体的类型叫攻击型肢解。这种肢解通常发生在因为性满足而杀人之后，或者是为了得到对生者和死者施虐的快感。在这种类型的肢解中，性器官是凶手的目标，甚至有可能是他行凶的目的。还好这样的案件比较少见。

　　第四种是恋尸型肢解。这是最少见的一种，但却受到电影、小说的过分关注，或许是因为这一类案件给人无限恐怖的遐想，这是一种阴森可怕的暴力和邪恶行为。凶手的动机是收藏尸体的一部分作为战利品、标志物或者圣物。食人癖也属于这一种类型。但是值得注意的一点是，进行恋尸型肢解并不一定要杀人，也有可能是罪犯可以接触到尸体，或者进行掘尸和亵渎尸体。鉴于人性、尊严和宗教信仰，我们希望死者可以入土为安，我们的社会可以接受偶发性的打扰或者是为了伸张正义进行的有计划的发掘，但决不能容忍虐待死者。

　　沟通型肢解是最后一种类型，通常是暴力帮派和有武力摩擦的双方把这种行为作为一种威胁，要求对方停止某项活动，或者强迫他人尤其是年轻人加入自己的帮派而不是对手的帮派。这样的信息非常清晰有力：如果你不按照我的意思做事，下一个受伤害的就是你。

　　1999 年到 2000 年间，我在科索沃作为英国法医队的一员参加了国际刑事法院起诉前南斯拉夫的案件，我们就遇到了这样的沟通型肢解尸体的实例。一名年轻男子，通常是阿尔巴尼亚的少数民族，被绑架谋杀，尸体被肢解成小块。而且凶犯还会把尸体的一部分放到其他年轻人的家门口，作为一种警告，让他们不要加入受过专业军事训练的科索沃解放军。对一些人来说，威慑作用立竿见影。但对于另外的人来说，这更激起了他们的爱国心，让他们毅然决然地加入反对塞尔维亚军事组织的游击队中。

因为我的小组是英国钦定的法医专家小组，所以我们经常被要求近距离参与肢解尸体的案件。有的案件因为尸体部分被丢弃在两个不同的郡而让案情更加复杂，我们在 2009 年就遇到过这样的案件。

警察开始怀疑这是一起非正常死亡的案件，因为他们在赫特福德郡的乡村公路上发现了裹在塑料口袋里的左腿和左脚。这两个部分都非常新鲜，而且是从髋关节处干净利落地切下来的，所以警察怀疑这是附近医院截肢手术的产物。他们排查了附近医院是否存在医疗废物焚化违规操作，但是每一家医院都否认了。DNA 数据库也没有配对数据。很明显的是，这是一个白人男性的下肢，身高可以从腿的长度推算出来。但是这一条腿给出的线索实在有限，我们并没有发现死者与任何上报的失踪人口相符，失踪人口局也没有相关的记录。

7 天之后，一截裹在塑料袋里的左前臂（手肘到手腕的部分）在另外一条公路上被发现，这里距离发现左腿的地方大概有 20 英里（约 32 公里）远。两天之后，在雷切斯特郡，一位吓坏了的农民在自己的牧场里发现了一个人头。因为是两个不同的警察局接手的这个案子，所以一开始，发现左前臂及左腿的警察局和发现头部的警察局并没有把这个案子联系到一起。因为雷切斯特郡的警察局一直在侦办一起失踪人口案件，所以他们以为这个头部可能属于这个失踪的女性。虽然尸体被肢解的时间并不长，但是因为皮肤和软组织都没有了，所以没有办法通过面部识别死者身份，病理学家推断是动物分食了面部皮肤和组织。但是根据我们的分析推断，这个头部应该属于一个男性，而且失踪女性的头部跟这个颅骨的叠影照片显示他们不大可能是同一个人。

雷切斯特郡的警察也做了 DNA 数据库比对，也没有什么有价值的发现。之后的几天，这两个郡的警察都在各自的地域里搜查其他的尸体部分。接下来的一周里，在赫特福德郡又发现了从膝盖处被砍成两截的右腿，用塑料袋包裹后装在一个手提袋里被扔在路边的停车处。4 天之后，还是在赫特福德郡，发现了躯干、从手腕处切断的右手臂，还有左上臂，这些都被毛巾包裹放进行李箱里，被丢弃在乡村的田沟里。

所有尸体部分的 DNA 与国家 DNA 数据库中的信息都不匹配，这个方法无法确认死者身份，所以要找到凶手或者凶手们就变得更加困难。虽然双脚跟双腿还是连接在一起的，但是双手被切了下来，没有发现踪迹。所以这起肢解尸体的案件不属于普通的六部分肢解。但是就肢解尸体的方式来看，凶手应该是为了方便抛尸。隐藏双手和破坏面部这些行为都是防御行为的延续，为的就是隐藏死者身份。

抛尸的地理区域如此之大，造成了一定的管辖权问题。应该由谁来领导这次调查？发现头部的警察局，还是发现第一部分尸体的警察局，还是收集到最多尸体部分的警察局？在不同的警察局之间开展如此重大的案件调查，后勤资源的分配就是一个很大的问题，尤其是预算和人员分配。但出乎意料的是，这是我们遇到过的两个警察局之间合作最专业的一次。

鲁西娜·哈克曼博士和我一起南下支援。在这次旅途中，我们谈了很多，如果奥运会有谈话这个比赛项目的话，我想我们每次都能拿到金牌。虽然我们又绕道去英国北部帮忙处理另外一起帮派争夺地盘的案件，受害者的面部被毁容，但我们花了大量的时间讨论这起肢解尸体的案件。我们的理论与警方的理论不一致，所以我们需要在这 7 个小时的车程中仔细讨论。如果我们的理论是错的，我们俩就是特威特河畔最傻的两个人。如果我们的理论正确，那么赫特福德郡和雷切斯特郡的警察们就有得忙了。

首先，我们不同意警方关于凶手肢解方式的猜想。有一些事情我们不认同，我们还是两个唠叨的中年妇女。我们的第一个疑问就是肢解时凶手选择的切口位置。是的，切口的选择是很常见的，不常见的是完成肢解的方式。我们必须承认，那些没有肢解过尸体的人，当然大多数人都没有干过这件事情，通常会用电锯锯断四肢的长骨，比如手臂的肱骨、大腿的股骨。我们中心的调查显示，当需要肢解尸体时，大多数人的第一反应是去厨房找一把锋利的刀，而只有当他们发现刀只能切断皮肤和肌肉，无法砍断骨头时，他们才会跑到棚屋或者车库去找锯子，要么是木锯，要么是钢锯。那些熟悉做饭的人或许还会想到厨房里的砍刀或者外屋里的斧头这一类的钢制工具。但是这具尸体却像是从各个关节处被直接拽开，并不是被锯成一块块的，这非常奇怪，事实上这是我们第一次遇到这种情况。我们需要仔细观察骨骼的表面，确定凶手用的是哪一种工具，肯定有一些很稀奇古怪的事情。

其次，凶手对死者头部的处理方式跟身体的其他部分不同。首先是抛尸地点，头部是在另外一个郡被发现的。而且也没有包裹物，所有的身体部分中，只有头部失去了软组织。我们并不同意病理学家关于动物分食了面部软组织的理论，因为我们并没有发现家养腐食动物或者野生腐食动物牙齿的痕迹。

我们的工具痕迹分析原理非常简单：如果两个物体接触，更硬的那个物体会在更软的那个物体表面留下痕迹。例如，你用一把锯齿边的面包刀切一块奶酪，那么面包刀这个坚硬的物体就会在奶酪的表面留下纹状的痕迹。在骨骼上也是一样。如果骨骼碰到什么尖锐的物品，比如刀、锯子或者动物的牙齿，都会留下一些痕迹，而这些痕迹组成的图案可以让我们判断造成这种痕迹的工具是什么。因此，如果死者头部软组织是被动物吃掉的，我们应该可以看到非常明显的动物尖牙留下来的痕迹。所以，我们并不认同这个猜测。

死者的头部没有皮肤和肌肉附着在骨骼上，而且也没有眼睛、嘴巴和耳朵。如果是动物造成的话，没有留下任何牙齿的痕迹真是一件了不起的事情。我们相信在有多种肌肉附着的骨骼区域，可以找到尖刀的痕迹。如果病理学家的推论成立，那一定是一只普通的獾或者花园獾一夜之间经历了神奇的进化，突然掌握了用刀的方法。否则，这一定是人为地把肌肉和皮肤切除了，这才说得通。死者头部的切痕是在第三和第四颈椎的地方，在这个位置肢解头部非常少见。

但我们把这些想法都放在自己的心里，等到我们可以检查死者的头部之后再做下一步打算。在警方给我们介绍案情的时候，我们很礼貌地听取了他们关于动物分食的这个推论。在当时的情况下，我和鲁西娜都很注意我们自己的眉毛。大家都说我们的眉毛特别有表现力，当我们不同意我们听到的话时，它们会上下来回地动，像不好使的百叶窗一样。有一次我们在一个英国法庭上作为专家为被告出庭，因为我们实在不认同在法庭上听到的那些证据，我们又还在陪审团的全程注视下，为了控制不听话的眉毛，我们紧张得额头都疼了。我们俩真的做不了靠脸虚张声势的扑克牌玩家。

在整个通报过程中，我们什么话也没有说，尽我们所能控制好了我们的眉毛，直到我们去到停尸间可以近距离地观察尸体。

死者头部的组织被清除得异常干净。我们在之前估计的地方发现了刀痕，头部的后侧、旁侧和下颌下面。所有的软组织都不见了。简单地说，就是死者的头部被完完全全剥干净了。

神奇的技艺并不只是在头部。当我们检查其他的身体部分时，我们发现凶手几乎非常完美地一刀直接切中了腕骨和前臂长骨（桡骨和尺骨）底部之间的关节。死者的髋关节脱臼，股骨直接从髋臼中被取出来，而且凶手展现出来的分离左手肱尺关节的技艺让我们都很惊叹。不管是谁肢解的受害者的尸体，他们肯定懂解剖。更重要的是，他们不但懂得人体解剖，他们还不止肢解过一个人。

肢解尸体时不用锯子或者砍刀真的很少见，但我们面前的这些尸块确实没有任何重型器具或者锯齿型刀具的痕迹，仅仅只有一把尖刀的痕迹，这就需要真正的技艺了。即便是在肢解头部时，也没有使用砍刀或锯子的痕迹。事实上，凶手的手法跟解剖学家、停尸间技工或者手术医生的手法是一样的，这样就能确保切割处受到最小的创伤，分尸现场不会太凌乱，凶手也不会耗费太多的力气。如果我一开始没有告诉大家分尸的这个秘密，也请原谅我。

我跟鲁西娜像是有什么阴谋似的指指点点，挤眉弄眼。终于警察们也觉察到不对劲。我们感觉到了他们的不耐烦，在最终确定了我们的想法后，我们提出召开会议，告诉他们我们的发现。

当然，跟平常一样，他们一开始肯定是不相信的。（他们的说辞是病理学家不是这样认为的。）但在我们不可反驳的证据下，最终他们接受了。然后离开座位开始不停地打电话。

我们猜测凶手可能的职业：兽医？屠夫？手术医生？猎场看护人？法医病理学家？解剖学家？应该不是法医人类学家吧？不管凶手从事哪个职业，他精湛的肢解技艺跟他急于抛尸的方式真的不相匹配。除了手掌（一直都没有找到），其他的身体部分都很快被发现了。

这个受害人的死因很简单，死者背后有两处捅伤，凶器是一把 4 英寸（约 10 厘米）长的尖刀。有一处刺伤一直深入到肺部，即便是这样，可能在这次袭击后受害者还是活了一段时间。病理学家认为肢解的时间延续了 12 个小时，但我们并不同意。以凶手的技艺，应该可以在一小时内轻松完成，再用一小时或多一点的时间包裹尸块，清理现场。

一旦我们的分析完成，照片完成，报告完成，除非我们继续关注新闻，否则永远都不会知道调查的结果是怎样的。虽然我们全国各地到处跑，但这并不代表我们跟警方的关系很好，像大家在犯罪剧中看到的那样。有的时候，跟这个案件一样，我们可能什么都不知道，直到几个月后我们收到法院的传讯。我们不知道警察找到了什么，我们也不知道他们的调查结果，我们只是在法庭上呈交证据，对来龙去脉并不知情。

　　我很讨厌出现在法庭上。作为科学家需要出现在这个陌生的舞台上让我觉得压力十足。在法庭上不是我们来制定规则，也不知道当时的策略是什么。在原告、被告这样的法律体系里，一方想要证明你是世界一流的专家，另一方却想让你看起来像个十足的傻瓜。我作为原告或被告法医专家出庭，但很多时候都要回答双方律师提出的问题。

　　在这起被媒体称为"拼图杀人"的案件中，当我们把所有的尸体部分都检查完之后，警方把死者和一名伦敦北部的失踪男性联系了起来，而且牙科档案也确定了该男子的身份。死者的血液在他自己公寓的卧室、浴室，还有他的汽车后备厢被发现，只是很小的血点。凶手和他的从犯——一名女性，把现场清理得很干净，他们都将被起诉。

　　这对夫妻被起诉谋杀、盗窃及诈骗。两位被告就意味着我要三次坐在证人席上回答提问，公诉人还有可能会再次确认证词。所以我要回答四套问题，天哪！在一个陌生城市的陌生法庭上做证，而且这还是我们一年前参与的案件，真的不是一件开心的事情，还会让人十分紧张。当你被传唤到法庭上提交证据时，你想的一定是你的证据会对案件的进程有影响，但你根本不知道哪一部分证据是有价值的，也不知道律师的提问会把你带到什么方向。

　　通常先向我提问的是我提供过服务的一方的律师，在这个案件中就是代表皇家检察署的律师。事实上，这通常是最温柔的审问了，但当他们问我年龄时，我也经常犯些小错。并不是我要拒绝回答，而是我的年龄实在是太不重要了，我经常都会忘记，这个时候通常都会引起大家的窃笑。我也就大概犹豫了半秒钟，这也足够让我放松下来，每次发生这样的事情，我都会责备自己为什么不事先想好自己的年龄，而总是忘记。在那样的情形下，年龄是我脑子里觉得最不重要的事情。

法庭认可了我的资质和证据，虽然一切顺利，但审理的过程还是持续了整个上午，然后法官宣布午餐休息。这就意味着我必须走出法庭，在接下来的一个小时里都不得安生，因为我知道等我再回到法庭上，我就会被双方辩护律师盘问。这个时候是最能体现双方分歧的时候，也是最难的一部分。很有可能第二天我还得坐在证人席上，这样我更加紧张，尤其是我不能跟任何人讨论这个案件。

第一位辩护律师很有魅力，这通常是个不好的开始。在接受了我的资质后，他想跟我谈谈我们关于凶手拥有专业解剖知识这个推理。他告诉我他的当事人是一名私人教练，之前是夜店保镖，从来没有接受过任何解剖学训练，也从来没有在肉制品商店工作过。他肯定也不是兽医、手术医生或者解剖学家、法医人类学家。那么他怎么能切出那么干净的伤口来，又怎么会拥有我认为的专业技能？

像这种时候，我颈后就已经开始冒冷汗了，并且沿着脊柱往下流。我的推测真的错了吗？我一遍一遍地问自己，但是我也实在想不出还有什么其他的合理解释。然后律师又转向了肢解尸体的工具。他这样问我，肢解尸体需要专业的工具吗？我回答道，在这个案件中，凶手的方法用厨房里的尖刀也可以完成。律师又问道，但是像这样能肢解尸体的锋利刀具真的能在厨房找到吗？我一说出口就知道我的回答可能会让我陷入麻烦当中。我答道，我非常肯定地告诉你，先生，我的厨房里就有这样的刀。

辩护律师如同闪电一般快速地回答道："提醒我一定不能去你家吃晚饭。"大家都笑了起来，我完全震惊了。我从来没有在一个庭审法庭听到欢笑声，而且还是正在审理一桩杀人分尸案。或许我不应该太过吃惊。毕竟死亡和幽默总是一对好伴侣，在经历了好几天阴沉沉的审判后，大家其实需要一点笑声来缓解一下紧张的情绪。我特别想回敬辩方律师一个聪明的小笑话，但是我不敢。试着看起来聪明镇定是跟尖嘴利舌的律师博弈的最佳方法。我觉得我自己看上去很明智的样子，我想我准备好了。

然后就那么突然的，提问结束了。第二个律师团队没有询问，法庭也没有再做陈述。就在眨眼之间，我经历的这个最困难的阶段就结束了。这就证明了，在法庭上，一切都是难以预料的，尤其是当你并非当事人，也没有既定的法律策略可以遵循时。

在审判之前，以及审判的过程中，被告和他的从犯一直都声称自己是清白的。然而，在没有任何预兆的情况下，就在审判快要结束时，他们戏剧性地认罪了。这名男子承认杀人，女子承认协助教唆犯罪，妨碍司法公正。因为凶手毫无人性肢解尸体的行为，法官加重了他的刑罚，他被判处至少 36 年的刑期，因为证据确凿，即便他最后主动认罪，也并没有减刑。

就在入狱前，他通过自己的律师承认，他还肢解了至少四具尸体，律师都震惊了。警方也非常意外，但是他拒绝说出死者的身份及抛尸地点。

凶手确实受聘于一家夜店做看门人，但他同时也是一名训练有素的"刀手"，为伦敦的一个臭名昭著的帮派服务。如果黑帮杀了某个告密者或者找他们麻烦的人，他们会在半夜把尸体搬运到夜店的后门。在这里，这位刀手就会把尸体肢解成块，再把尸块交给"清洁工"，清洁工的任务就是抛尸，通常是埋在埃平森林。凶手自己也把这起案件中死者的双手丢弃在了那里。

凶手师从一名更有经验的"刀手"，在那里他学到了如何最快最轻松地肢解人体。因为抛尸是另外一名专业的"清洁工"完成，所以就解释了为什么凶手肢解尸体的手法那么专业，而抛尸技能却很差。谁能想到这样的事情竟然真的是某些人的职业？试想有人把这个技能写在自己的简历上会是什么样子。

知道我跟鲁西娜的判断是正确的，我长长地舒了一口气。去除受害者的软组织是为了让法医找不到有用的证据。这两名罪犯都声称是对方杀死了受害者，但他们阐述的作案方式并不相同。

只有通过检查死者面部和面部软组织及颈部才有可能判断他们两个谁说的是实情。如果他们都被逮捕，去除面部软组织对他们来说是一层保险。因为他们认为，如果我们没有办法证明究竟谁是凶手，法院就不好做出判决。至于他们为什么突然认罪，我们就不得而知了。

　　他们的作案动机就是金钱。他们盗走受害者的身份信息是为了可以出售受害者的财产，取出受害者银行账户中的钱。受害者是无辜的，他在两名罪犯最需要帮助时，为他们提供了住所，结果却被杀害并分尸。

　　在法庭上，我绝不会让自己被那些演员影响。我只跟律师和法官有眼神接触。我从来不会看向被告。如果哪天我在街上遇到这些被告，我不想认出他们来。我通常也不会看向陪审团，除非我被要求必须向陪审团解释什么具体的问题，因为我不想因为他们的面部表情影响我的回答或提问。所以我通常把自己的眼光聚集在陪审团席中间的一位陪审员的肩膀上。我不会让自己的眼光扫向观众席，因为坐在那里的愤怒的家属一定会影响我的注意力。我很钦佩他们的沉着冷静，尤其是在那些让人悲痛欲绝的杀人案件中。家属们听到的陈述有时候特别隐私、特别残忍，我禁不住要想，他们真的受得了案情在公开的法庭上讨论吗？旁边还坐着记者，全程记录下案情的细节，紧接着发布在网上，或者是第二天的报纸上。这些家属也是受害者，而且他们的悲愤是那么明显。

媒体觉得自己有义务报道凶杀案，但是他们的报道风格，尤其是他们用的那些无礼的标题，特别没有品位。凶杀案越是变态反常，报纸越是大卖。我敢肯定，他们这种靠剥削性挖掘受害者故事作为卖点的心态，肯定不会用到自己身上，如果受害者是自己的家人，他们就不愿意将之暴露在媒体面前了。但只要这个世界上还有人愿意读这种悲惨的死亡故事，就会有缺乏同情心的新闻行业。

如果我自己跟某个案件相关，我不确定自己可以那么坚强地面对。尤其是如果我的女儿被谋杀，儿子是凶手。发生在2012年的一起案件就吸引了太多媒体的关注，因为受害者是一位电视剧女演员。

杰玛·麦克拉斯基的哥哥托尼向警方求助说他的妹妹在一天前失踪了。为了让自己的妹妹可以安全回来，他提起了搜救请求，还参加了搜救行动。而事实上，他一直都知道他的妹妹在哪里。

杰玛被监控拍到回到了自己在伦敦东部跟哥哥同住的家中，并且还在这里打了最后一通电话。5天后，在离摄政运河不足一英里的地方发现了一个行李箱。里面装着一具被肢解的女性尸体的躯干。通过文身和DNA分析确定这就是杰玛。一个星期之后，又在运河一带发现了她的双臂和双腿，包裹在塑料袋中。6个月之后，她的头部在运河上游被发现，也是装在黑色的塑料口袋里。直到此时，我们才确定了她的死亡原因。

杰玛吸大麻上瘾的哥哥很快就被逮捕了。大家都说他是个情绪不稳定的人，有的时候还会使用暴力，杰玛就曾在报道中提到过，因为她哥哥的不负责任和滥用毒品，她对他越来越没有耐心了。她的哥哥也承认有的时候他们会因为他忘记关唱片或者忘记关洗澡水而争吵。他还承认他对杰玛发火，但不记得曾经殴打她，杀害她，甚至肢解她。

杰玛的死因是头部受到钝器袭击。杀人的动机和后面一系列毫无人性的行为都是典型的防卫性肢解：因为毒品失去理智；攻击者和受害者相识；凶杀发生在受害者的家中；攻击者在没有计划的情况下盲目肢解；尸体被肢解成典型的六大块，用塑料袋包裹，用手提袋或手提箱运输，把尸块丢弃在离案发现场不远的水域这个容易达到的地方；开始时肢解并不顺利，攻击者换了工具才肢解成功；所有的工具都能在家里的厨房找到，包括尖刀和砍刀。所有这些特征都表明罪犯之前并没有这样的杀人肢解经验，所以头号嫌疑人就是托尼·麦克拉斯基。

因为他坚称自己对发生的事情没有记忆，下面的这些推理，有的是事实，有的是猜测。可以肯定的是，杰玛的头部至少遭受了一次重击，但凶器并没有确定，也没有找到。杰玛有可能死在自己倒下的地方。当托尼吸食毒品后飘飘然又很愤怒的时候，突然意识到自己杀了人，开始惊慌。然而他并没有在这个时候承担起自己的责任，而是选择了隐藏，还坚称自己是清白的。

他们的家并不大，只要警察到家搜查，他没有地方可以藏尸。所以他觉得要赶紧丢弃尸体。他知道，要把尸体从这个房子里搬出去还不引起怀疑就必须分尸。当他在想办法时，他把杰玛放在哪里我们不得而知。在浴室和其他可疑的地方，我们并没有发现血迹，倒是发现一层完整的灰尘。或许他把杰玛放在一层塑料垫上，用毛巾把血迹吸干。不管他是怎么做到的，他作案的那一块地面被警方封锁起来。

我们在法医鉴定中发现，凶手肢解尸体至少用了95刀。除了第一把凶器造成的56刀，有39刀是后面更重的凶器造成的。

杰玛的躯干被塞进了一个带滑轮的行李箱里。监控显示托尼把一个很重的袋子放到了出租车的后备厢里。当警方追查到当时的司机时，他确定这位犯罪嫌疑人就是他的乘客，而且他的目的地就是在运河附近。托尼可能在乘车到达目的地后只是丢弃了躯干，把四肢和头部又带了回来，几天之后才又把尸块扔到了之前抛尸地的附近，但是我们没有监控能证明。可能他后面的几次抛尸并没有用到出租车，因为尸块体积没有那么庞大了。

我收到传讯要求在法庭上做证。我其实不是很清楚，除了我们提供的报告之外我还能补充些什么，我的猜测是，法庭认为法医关于肢解及肢解时凶手在尸体上的操作过程的解释可以说明凶手在分尸抛尸时的冷酷无情。在这样的情形下，我必须要很小心自己的言辞，因为受害者的家属也是凶手的家属，且就在法庭上。我最不想要做的事情就是让他们再添悲伤，毕竟他们已经承受了巨大的悲痛。我们希望我们的证词是不带感情色彩的语言，但是真的找不到什么轻松的词汇来描述这样的杀人分尸案件。

我必须详细说明凶手对杰玛的尸体做了什么，确定肢解的顺序，是从四肢开始还是头部开始，以及肢解每一部分时她是脸朝上还是脸朝下。在她的家人面前，尤其是在家人断断续续的抽泣声中，我真的很难详细描述整个过程。当辩方接受我的证据，不再询问时，我真的松了一口气，这样也可以避免杰玛的家人听到更多发生在杰玛身上的悲惨细节。

我在一个小时之内在证人席上进进出出，当我准备离开法庭时，家庭联络员阻止了我，问我是否愿意见见杰玛的父亲。她的父亲亲自逐一感谢了所有经办杰玛案件的人，他也想见见我。

在我们法医的世界里，我们尽量对工作保持一种冷静客观的态度，并且尽可能不直接跟悲伤痛苦的受害者家属或朋友打交道。虽然我在执行海外任务时见过受害者家属，但在英国我还没有这样做过，当然也没有人像杰玛的父亲一样，全程在观众席上听我提供证词，听我一条一条地描述他的一个孩子对另一个孩子痛下毒手。我非常紧张不安。我究竟该跟他说什么？我能说什么？我不想，也不愿意去感受他的痛苦，我也不觉得他跟我见面可以减轻一点悲伤。但他并不是想从我身上得到什么，他只是完成一件他认为有义务去完成的事情。

当我在证人等待室等着家庭联络员把麦克拉斯基先生带过来时，我感觉自己忽冷忽热。门轻轻地打开，进来一个矮小结实而自信的男人。他是那种看起来像是东区夜店老板的人，他是那种在另外一个环境肯定会是派对中的中心人物的人。他握了握我的手，安静地坐下。我能看出来他非常伤心，他的眼底是一潭悲伤的死水。他在为他的女儿做最后一件事，谢谢所有让案件水落石出，将他儿子绳之以法的人。就是这份不屈不挠的勇气，让他逐一感谢了每一个人，从潜入水中打捞尸块的潜水员，到在犯罪现场办公的每一个人，还有调查案件的警察，而现在，他向我这个法医人类学家表示感谢。在他这种令人钦佩的庄重、尊敬和责任感面前，我的语言显得笨拙多余。

我这一生都不会忘记这名父亲对他女儿，其实也是对他儿子深沉的爱。这份爱就像一座灯塔，让我明白人类的同情心可以战胜最不可思议的逆境。

第 十 章

在科索沃的日子

那些死于战争的人

人类自己亲手制造了毫无人性的灾难，

比其他任何自然灾害都要严重。

——塞缪尔·冯·普芬多夫男爵

政治哲学家（1632—1694）

我们的世界一天天地变得越来越小。人们渴望快速地了解世界各地发生的事情，而飞速发展的科技正好满足了我们的愿望。原来隔天在报纸上刊登的新闻，固定时间播出的电台播报或者电视节目早已经过时了，以前发生在世界各地的新闻，现在就像本地事件一样离我们越来越近。

　　有线电视的诞生最早让我们养成了 24 小时观看新闻的习惯。无论在世界上的哪个地方发生袭击或者灾难，电台工作人员都可以在几分钟后就将画面传输到电视上，满足了我们及时了解世界动态的需求。2014 年，被乌克兰击中的马来西亚航空公司客机的残骸画面出现在世界各地的电视机上，机上乘客和机组人员的家人们在这个时候还不知道灾难已经降临在自己亲人的身上。而在过去，发生这样的事件后，通常是警察在半夜敲开遇难者家属的大门，把警帽夹在胳膊下，一脸悲切地传达坏消息。

在 21 世纪的现代，24 小时的新闻频道也不能满足我们的需求了。虽然我们像挤海绵里的水一样榨取新闻信息，然而这些无止境的重播并没有提供多少有用的消息。现在，社交媒体和手机可以让我们随时随地了解世界各地发生的重大新闻，这样一来，我们就不需要再窝在客厅里盯着电视机了解事件的发展动向了。

当然，变化一直都在发生，而且大部分是带给我们好处的，新的科技让我们的生活更加轻松。但有的时候我也会忍不住想起一位睿智的苏格兰高地女官员说的话，她发现，随着快递系统的发展，每个工作日她都要收到邮件，她说道："我一周知道一次坏消息还不够吗，现在还要每天都收到坏消息。"

有的时候我们都忘记了简单的生活也有它的好处。我们关注的大多数新闻故事并没有什么价值，对我们的生活也没有什么直接影响，但我们还是习惯性地想要知道每一个细节。我们吸收了太多消极的东西，我甚至担心我们对信息的接收疲劳会让我们对这个世界失去原本的好奇心。

各种各样的死亡事件占据了各大媒体的头条，死神看似任意挑选目标，我们敬爱的、尊重的人都可能榜上有名。死亡是客观的，有时候甚至人数众多。被战争蹂躏，遭受饥荒，经历人为或者自然的灾难，都是死亡的原因。2016 年，我们的死神似乎声望堪忧，因为大家觉得她在这一年带走了太多的生命，超过了该有的份额。但实际上这一年的死亡率跟往年相比并没有明显上升。一旦一个理论被我们接受，我们就会不由自主地把后面发生的事情作为支持这个错误理论的证据。这是一个很有名的法医问题，叫作先入为主的偏见，换句话说，就是我们为已有的假设寻求佐证的倾向。

2017 年，死神好像揪着英国不放一样，自发性恐怖事件频发，跟世界上其他地区的恐怖活动一样，恐怖分子更趋向于选择不成熟、简单直接的方式伤害无辜。开车撞向行人，直接用刀滥杀无辜，这就是发生在威斯敏斯特和伦敦桥的恐怖事件。这样的恐怖事件第一次发生在 2013 年，士兵李·里格比就是当时的受害者之一。国家情报机构很难预测这种形式的恐怖袭击，所以也无法预防。恐怖主义就是为了制造恐慌。而这种"膝跳反射"的结果就可能是在伦敦的每一个桥梁设立安检关卡，这样固然能起到一定的防御作用，但是恐怖分子也会因此重新调整他们的方式方法。我们所能做的就是坚决不向恐怖主义暴政妥协，尽可能走在他们前面一步。

总体上来说，除非是我们直接受到这一类事件的影响，否则媒体对于这些死亡事件的报道并不会对我们的日常生活产生深刻持久的影响。可能上一周还是核心话题的某个遥远国度的战争或者军事专制的政府，随着我们这些电视消费者把目光转向最新的名人爆料、真人秀丑闻或者政治丑闻，就逐渐淡出了我们的视野，直到发生在某个地方的事件完完全全改变了我们的观点。突然有一天，这个故事就变得非常真实，非常特别，在你还没有觉察到的时候，这个故事就主导了你生活的方向。

对我来说，改变我生活的时刻是在 1999 年的 6 月，皮特·维纳滋教授给我来了一通电话，他当时是格拉斯哥大学的一名病理学家，供职于英国内政部，而我也是这个大学的法医人类学顾问。我跟皮特已经相识很多年，所以他的电话并没有让我觉得意外。当他问我周末有没有什么安排时，我还天真地以为他是想邀请我吃晚饭，所以我告诉他周末没有安排。他回答道："那很好，那你周末就去科索沃吧。"

从那一刻开始，我就特别关注所有关于科索沃危机的报道，甚至一字一句地听记者的报道，希望可以了解所有关于这个地区的信息。我必须很羞愧地承认，我是查阅了地图才知道科索沃的具体位置在哪里的。

20 世纪 90 年代，跟其他很多人一样，我震惊于就在今天这样的时代，这样的悲剧就在欧洲的大门口上演着。而且我还意识到，我们所看到的新闻报道其实是经过粉饰的，因为在那样的情况下，真实发生的事实在让人难以接受，所以不会被完整地报道。所以如果你看到的报道已经让你难过心碎，你一定要明白，真正发生在当地的事情会更加严重。但即便是这样，对我们大多数人来说，那里还是"另外的地方"，那些是另外的国度、另外的人的问题。

按照今天的标准，详细可靠的消息传播速度很慢，而我们可能要等到越来越多的可怕的画面流传开来，才会意识到那些发生在无辜百姓身上的事情到底有多恐怖。第二次世界大战之后，这导致了欧洲最大规模的平民伤亡和难民潮。

作为法医人类学家，我们并不知道自己的专业知识会在哪些国际危机中用到。如果我们提前知道要求，或者知道要去多长时间，那我要套用 20 世纪 70 年代马提尼鸡尾酒的广告语："任何时间，任何地点，随时随地。"我的团队就被称为"马提尼女孩"。（可能你需要上点年纪才能记起当时看过的马提尼那些俗气的广告，才能理解它的广告语的含义。）

随着危机加深，为了以防万一，我们试着建立一个背景知识的框架，搜索可靠的新闻报道，上网查询大量的信息。因为我们知道，关于大规模伤亡事件，唯一能预测的就是它的不可预测性。

到 1998 年，根据情报组织的消息，科索沃的人道主义危机已经恶化到让人难以忍受的程度。当时的南联盟与南斯拉夫共和国总统斯洛博丹·米洛舍维奇及其政府展开谈话，确保军队和民兵组织从科索沃撤兵。OSCE（欧洲安全与合作委员会）的报告指出，科索沃的人道主义犯罪空前猖獗，对平民包括老人、妇女、儿童发起的武装袭击也很频繁。虽然在外界看来，外交政治协商进度缓慢，而且收效甚微，但这个过程却很有意义，尤其是当你开始知道事件发生的地点、时间、原因和形式，你也会想让自己在这个故事里担当一定的角色。

维和部队就驻扎在科索沃的边界，非常清楚地知道发生在科索沃境内的谋杀、强奸和酷刑，急切地想要收到行动指令。但是联合国在认定所有的和平请求都彻底失败前，不会下达指令。行动必须遵守国际条例，虽然这样做符合规则，但是当你看到因为这些条条框框的束缚而不能立马采取行动，每天都有平民被屠杀、被驱赶，你会觉得这些条款变得没有意义了。所以武装小组割据反抗，游击队聚集势力也就不足为奇了，这些都是人民为了生存下去而进行的战斗。这是一种复杂可怕的形势，没有哪一股力量可以很好地解决危机。

一直以来，巴尔干半岛战火不断。1389 年发生的臭名昭著的科索沃战役，奥斯曼帝国通过血腥罪恶的战争击败了中世纪的塞尔维亚政权，自此之后，巴尔干半岛上的政治宗教局势非常紧张，穆斯林和基督徒的争斗持续了好几代。因为彼此之间相互憎恨，好几百年之间，这里经常爆发残酷的战争。

受到战争胜利的鼓舞，维多利亚时期的奥斯曼帝国开始同化吸收很多的塞尔维亚基督教公国，这里面就包括科索沃，而且在那之后，科索沃一直战乱不断。从 20 世纪中叶开始，在南斯拉夫社会主义联邦共和国总统约瑟普·铁托的铁腕政策治理下，民族打压活动频繁，使得这一地区看似和平，实则暗流涌动。

双方的民族主义热情都没有随着时间消减。即便是在几百年后，双方之间的仇恨仍然存在，这种敌意好像镌刻在了各自民族的基因里，生生不息地传递下去。塞尔维亚人的这种民族主义，和他们坚定认为科索沃属于塞尔维亚人的信念，写在了纪念科索沃战役的纪念碑上。这些歌颂中世纪塞尔维亚领袖拉尔扎王子的诗歌，刻在一座 1953 年建立起来的纪念碑上。他们这样写道：

> 任何一个塞尔维亚人，出生在塞尔维亚的人，
> 继承塞尔维亚血统和传统的人，
> 如果不为科索沃而战，
> 那么他将断子绝孙。

> 没有儿子，没有女儿，
> 他播下的种子不会有收获，
> 既没有酒喝，也没有饭吃，
> 他将世世代代受到咒骂。

1974 年，南斯拉夫宪法给予科索沃更多的自治权，允许占人口大多数的土耳其后裔穆斯林阿尔巴尼亚人管理科索沃地区。这

让之前占主导地位的基督教塞尔维亚人深恶痛绝，他们把科索沃当作心中的圣地，认为穆斯林掌权是对科索沃的侮辱，绝不能容忍。

1980 年，铁托去世后，心怀不轨的各方势力很快就让原本不太平的局势更加恶化。1989 年，斯洛博丹·米洛舍维奇推进立法，开始削减科索沃的自治权。政府对当年 3 月示威游行的暴力镇压就预示了后面的发展形势。不但如此，在科索沃战役 600 周年纪念日上，米洛舍维奇提到国家的未来发展中，可能会出现武装斗争。这个时候南斯拉夫共和国离解体已经不远了。

双方是不是在一开始就想过杀戮？还是这种野蛮行径只是在斗争升级之后才出现的？不管这其中的是是非非，塞尔维亚人的任务就是要把这些立足在他们圣地上的"寄生虫"（这个词有人也用来形容我）赶出去。简单地说，就是种族屠杀。这 600 年间积压的仇恨从星星点点的怒火慢慢变成复仇的地狱之火，令人一点怜悯都没有了。

科索沃第一次大的争端发生在 1995 年，1998 年更是陷入了武装冲突。1998 年的武装冲突有一部分原因是 1997 年阿尔巴尼亚的起义，有超过 70 万件的战斗武器大范围地流通，大多数落在了阿尔巴尼亚男人们的手上。自成一派的科索沃解放军成立，并且在科索沃境内发起了针对南斯拉夫政府的大规模游击战。政府为了维护秩序增加了军队力量，塞尔维亚的军事组织也发起了对科索沃解放军的进攻，再加上其他国家的援军，有 2 000 多名科索沃人在战火中死去。

　　同年 3 月，塞尔维亚特警反恐部队对科索沃解放军占领的一处据点发起攻击，造成 60 名阿尔巴尼亚人死亡，其中有 18 名妇女，10 名儿童。这一事件遭到了国际社会的强烈谴责。同年秋天，联合国安理会表达了对战乱造成平民流离失所的高度关注。随着外交努力进一步阻止危机延续，同时也担心即将到来的冬天会让大部分无家可归的平民找不到避难所，北约下令对科索沃进行有限的空袭和分阶段的空中打击，以此确保达成停火协议。协议规定塞尔维亚军事组织在 10 月底开始撤军，然而这次行动在一开始就没有达到预期效果，停战也只持续不到一个月。

　　1999 年的前三个月，穿过边境到阿尔巴尼亚的难民经历了各种轰炸、伏击和谋杀。1 月 15 日的报告指出，在科索沃中心的扎恰克村，有 45 名科索沃阿尔巴尼亚农民被血腥的枪击杀害，国际观察员也不被允许进入这一区域。扎恰克大屠杀是北约政策的一个转折点。北约发起的空袭只是让科索沃的阿尔巴尼亚人生活得更加悲惨。空袭基本上不间断、不减弱地持续了两个月，直到米洛舍维奇迫于国际压力，接受了国际和平计划的条款。

　　在空袭暂停几天后，联合国和科索沃维和部队共同进驻这一地区。路易丝·阿尔布尔，南斯拉夫国际刑事法庭检察长要求北约各国根据条例提供无偿的法医队伍援助。突然间，我从一名关注科索沃新闻的电视观众，一下子变成了新闻中的故事人物。

当我在 6 月接到皮特·维纳滋的电话时，我想象不出这次任务会对我的生活产生什么样的影响。当时，我还从来没有作为法医人类学家在其他国家工作过，我完全不知道这种情况的实地操作流程是怎样的。我知道我们肯定有很多尸体需要检查，确认身份。但我完全不清楚自己的角色是什么，我该怎么去到那里，我要待多久，也并不完全明白这些工作究竟意味着什么。但是现在再回过头去看发生的一切，我相信如果再来一次，我也会毫不犹疑地接受这项任务。

我从来没有想过要拒绝。我的丈夫汤姆也认为我应该接受这个任务。从我在学校认识他起，他一直都是一个让人难以置信的人。他把我们家庭即将经历的变化也处理得很好。贝丝正处在青春期，格蕾丝刚满四岁，安娜也才两岁半。我们请了 3 个月的保姆，我准备好去经历我这辈子都没有经历过的事情，当然我并不知道这个经历都包含了些什么，我更不知道这次经历会给这么多人造成影响。

6 月 19 日，皮特和其他英国法医队的成员成为第一批进入科索沃的法医队伍。6 天之后，我跟他们会合了。当时我被安排从伦敦飞到马其顿的斯科普里机场，有人会在机场接我，再把我带到酒店。第二天，我会在另外一个地方跟联合国官员碰面，再被护送穿过边境进入科索沃，这里从严格意义上讲还是一个军事控制地区。然后我会在科索沃的某个地方待 4 个星期。这是我得到的所有信息。

当我走到斯科普里机场的到达口时，我完全没有想到天气那么炎热，人那么多，声音那么嘈杂，接机人和出租车司机都想引起旅客的注意。因为我完全不知道谁来接我，接上我要去哪里，所以我真的很紧张。我站在那里，盯着接机人群中举着的白色牌子，希望能看到我的名字或者什么吸引我注意力的东西。我突然惊觉到自己是在一个陌生的国家，既不会当地的语言，我的手机也无法通话。我真的不知道如果没有人站出来，像认领一件丢失的行李一样"认领"我，我该怎么办。如果我母亲知道这样的情形，肯定想杀了我。一直到我安全地抵达科索沃我才告诉她我去了哪里，只是这个时候她除了担忧哭泣也做不了其他什么事，在之后的 6 个星期里，她确实一直在为我担心。

终于，我看到一张纸片上歪歪扭扭地写着一个英语单词。但至少这个单词是我认识的，"布莱克"（我的姓）。抱着试一试的心态，我走到这个男人的跟前，试着跟他说话。只可惜，他不会英语，就像我一点也不会马其顿语一样，他说的也可能是南方的斯拉夫语种。法语也没有用，另外我还会说的就是苏格兰盖尔语了，我知道我完蛋了。因为完全没有办法听懂对方的任何一个音节，我们只能用肢体语言交流。他让我跟他走，突然我的脑子里闪现出不要跟陌生男人走的想法。如果我曾经有过警觉的神经，那么现在也支离破碎了，我应该朝自己怒吼说这可能是我做过的最傻的事情。如果我在马其顿某条安静的道路上被谋杀或者发生其他什么事情，那也只能怪我自己了。

那个男人把我带到一辆锈迹斑斑的出租车前面，轰隆隆的引擎把很多有毒的尾气都带到了车厢里。他把车窗都关了起来，估计是为了隔绝街上的污染，但实际上，车里的空气也好不到哪里去，特别是当他点燃第三支烟后。我感觉自己一边被烹煮一边被烟熏。他安静地开着车，我们谁也没有说话，我们开过了郊区，行驶在泥土小道上，朝着山上开去，留下滚滚尘土飞扬在我们的车后。这一路上我都在算计着，如果我从行驶的车辆上跳下去，会对自己造成多大的伤害。（我紧紧地抓着我装着护照的皮包，这让我稍微安心一点，如果跳车，至少我能带走我的护照。）我们的车在一个弯道处停了下来，映入我们眼帘的是写着"贝茨旅馆"的牌子，牌子上的字迹已经不清晰，但也依稀还有十来年前它红火时候的样子。

旅馆的窗户上全是尘土和污垢，屋顶的石板也不见了。一条杂交犬被拴在大门前的一棵树上，大门被风刮得吱吱作响。我的司机，在我的脑海里已经是一个可疑的杀手，一言不发地下车，并示意我自己待在车上，然后他走进了旅馆。我想也许这是我唯一的逃跑机会了，我开始计划怎么把我的行李从后备厢里拿出来，我的眼睛盯着大门看，害怕司机突然走出来。

当我把手放在车把手上准备开门逃跑时，我听到窗户上轻轻的敲击声，还有尖叫声，我想这个尖叫声应该是我发出来的，因为只有我一个人在车上。于是我开了一点窗，看到两个面带微笑的陌生人。他们用那种很有特色的外交和联邦事务部办公人员的语气问我是否就是苏·布莱克。他们告诉我他们是英国领事馆的工作人员，建议我乘坐他们的车。他们觉得这个旅馆不适合我，我确实同意他们的说法。

当这两个人去跟我的司机交涉的时候，我忙着把我的行李拖出来，我突然觉得自己是刚出虎穴，又进狼窝，当时我已经说服自己我主演的是詹姆斯·邦德的悬疑电影，而不是拿斧头杀人的恐怖电影。这两个人所说的对我来说也只是片面之词，我也不知道怎么证明他们的身份，而且他们也没有告诉我接下来要去哪里。但如果是这两个人计划谋杀我，他们作案的时候至少说的是英语。对我来说，这已经好很多了。

幸运的是，他们并不是疯狂的杀手，而是一对很有魅力的夫妻，他们也确实把我带到了斯科普里的一家舒适的酒店（就在4个多小时前我到达的机场附近）。我们一起愉快地吃了一顿丰盛的晚餐，我紧绷的神经终于放松下来，那个晚上我睡得像一个小婴儿一样，累得都已经没有力气害怕了。第二天早上，毫无疑问要准备各种文书，为了通过仍旧很混乱的边境口，费时费力，因为在设关卡的地方，有跟我们一样排着长队等待进入科索沃的卡车，也有护送物资要离开科索沃的车队。

　　因为从来没有接手过这样的工作，所以我一路上都有一些急躁。这些边境的关卡处完全是军事化配备，出境和入境都必须要有许可证，我们都知道在这个区域还有很多的狙击手待命，更不用说那些埋在地下的简易爆炸装置，随时可能对我们奏响欢迎曲。我们是从马其顿的埃莱兹翰关卡进入科索沃的，一路朝西南方向穿过巍峨的大山，到普里兹伦市。

　　因为道路条件的原因，在科索沃的行程很缓慢也很危险，路面的坑洼比月球上的火山口还要大。司机们都全副武装，无线电通信的内容也很紧张：塞尔维亚的军事组织并没完全撤兵，还有少数残留势力在进行零星反抗。有一次，因为车速太快，司机已经站到了刹车上才避免我们撞上坦克的屁股。我想我肯定尖叫了。我之前真的不知道自己还会像个女孩那样害怕大叫，科索沃可能把我的女孩气质都激发出来了。虽然听起来很愚蠢，但我的天哪，坦克靠近了看真的很大很吓人。我的心都提到了嗓子眼儿，直到我看到在它绿色的伪装下印着一面红白蓝相间的英国国旗。

　　我的心中涌动出一股安全感，这是我们自己人的坦克。作为一个骄傲的苏格兰人，我从来没有那么深刻地体会过英国国旗带给我的身份认同感，但我永远不会忘记那一天，身处危险的异国，当我看到坦克身上印着的英国国旗时的感受。在那一刻，当危险来临时，我心怀感激地承认，是英国国旗给我带来了安全感、归属感，这种被保护的感觉让我慢慢地不再那么害怕。

我根本没有时间赶到我的住处，直接就被带到了第一个"案发现场"，在那里跟团队的其他成员会合。为我们划分的内部安全区域一直延伸到那条道路的尽头，那里也有一辆坦克，不过是德军的坦克。这些士兵非常有效率，也很有礼貌，他们冒着生命危险为我们筑起这道防线，好让我们的工作不受干扰。在警戒线的小路上，停着一排车辆，有一些意志坚定的记者们跟随我们，就像以前随军流动的平民一样。进口和出口的路线用犯罪现场常用的胶带标注了出来，我们的总部就设在小路沿线的一个白色帐篷里，远离记者的区域，这样就不会被偷拍到。这里的设置就跟其他的犯罪现场一样，这种奇怪的熟悉感竟然让我觉得很安心。

在帐篷里，我们也像平常一样穿着白大褂，戴着双层乳胶手套，穿着结实的黑色威灵顿靴，在38℃的高温下汗流浃背。我们的警力支援来自英国大都市警察局，安全顾问是当时被叫作SO13的一支反恐部队。现在回想起来，当时还有过一段平静的时间，那就是在北爱尔兰的恐怖分子们消停下来，基地组织和所谓的伊斯兰国家恐怖组织开始活跃之前的这段时间。

我们所在的犯罪现场有一个让人触目惊心的背景故事。3月25日，就在北约轰炸开始的第二天，一支塞尔维亚特种警察部队洗劫了离普里兹伦很近的韦利卡·克鲁沙村庄，普里兹伦是科索沃的第二大城市，也是在到达阿尔巴尼亚边境之前最后一处大的城乡接合部。村民们躲在树林里，眼睁睁看着自己的家园被抢掠烧毁。他们没有其他选择,只能跟着难民车队前往阿尔巴尼亚的边境,虽然他们清楚这一路上可能会遇到抢劫、折磨、强奸甚至谋杀。一些手持武器的人阻止了队伍前进,他们把男人和男孩从队伍中拉出来赶到一间废弃的两室棚屋里。枪手站在每个房间门口,用卡拉什尼科夫机枪朝屋里扫射。他们的同伙把浸了油的稻草从窗户扔进房间里,房子被烧成了灰烬。听说当天晚上至少有 40 名成年男人和未成年男孩被杀死。我们不能确定队伍里的女人和孩子都发生了些什么,但极有可能他们也没有活下来。

不可思议的是,在当天惨绝人寰的屠杀中竟然有一名幸存者。这名幸存者就是国际法庭对战争犯定罪的重要证人,所以事件发生的地点被当时的南斯拉夫国际刑事法庭确定为法医取证的地点。将一个地点确定为案发现场的首要条件是有可以收集的重要信息,可以是目击者提供的事件发生的地点、事件涉及的人数和过程。法医团队会到现场收集所有相关证据,并且记录分析这些证据,然后再提交一份报告。如果这些证据可以证实目击者的证词,那么这次血腥事件就会作为国际法庭起诉米洛舍维奇和他的同伙的重要理由。

当时我还不知道,皮特·维纳滋那个时候已经到了韦利卡·克鲁沙,他是在那里给我打的电话。当他亲自勘查了犯罪现场后,他肯定又不失风度地说道:"我做不了这个工作,但我知道谁可以胜任。"这就是我接到电话的原因。

穿着白色的工作服、大三个码的黑色橡胶长筒雨靴，戴着口罩、双层乳胶手套，挥汗如雨地工作，一点也不迷人。我以一身这样的装扮，站在被烧得只剩下黑色框架的房子前面，这里的情形真像是噩梦一般，语言都无法形容。走进房子的大门是一段很短的走廊，走廊两边各有一间房间。一间房间里至少躺着30具尸体，另外一间也有12具以上，所有的尸体都堆在房间门对角线的角落里，被烧得面目全非，严重腐烂，被掩埋在屋顶掉下来的瓦砾下。

这些尸体在这里有3个月的时间，随着夏天的到来，科索沃越来越热，所以虫子、老鼠、成群的野狗都对尸体造成了破坏。大量的蛆虫从尸体里爬出来，有的尸体部分散落在房间里，还有的被腐食动物分食。唯一能清理现场的方法就是绑上护膝，双膝着地，用手一点一点地从门口朝里面清理，瓦砾也要筛查之后再清理干净。除了找回尸体部分、衣物、能证明身份的首饰，其他能被家属亲友辨认的随身物品也要收集起来。把所有跟犯罪相关的证据收集齐全非常重要，包括子弹、弹壳等，因为可能可以根据子弹弹壳追查到具体的武器，再查到使用这件武器的人，还有他的上级，一步一步找到最终的答案。这就是我们所说的"证物链"，我们都知道，物证的说服力取决于它最薄弱的环节。我们不希望我们收集的法医证据是这个链条中最弱的那个环节，从而影响诉讼。

我们不能戴厚的橡胶手套工作，因为我们需要通过手感觉那些肉眼没有看到的东西。骨头感觉起来就像是骨头，并不是其他的什么，我们一遇到尸体部分就要立马处理。如果我们发现一具看起来还算完整的人尸，一般的操作是先把这具尸体单独隔离起来，当然这种操作在这样一个错综复杂的现场很困难。天气特别炎热，气味也特别难闻，汗水沿着后背甚至流到了手套里，额头上的汗也不断滴到眼睛里，所以眼睛一直都很刺疼，这样的体验实在太令人难受了。

安保人员告诉我们要注意简易爆炸装置，因为之前有在这样的犯罪现场发现过。事实上，在我来之前这里也发现了一个爆炸装置，连着地雷线一路延伸到小道上，这种装置的主要目的就是致人残疾。我从来没有见过炸弹，即便在我的粥里就有一个，我也认不出来。我把我的担心告诉了我们 SO13 反恐部队的爆破专家，他真的是一个珍宝。他告诉我说，如果遇到任何我怀疑可能是炸弹的东西，最好的办法就是站在原地不动，叫他们进去，然后离开现场。他们会穿上防爆服来检查。他还建议我不要把手伸进死者衣服的口袋里，因为之前有报道说口袋里装有剃须刀和注射器之类的东西，目的是为了伤人，并不是致命。他看着我的眼睛，非常认真清楚地告诉我："不管你做什么，千万千万不要剪断蓝色的线。"这番谈话让我的脑子更乱了。好像我就要去剪断什么线一样，事实上我特别害怕，根本没有这个胆量。

给你们描述一个画面：我的汗从脸上流下来，一直流到我的

手臂上、乳胶手套里，我手上和膝盖上沾满了瓦砾和泥土，纷纷
落到地面上，我的脸快要跟成群的蛆虫和腐烂的组织贴到一起，
我看到一点金属的光泽。我告诉自己应该表现得勇敢一点，然而
我并没有很勇敢，如果说一条黄线代表懦夫，那我身上应该有两
条黄线才对。我呼叫了防爆人员，然后撤出了现场，防爆人员全
副武装地走了进去。他们在里面待了好几个小时。当他们神色严
肃地走出来时，我们已经无聊到踢泥巴玩了。他们脱下了身上的
盔甲，队长朝我走过来。他离我很近，嘴巴都快贴到我的耳朵
上，非常清楚严肃地对我说："小女人，你都不知道你是有多幸
运才捡回一条命。"当他把手伸到我眼前时，我看清楚了，他拿
着一把闪光的汤勺。

可是，我怎么知道那是不是炸弹？这件事情还没完，接下来的
几天我还一直被我的队友无情地嘲笑。如果我们中午有汤喝的话，
我的汤碗里会有四把勺子。他们在我的工具箱里、床上都放了勺子。
我俨然成了科索沃的餐具女王。我总是用幽默回应他们的嘲弄，因
为这些玩笑标志着我已经被这个圈子接受了。他们都是些善良正直
的人，如果他们愿意跟你开玩笑，说明他们真的喜欢你。

那个时候，我是队伍里唯一的女性，这对有的人来说可能有
点棘手，但对我不是问题。作为三个孩子的母亲，我很自然地扮
演母性的角色。我倾听大家的悲伤，把喝醉的人送上床，提供我
的建议，总的来说就是没有危险性的人物。我给每个人都取了绰

号，约翰·布因叫"粘粘"，保罗·斯洛博叫"滑滑"。如果我被他们叫作"鸡妈妈"或者类似的昵称，我是很高兴的。但不幸的是，因为我自己的大嘴巴我得到了一个更活泼的绰号。至于是什么，我就先不告诉你们了。

当我们清理完第一个房间，准备开始清理第二个房间时，我们被通知说要在这里召开一个新闻发布会。一群外交官，包括英国外交大臣罗宾·库克要来实地探访我们，亲眼看看现场的情况。库克先生和他的随从乘坐直升机到达现场，他们很勇敢地穿上了白色的工作服来到这座被烧毁的房子里。本来一开始我觉得我会不喜欢库克先生，因为他是一名政治家，没有想到我会对他很热情，最后还很钦佩他。在摄像机前，他说了他该说的外交辞令，但等到记者散去，他取下麦克风，站在第二个房间的门口，从我的身后朝里看。能看得出他被这番景象震惊到了，不难想象，就在几个月前，关在这间房的男人和男童经历了怎样的恐惧。他对我说："如果我闭上眼睛，我能听到他们的尖叫，感受到他们的痛苦，这样的事情怎么能被允许发生呢？"他的感受正是我们不能表达出来的感受，我尊重他的谦逊和诚实。

当我们从犯罪现场出来，朝我们净化站的方向走去，警戒线后面全是一排排的摄像机，每个长镜头都对准了我们这一行人。我转向我身边的高级督察，也是大都会警察局最资深的警官，说了几句玩笑话，也正因为这几句玩笑，他给我取了一个绰号，直到今天他还这么叫我。当我脱下我的工作服时，我自嘲地说道，作为这个队伍里唯一的女性，记者们可能会认为我是军妓。从那以后，每一张圣诞贺卡上，每一通电话里，他都称我为 CW（军妓）。这可把我先生吓坏了。但正是这种看起来有点荒谬的玩笑，支撑着我们度过了最难熬的时期。因为我们经常面对的都是死亡，偶尔的黑色幽默能舒缓我们紧张的神经。更好笑的是，跟着后面队伍来的一位病理学家，本来是没有绰号的，最后也被偷偷地叫作"达根汉"。达根汉是伦敦的地铁站名，距离巴尔金站有两站的距离（巴尔金就是疯子的意思）。

我们清理了韦利卡·克鲁沙的两个房间，竭尽所能确定了每一具尸体的生物身份，记录了每一个个体的特征。这样我们可以得出死者的死因，这也证实了目击者的证词，因为枪伤是最主要的死因。年龄最大的受害者80岁左右，年龄最小的15岁左右，但是在凶手的眼里，15岁的男孩已经不是孩子了，而是一个可以拿枪反抗他们的男人。

我们给每一个装尸体的袋子都标注了数字，所有的随身物品也都收集起来，用作 DNA 分析的骨骼样品被分拣出来。确认尸体的身份进程缓慢，不仅是因为尸体腐烂严重，被火烧严重，还因为塞尔维亚士兵拿走了大多数受害者的身份证明。我们把死者的随身物品和衣服都清理干净，希望他们的家人可以通过这些东西辨认死者的身份，这也是确认身份的一个方法。初步的身份认定需要通过对比 DNA 的结果，同时我们会给每一具尸体一个特别的参考号码，然后把尸体返还给家人安葬。

我们有一个停尸帐篷配备了一张用来进行尸检的不锈钢桌子，但是初次分拣出来的尸体还是放置在被烧毁的这间房子的后院里，我们在这里收集证据。我们把两块长长的木板放在井口和拖拉机的拖斗上，搭建了一个临时的桌子。这里没有电，没有水，没有电灯、厕所、休息区。我们在现场的工作艰苦、迅速、有独创性。

如果让我来选择，我宁愿我们在物质条件艰苦的环境里工作，而不愿意在舒适的环境里被烦琐的文件阻碍工作。在那段时间里，我们只有一个目标，那就是更好地收集证据，保证收集到高质量的证据。而且我可以骄傲地说，由英国法医队收集的法医证据在国际刑事法庭上没有被质疑过。

虽然高质量地收集证据是我们最主要的任务，但同样重要的还有尊重死者，尊重死者家属。我们把这个原则也用到了普里兹伦西北部的泽克西斯一个废弃粮仓做成的临时停尸间里。在开始的阶段，很少有旁观者对我们的工作感兴趣，但随着越来越多的难民从阿尔巴尼亚返回，我们工作的隐私性越来越得不到保障。所以我们觉得应该把我们的团队一分为二，一个作为补给小队，运送尸体进来，另一小队在一个隐蔽的建筑物里安全地开展工作，而不是两队都在犯罪现场。

　　我们终于有了一个荧光镜，这样就可以做 X 射线检查了，也好歹有了一个有屋顶的工作场地，有从花园里拉过来的自来水管，还有一台地球上噪声最大的临时发电机。

　　所有的尸体都排好队等着尸检，尸检工作真的有点像是流水作业。我们也有最后期限，因为一个大型集体安葬活动的时间就要到了。我们不分昼夜地工作，就是为了在周六举行葬礼前完成任务。举行这样的仪式在科索沃还是第一次，虽然我们知道这会成为媒体的焦点，但我们并不准备接受媒体的全方位入侵，让记者出现在我们这间小小的太平间里，或者在外面的车里安营扎寨，随时偷拍我们的工作。记者们都着急想要照片和评论，当他们什么都没得到，再加上一直飙升的温度，他们的脾气也开始急躁起来。可能大家认为媒体会对女性心软一点，就指派我作为替罪羔羊跟媒体打交道。我希望我给他们的信息足够消除一些他们的沮丧情绪。

　　我们在家属认领尸体参加葬礼前完成了所有的工作。大多数的家庭都开着带拖斗或者一个类似可以骑在上面的割草机的拖车来。然后大队伍会转移到贝拉·舍维卡山上的一个墓地。因为尸体太多，这肯定会持续很长时间。我们在泽克西斯的安全是由荷兰的军队负责，因为他们就驻扎在不远的拉霍维奇一个废弃的酿酒厂里。我们非常担心到场的媒体，因为他们在当地志愿者的帮助下又增加了人手。在第一个家属到来之前，我接受了一些采

访，完全被他们提出的一连串残忍的问题和对我和我团队的敌意
吓到，还不是受到一点点的惊吓。

　　还有记者问我："里面有儿童的尸体吗？"

　　"有。"我礼貌地回答道。接着他又问我是否知道孩子的尸体
在停尸间的什么地方。我又肯定地回答了他。然后他要求我带他
去看孩子的尸体。我礼貌又坚定地拒绝了他的要求。然后他就公
开评判说我的亲子关系肯定有问题，让我好好扮演母亲的角色。
就这样，说我对他们失去了所有的同情心都是好听的了。我决定
一如既往地保护遗体的尊严，如果谁跟我的想法不一致，那他就
只能靠边儿站了。

　　为了坚守这个原则，我想我可能有点公私不分。也许这样做
不对，但如果再遇到这样的情况，我还是会坚持我的做法。我们
不可能让他们拍到任何孩子尸体的照片。通过当地的一些人脉，
我们联系了准备要来认领孩子遗体的家属，向他们解释了事情的
来龙去脉，希望他们在当天晚些时候来认领遗体。他们爽快地同
意了。也就是说，在下午之前都不会有孩子的尸体被认领，而这
个时候大多数人都已经聚集到了山上的墓地。这就让媒体陷入两
难的境地：如果他们一直在停尸间这边等着，希望可以拍到悲伤
的父母运送孩子遗体的照片，那他们就会错过大部分葬礼仪式。
要赌一把的媒体都会输得很惨。因为孩子的遗体被装进了成人的
棺材里，而且还是最后几个离开停尸间的棺材，除了家属知道以

外，谁都不知情。媒体当天拍了很多葬礼的照片，但没有一张能看出受害者是儿童。这算是一个小小的胜利，也是至关重要的胜利。

家属们非常感激我们的工作，邀请我们参加葬礼活动。我们走在最后一辆拖车的后面，跟家属们一起默哀怀念，感受到他们的悲伤，让我们非常感慨。当我们向前走的时候，妇女们向我们提供了热茶和凉水。我们喝了热茶，因为泡茶的水是烧开过的，凉水我们只是假装喝了。因为这附近的好多水井里都发现了死者，污染在所难免。我们队伍的人手不足，确实招架不住再有人生病，但同时我们也非常不想冒犯他们。他们向我们表示感谢的热茶凉水是他们唯一能负担得起的礼物。

之后两年我们在科索沃犯罪调查现场的工作中遇到过很多次这样的集体葬礼，但没有哪一次像第一次在贝拉·舍维卡那样让人感慨。

我在 1999 年又去了科索沃两次，每次去 6~8 周，2000 年去了 4 次。作为第一批去到科索沃的国际志愿者队伍中的一员，我非常荣幸；作为最后一批离开科索沃的队伍成员，我非常骄傲。我们是 12 小时或 16 小时倒班制，通常一周 7 天都要工作，完成 6 周这样的工作量后，我们确实该回家了，如果一个人无法完成这样的工作量，那他更需要回家。

跟外界完全失去联系是一种很奇怪又很有吸引力的经历。对那些工作不开心、私生活不幸福的人来说，这是一种解脱。我们完全不知道外面的世界都发生了些什么，谁死了，最新的票房排行榜怎样，或者下一个快要被爆料的丑闻是什么。每当我的一个任务结束后，我都迫不及待地想要回到我的家人身边，过一下正常的生活。

我们偶尔可以用一下卫星电话，可以跟家人联系，这让我们不至于想家想得疯掉。我记得有一天晚上我特别想家，就跟汤姆打了电话，抱怨离他和女儿们太远。汤姆问我这边的夜晚是怎样的，我说很漂亮，天空很干净，月亮很明亮。汤姆告诉我他在我们斯通黑文的家里，坐在花园的长凳上看着天上我们共同的月亮。所以我们并没有相隔那么远，对吧？我爱这圆月，我更爱我的丈夫。

我们有各种各样的经历，尽管我们要遵守一个总则，但每天我们都会遇到新的挑战和难以预料的事件。虽然我们有一个临时的停尸房，但并不是所有的尸检都可以在这里进行。我们经常要穿过乡村，步行至车辆无法到达的更偏远的犯罪现场去。如果我们没有办法把尸体运送到停尸间，那我们就不得不将尸检现场作为"停尸间"，所以我们是真正地在现场工作。

有一天，我们要被带到一个特别偏僻的地方，我们需要先走一个小时陡峭险峻的山路，到达山上的一小片空旷的草地。据说难民护送队里的老人、妇女和儿童在跟男人分离之后被带到了这里。孩子们站在草地的另外一头，凶手告诉他们可以跑到自己的妈妈身边，因为实在太害怕，他们都照做了，可是就在他们要跑过草地跟自己的母亲和祖父母在一起时，凶手朝这些孩子开枪扫射，他们的母亲和祖父母惊恐地目睹了这一切。等到确定所有的孩子都死后，他们又将枪口对准了剩下的女人和老人。

我都不知道该怎样描述这种残忍非人的事件，这样精心计划的杀害无辜平民的事件。我知道我们所有人都很难过，随着距离埋葬尸体的地方越来越近，我们的心情也越来越沉重。有时候我们喜欢用一点点的幽默缓解气氛，但在这种时候，我们完全沉浸在悲伤里。在这里，那些野蛮可耻的人犯下了野蛮可耻的罪行。

我们在地上铺开一层塑料垫，尸体从坑里一具一具被挖掘出来。被埋葬在地下的尸体会被保护得更好，有两个原因：第一，地下的温度更低，昆虫对尸体的破坏会更少，尸体腐烂的程度更轻；第二，尸体可以避免被肉食动物啃食。但从另外一个方面来说，保存完好的尸体并没有那么好处理。保存完好的尸体面部会更好辨认，这就让法医队的成员更难平静地工作。

一个两岁的小女孩被挖掘出来，放在我面前的塑料垫上，她还穿着自己的睡衣和红色的威灵顿雨靴。我的工作是把她的衣服脱下来，把衣服交给警察作为物证，然后解剖她的尸体，记录她小小身躯上密密麻麻的弹孔。

突然，我感知到气氛的变化。虽然我们在那一天都很安静，但我还是感觉到一种更沉重的气氛降临在我们的周围。我抬起头看，在我的面前是一排黑色的警靴和白色的制服。有那么一瞬间，我还很疑惑为什么大家要站成一排挡住我的视线。直到我站起来，才知道原因。我们队伍里的一位工作人员犯了一个很大的错误，他把这个躺在地上的千疮百孔的小女孩的脸想象成了自己女儿的脸，他的心理防线崩塌了。我这位男同事很清楚地知道，要让自己平静，必须远离这个小女孩的尸体。

作为这个队伍里的一位母亲，我不允许只是这样草率地处理。所以，我一言不发地摘下我的手套，把工作服卷到腰间，走到警戒线外的人群后面，轻轻地抱着他，直到他停止让人心碎的抽泣。我想，在那一天，我们队伍里的男人明白了一件事，那就是不用一直假装坚强。有的时候，尤其是面对无辜百姓的死亡，有人会流泪，没有人规定法医不能流泪。隐藏在我们盔甲下面的柔软并不是弱者的表现，我觉得这是人性的表现。

在 2000 年我们最后一次执行任务时，警察局给我们配备了几个心理咨询师。当时我们已经在科索沃整整工作了 8 周。跟自己的同事朝夕相处这么长的时间，我们已经完全熟悉对方，这里变成了我们的第二个家。因为共同的目标和经历，我们成了一个亲密的团体，不管是谁有需求，我们都会站出来支持他，而这些外来的咨询师介入其中，虽然他的出发点是为我们好，但并不受欢迎。

咨询师们把我们聚集到一个封闭的房间里，让我们围成一个圆圈坐下。他们要求我们戴上自己的名牌，营造一种亲密的氛围。事实上，我们都知道彼此的名字，名牌只是为了他们工作方便，所以我们很抵触这种方式。是他们不知道我们是谁，也不能理解我们所经历过的事情。我们住在一起，战斗在一起，一起哭一起醉，一起工作到筋疲力尽。但我们还是做了他们要求我们做的事情，至少大部分人都乖乖地坐成一个圈，拿着他们写给我们的名牌，贴在自己的胸口上。咨询师问我们有什么"感想"。他们认为我们有什么感想呢？我们累死了，我们想回家。我们刚刚在这个战争过后满目疮痍的地方工作了两个月，这场战争不但杀死了男人，也杀死了不计其数的女人和孩子。对这些想在我们脑子里搅来搅去的咨询师，我们没有好感，也不希望他们窥探我们心中禁锢着的那些洪水猛兽。

我们停尸间的技术人员，一位率真的格拉斯哥人——斯蒂芬，成了我们的焦点。当我们所有人的名牌都写着自己的姓氏时，他的名牌上写着 ALF，这几个字母本身并不代表什么好笑的意义，但却让我们都忍俊不禁。斯蒂芬是我们团队里最爱搞恶作剧的人，几乎所有的人都被他恶搞过。有一次他在一个警官的床下放了一个粉色的新颖的闹钟。这个闹钟是一个清真寺的形状，不像一般闹钟那样发出"哔哔哔"的声音或者铃声，而是会发出召唤信徒去祷告那样的声音。斯蒂芬把闹钟调到凌晨 4 点，开到最大音量，放到了警官米克的床下。当这个闹铃响起，米克咻的一下从床上跳起来，还被自己的靴子绊倒了，所以他发誓要报仇。看来这就是米克的杰作了，因为是他在负责名牌的事情。为什么要写 ALF 呢？因为 ALF 是 annoying little fucker（讨厌的小笨蛋）的缩写。所以每当咨询师叫到这个名字时，复仇就实现一次，咨询师问道："ALF，你有什么感受?"这真是一个精心计划的理所应当的报复。而且，咨询师们完全没办法控制我们这一组"调皮的"队员。

就是这些开心的时刻抵消了我们每天面对的恐惧，我们这些人一起相依相伴。在某些时候，只有我们自己能听懂彼此说的笑话，因为这是一种同事之爱，只有一起经历的人才能明白。那是一些清醒的时刻，珍贵的时刻，不管用什么我都不愿意交换的时刻。那些时刻考验了我的能力，所以现在当我需要展现我的能力时，我知道该挖掘多少。而在这个过程中，我们建立起了超过 20 年的友谊。不管时光如何流逝，我们不成文的队规就是：当科索沃的战友需要帮助时，我们一定会站出来。

不管你怎么刻意阻止，当你参与到巴尔干战争这样的世界大事件中时，你一定会受到影响。你可能更加珍惜当下所拥有的一切，你可能会想要从政，你可能会完全沉浸到一种新的文化里。不管你做什么，有一点是肯定的：那就是你不会再是之前的那个你。当时发生的很多事情我都想改变，但没有一件是我愿意交换的。我学到很多关于生死、我的职业、我自己作为人的感悟。另外一个至关重要的经验就是，千万，绝对不要剪断蓝色的电线。

第 十一 章

当灾难来临时

海啸让我重新认识死亡

如果一个国家对死者足够重视尊重，那我可以向你保证，你的国民会心怀慈悲，尊重法律，追求崇高的理想。

——威廉·E.格莱斯顿

英国前首相（1809—1898）

2004年圣诞节的第二天，全世界的人都急切关注着发生在印度洋海岸线的海啸，受到海啸影响的国家包括泰国、印度尼西亚、斯里兰卡和印度。在那天之前，我们都很少有机会用到"海啸"这个词。但在后面的几个月里，这个词却成为我们茶余饭后的谈资，因为这次海啸是人类有记录以来最严重的自然灾害之一，造成了特别严重的后果。

世界上没有哪一个国家可以不受灾难的影响，不管是偶然发生的自然灾害，还是人类自身错误或者集体忽视导致的结果，或者是恐怖分子精心策划的恐怖活动。为了尊严、健康和公平，遇难的死者需要被妥善处理，而启用反复演练过的DVI（灾难受害者身份识别）项目可以达到最佳的效果。为了项目可以顺利进行，DVI的各环节需要随时做好准备，包括先进的沟通网络，跨部门的合作，危机处理的能力，应急方案及时有效地执行，工作人员训练有素、反应灵敏。这个项目很复杂、很困难、很耗时，还需要雄厚的资金支持。世界上所有发生过重大死亡事件的国家都应该明白这样一个无可争议的事实，那就是处理重大伤亡事件不可能那么及时，不可能那么便宜，不可能那么轻松。历史事实已经证明，如果我们不注意对待逝者的态度，不尊重逝者，就会有民众怀恨在心，甚至会推翻政府的统治。这是一件很严肃的事情。

重大伤亡事件通常被定义为一种紧急情况，要处理许多受伤人员、死亡人员，甚至需要收集尸体的各个部分，这些可能会超过当地政府的应急能力。这个定义很灵活多变，伤亡人员的数量没有一定的标准，这就表明有的地区有更多的应急资源，在处理突发事件的同时也能保证当地居民的日常所需。英国也经历过一些重大伤亡事件，比较幸运的是伤亡人员的数量并不多，所以大部分地区都能处理。但在我们这代人的记忆里，还是有好几次事件的死亡人数都超过了 100 人。其中包括 1934 年威尔士东北部的格雷斯福德矿难，瓦斯爆炸造成 266 名矿工死亡，其中还有未成年的男孩；1943 年"英国皇家海军突击"（*HMS Dasher*）航空母舰在克莱德海湾发生爆炸，有 379 人在这起神秘的爆炸事故中丧生；1966 年臭名昭著的阿伯凡矿难，煤渣堆倒塌，砸到旁边的一所高中，造成 144 人死亡，其中有 116 人是学生。1988 年，苏格兰发生了两起重大事故：派珀阿尔法油气平台爆炸造成 167 人死亡；泛美航空 103 次航班上，恐怖分子在洛克比上空引爆手提箱里的炸弹，使 270 人丧生。时间更近的事故还有 2017 年伦敦西部的格兰菲尔塔大火灾，具体死亡人数可能还需要一段时间才能知道。

因为现代社会跨国联系频繁，所以任何一个重大伤亡事件都不会只牵涉到发生地的居民，这就要求我们有国际思维，进行跨国合作。由事故发生地国家牵头，其他国家在遵守当地习俗和法律的情况下迅速反应。法医专家通常都很积极地撸起袖子，准备开始自己的工作，那些正常人都不愿意干的工作。虽然跨越边境去带回死在异国的本国国民本身就是紧急的事情，但首先要克服的是外交和法律问题。这是我在科索沃工作时体会到的，在有的国家，你不可能像你想的那样迅速开展工作，这就让人特别郁闷。

这场历史上最具毁灭性的海啸是由苏门答腊岛附近海域的海底地震引起的，这是有历史记录的第二大震级的海啸。地震产生的巨大海浪造成了印度洋沿岸 14 个国家的人员伤亡和房屋破坏。说这些受灾国家完全没有准备，其实都是委婉的说法。因为这样级别的自然灾害在印度洋很少见，所以这些国家并没有像海底火山爆发和地震频发的太平洋沿岸国家一样有自己的预警系统。这次海啸造成超过 25 万人死亡，4 万人失踪，几百万人被迫转移。有超过一半的人员伤亡是在印度尼西亚，最多欧洲人死亡的国家是泰国，因为这时是欧洲人冬天出游的旺季。

我和汤姆在圣诞节的第二天看到电视上播出的第一条关于泰

国的新闻时，他看着我说："你也应该收拾一下行李，你知道你可能也会去。"结果却跟汤姆想的不一样。在英国，很多的法医从业者都在等待召唤，希望可以用自己的专业知识服务受灾地区，都蓄势待发地准备跳上飞机大展拳脚，结果政府却出奇地安静，没有采取任何动作。等了很久，他们才举办了一个很小的新闻发布会，没有什么惊人的举动，只是宣布大都会警察局会派出一些指纹专家前往灾区。这是在开玩笑吗？

我能想到的最后一根救命稻草就是坐下来，给时任首相布莱尔写一封信，一封来自中年易怒凯尔特女人的信，告诉他法医专家和警方都很清楚，在这样的情况下建立 DVI 应对措施的重要性。DVI 不是可能会用到，而是肯定会用到。在我们的国家面对这样的重大灾难时，有准备的应对至关重要。结果我们派出的是少数几个警察去到现场，而这样的情况明显需要的是一整个专业的 DVI 团队，就像四年前派往科索沃的团队一样。在我看来，我们的反应真的会在国际社会上丢脸。

我告诉布莱尔先生，我认为我们国家在面对这样的紧急情况时就应该做好应对的准备，如果政府没有及时响应，那我就会写信给另外两个主要政党的领袖表达我的意见。结果政府还是保持沉默，我遵守约定，又分别给当时的保守党和自由民主党领袖迈克尔·霍华德和帕迪·阿什当写信。可能是有人把我的信透露给了媒体，就在我要出国的时候，媒体已经炸锅了。受够了等着政府召唤的我，接受了肯尼亚国际（一个私营 DVI 公司）的邀请飞往泰国，留下可怜的汤姆跟媒体周旋。

我们在瑞士某处的上空时，新年即将来。几乎所有去曼谷的乘客都是因为这次海啸，大多数人是为了寻找失踪的家人，这是一件令人心酸悲伤的事情。当 2005 年正式到来时，深知这次航班上的人都跟海啸有关，机长在广播里说道，在通常情况下我们在新年到来时都会开香槟庆祝，但这个新年他希望我们只是安静地举杯，为那些失去生命的人，为那些失去挚爱的人，为那些赶往前线救援的人。那是一个大家都很感慨的时刻。

泰国已经乱成了一锅粥。媒体和疯狂的家属全部涌到受灾地区，当地资源已经很难满足需求了。海啸的破坏力好像很随意，有大片的土地被淹没，但也有一些土地没有受到任何破坏。你甚至还可以看到有些酒店的建筑安然无恙地伫立在一堆废墟中，只是周围的建筑物都倒塌了，独留下这一栋。通常我们在灾区工作时，都是用行军床或者席地而睡，而在这里，我们白天在令人感到绝望困难的临时停尸间工作，晚上却回到有餐厅、酒吧、游泳池的豪华酒店，我们都觉得很不安，就是感觉不对。当我知道我们还可以使用酒店的洗衣服务时，我觉得这简直奢侈得过分，不过后来我意识到，泰国急需经济收入来克服瘫痪的旅游业造成的消极影响。我们这批人是泰国这一段时间迎接的最像游客的人了。

我刚收拾完行李箱，电话就响了，是我在科索沃的警察老友打来的。他问我："CW，你还在制造麻烦吗？"我回答道："我希望是的。"我能感觉到他在打趣我，当他告诉我他被指定跟我正式联系，调查清楚我是真的认为需要启动英国 DVI 应急措施，还是只是为了挑拨民意。奇怪的是，他并没有等我回应，而是提醒我几分钟后我会接到首相私人秘书的电话。

确实，电话很快又响起，这次是邀请我参加一个闭门会议，讨论英国 DVI 应急措施。首相官邸的办公人员很礼貌地向我保证可以按照我的日程来召开会议。我的天哪！我从来没想过要找政府的麻烦，更不是要政府认输。我十分明白，如果我不小心处理，倒霉的就是我了。我只是简单地重申我的信念，那就是所有有能力处理重大伤亡事件的国家，有义务在灾难发生时提供国际援助。在我们现在的世界里，事故、自然灾害、恶意可以在眨眼之间就带走人的生命，我们需要随时准备，训练有素，及时专业地处理灾后余波。分歧、自我都应该被放到一边，为了全人类的福祉，我们要先团结在一起。

我的天，泰国的湿热实在让人受不了。也许有一天我应该被派到某个寒冷的国家，那样的气候更适合我这个红头发的英国人。格雷厄姆·沃克，英国第一位 DVI 指挥官，有一次跟我讲，你们法医对抗酷热和疲惫的方法太疯狂了，完全不是普通人能接受的。对啊，我们是怎么解决这些工作中遇到的问题呢？我们只是把同事扶到墙边上靠会儿，给他们喝点水，等到他们感觉好一点又继续工作。我们是非一般的人，在非一般的环境里，对工作尽心尽力。

在酷热潮湿的国家，受害者身份鉴定最大的阻碍就是尸体腐烂速度快。所以，迅速行动，注意保护遗体就是首要任务。记录发现尸体的地点对于加快身份确认非常有帮助，尤其是如果死者的发现地就是他们本来该在的地方，比如在自己的家里，或者是入住酒店的某个地方。而泰国的情况是，两种可能相互混淆。

每个地方找到的尸体都被带到当地的寺庙里。当我们到达克拉山的第一个收集点时，我们在寺庙外面看到的情况真的很糟糕。为了出一份力，有交通工具的人到处收集尸体，再把尸体全部放到寺庙的入口。没有任何记录表明这是谁，在哪里被找到的，被谁找到的。尸体只是高高地堆在老旧的平板车上，放在寺庙前门等待分类或者最后被认领。每一具尸体从车上搬运下来时都被拍了照片，照片储存在寺庙院中的电脑上。要知道这已经是灾难发生一周后了，尸体浮肿、变色、腐烂非常严重。

家属们疯狂地寻找自己失踪的亲人，他们把自己亲人的照片贴到一个专门的墙上，备注上各种信息，期望着有人能联系他们，告诉他们自己的亲人还活着，还在某个医院接受治疗。还有些人跑到寺庙里，坐在电脑前敲击键盘，从几百张没有被认领的腐烂严重的尸体照片里，寻找自己的儿子、女儿、母亲、父亲、丈夫、妻子。场面非常混乱，令人悲伤，且这个方法并没有起到多大的作用。最初，亲属仅凭在电脑上认出的照片，就被允许带走尸体。所以当更科学系统的身份确认方法介入后，我们发现，很多尸体的身份确认有误，不得不重新召回。不管付出多大的代价，我们都要保证避免这样的情况发生。

当我们赶到这些寺庙后，我们立马采取了三项措施。第一，预定冷链车冷冻尸体，防止其进一步腐烂。第二，我们不再允许家属查看电脑上死者的照片。第三，在没有经过科学确认之前，我们叫停了尸体认领。

在冷链车还没有到之前，尸体只是挨个摆放在寺庙的前院里。当地的一些救援队伍做了一些简易的保护措施，搭建了像帐篷一样的遮盖物，避免阳光直射到尸体上。他们也还尝试过把干冰放在尸体的周围降温。这些方法都没有起到什么作用，而且靠近干冰的尸体还被冻灼，当我们的队员碰到这些尸体时，也被灼伤了。这里的恶臭让人难以忍受。随着时间一天天过去，尸体浮肿更加严重。因为气体和液体无法循环造成的浮肿让尸体的四肢都抬了起来，看起来很悲惨。躺在那里的一排尸体，抬起双手双腿，好像是为了引起你的注意。这里既没有足够的水，天气也热得让人快要窒息了，苍蝇老鼠到处活动，跟瘟疫一样。最开始这些天的情形跟但丁描述的地狱差不太多了。

没有人抱怨环境恶劣。任何灾难发生后的前几天情况都非常严峻，条件也很艰苦，尤其是这样大规模的灾害过后，实际困难更是可想而知。最后是挪威人出资建立了一个集中的临时停尸间才解决了我们的困境。停尸间的建设需要一些时间，与此同时，我们需要利用手边最有限的资源来解决现实问题，所以我们有很多的横向思考，即兴发挥。虽然条件很艰苦，但这个阶段是我最喜欢的一个阶段：因为这是在官僚主义和政治介入之前的一个间隙，有很多新奇的方式和创新的方法涌现出来。这段时间我们会觉得自己真的做了很多了不起的事情。我喜欢解决系统建立和运作期间遇到的问题。一旦系统顺利运作起来，我就很容易感到无聊。我相信我们在去到泰国最开始的阶段做出了很多贡献，虽然很快政府和警方就开始介入了。

英国或其他国家的团队在受灾地区差不多工作了一年的时间，试图确认死者的身份姓名。大多数的尸体都成功移交给了他们的亲属，但还是有少部分没有被确认身份也无人认领。仅在泰国，死亡人数就是 5 400 人。有的地方全家人都已经遇难，没有人可以帮助申报失踪人口，或者提供死者生前的一些信息帮助我们确认身份。还有的地方整个社区都被夷为平地，居民信息也一并消失，这些人再也不能被谁怀念哀悼。在泰国，人们树立起一面纪念墙来缅怀所有的死者，对其中的一些死者来说，这是他们唯一的墓志铭。对 DVI 项目来说，这是一次具有革新意义的运作，向世人证明了国际团队和政府组织一起可以取得什么样的成绩。

回到英国，我被邀请参加的讨论英国 DVI 应急措施的会议在海军拱门 [①] 召开。因为伦敦拥挤的交通，我稍微迟到了一会儿，结果发现大家都在等我了，这可不是一个好的开头。参加会议的是政府、警察、科技等部门的最高代表，有熟面孔的老朋友，也有不友好的生人。气氛很呆板尴尬，我感觉自己像是动物园的犀牛一样被人好奇地打量。很显然政府把我看成了找麻烦的人，所以政府代表是来安抚我的。但是我的警察老友也在场，给予我鼓励的微笑，所以我知道在这间屋子里至少有一个真正的盟友。而事实上，这是一次积极的会议，几乎所有人都认同我们需要全国性的应急系统，这个系统应该由警察、政府和科技部门联合组成。大家都认为，启用这个系统只是时间问题，而不是条件问题。终于达成了共识。

如果还需要什么来证明启动应急系统的必要性，不久之后就真的有了。事实上，这次会议真的开得特别及时。这次会议是在2005 年 2 月召开的，也就是在这一年，发生了很多我们完全没有预料到的灾难性事件，英国多次启用了国内和国际性的援助调度。7 月 7 日，恐怖分子在早高峰期间袭击了伦敦的交通枢纽，几乎让伦敦陷入瘫痪。紧接着埃及旅游胜地沙姆沙伊赫发生多起

---

① 位于英国伦敦中央的历史性建筑，完工于 1912 年。——编者注

自杀式爆炸袭击事件。8月，卡特里娜飓风入侵美国、墨西哥海岸。10月，巴基斯坦发生大地震。这些都发生在我们还在泰国埋头工作的时候。所以，这一年对于 DVI 项目来说是具有里程碑意义的一年，不仅仅是对英国，而是对全世界。

终于在 2006 年，我们成立了由法医专家、警察、情报人员、家庭联络员和其他 DVI 专业人员组成的国家团队，在侦探长格雷厄姆·沃克的领导下担负起确认英国公民灾难遇害者的身份识别工作，不管是英国本土还是海外的英国公民。那么开展 DVI 的培训项目就很有必要了，这样可以保证在英格兰南部德文郡工作的警察跟苏格兰北部凯斯内斯郡工作的警察遵守同样的章程和程序。这看起来并不是很难做到的事情，但是，正如一位警官跟我讲的那样，他们有 40 多名警力的警察局连统一制服都很困难，更别说统一工作方法了。邓迪大学成功获得为英国警察提供 DVI 培训的资格。在 2007 年到 2009 年之间，有超过 550 名来自全国各地的警察在邓迪大学学习 DVI 处理程序和科学基础。

DVI 既不是尖端科学，也不是脑部手术。简单地说，DVI 其实就是匹配过程。当家属相信或者怀疑他们的亲人可能卷入某个大规模死亡事件时，他们会拨打政府提供的紧急电话。之后相关部门会按这个被申报人员所经历的危险程度分类。比如在泰国，如果被申报人员确定是在被海啸摧毁地区的酒店里，那么他或她遇险的可能性就比正在其他国家旅游但跟家人朋友失联好几天的人要高。

优先分类的方法非常重要。因为警方没有办法对每一个申报案件给予同等重视，必须要有一个系统，可以根据险情的级别，将最危险的被申报人排在名单的前面。在这个每个人都有手机的时代，当一个重大事故发生后，警方或者其他部门会接到很多报警电话。比如在 2005 年伦敦爆炸案发生后，伤亡局就接到好几千个报警求救电话。亚洲海啸发生之后，被申报出现在事发地的英国人就有 22 000 人，而最终的死亡人数是 149 人。

经过 DVI 培训的家庭联络员会去访问排名前列的失踪人员的家人朋友，尽可能地收集失踪人员的个人信息：身高，体重，发色，眼睛的颜色，伤疤，文身，穿孔，还包括他们留在全科医生和牙科医生那里的资料。联络员会寻找可能提取到失踪人员指纹的物品，并从失踪人员的父母姐妹或其他旁系亲属那里提取 DNA 样本，如果够幸运的话，还有可能从私人物品中找到失踪人员本人的 DNA。对于正处在悲痛中的家属来说，收集信息的过程很压抑，所以家庭联络员会尽量在一次访问中收集所有的信息，甚至是多余的信息。这是为了避免二次访问带给家属额外的痛苦，因为将家属反复置于这样的痛苦中会损害他们的信心，影响家属和政府的关系。

　　所有的信息都会记录到特定的黄色 DVI 表格（黄色表格代表采集的是被申报人生前的信息，用字母 AM 表示）中，同 DNA 样本、牙科记录一起寄到被申报人遇难的国家，交给这里的尸检团队。在当地的停尸间里，专家们从受害者身上采集的信息内容跟家庭联络员收集的一样，并且把信息记录到粉色的表格上（粉色表格表示尸检信息，用字母 PM 表示）。在信息处理中心，专业团队会将两种颜色的表格信息汇总到一起。如果能通过一级生物标准，即 DNA、指纹、牙齿配对，是最理想的。但如果一级生物标准无法采集到或者不全面，也需要通过二级标准来帮助进行身份识别。这个过程很耗时，因为质量把控非常重要。如果我们判定有误，那就会让两个家庭无法找回自己的挚爱。所以即便耗时也好过鉴定错误，虽然我们知道，如果我们没有及时给出鉴定结果，批判会接踵而至。

　　我记得在培训期间，有一位看起来很聪明的小伙子问我，我们是不是应该在早上填写黄色的表格，因为上面写着 AM（AM 也表示 0：00—11：59 这个时间段），下午填写粉色的表格（因为 PM 也表示 12：00—23：59 这段时间）。有的时候，真的不只是工作本身具有挑战性！

　　邓迪大学的培训项目在当时非常独特。在 2007 年 1 月签订合约之后，我们意识到，要开展这样一个项目必须要写一本教科书来帮助参加项目的学员学习，而且还得马上抓紧时间编写。到复活节的时候，我们编写的有 21 章的教科书正式出版（感谢安娜·达伊和邓迪大学出版社），被发到每个学员的手中。而且我们的网上学习项目也在复活节正式上线。虽然现在看起来有点过时了，但在 MOOC（大型开放式网络课程）流行的时代，这是很前沿的学习方式。警员们可以在任何时间、任何地点通过电脑进入课程学习。根据教科书的内容，我们设计了 21 个课时，学员们必须按照顺序完成一个课时后才被允许进入下一个课时。在完成一个课时的学习后，警员们需要通过一个多项选择题的测试（我们的学员也把这个叫作多项猜测题）。如果他们答对 70% 的选择题，系统会为他们开放下一个章节。如他们没有通过测试，就必须再完成一个测试（不一样的问题）。当他们学完最后一个章节时，还会有一个囊括全书的测试。重要的信息已经被嵌入学员们的大脑中，几乎所有的人都通过了测试。强化学习真的很神奇。

　　等到警员们完成所有理论知识的学习，他们才被允许参加一周的实践课程。在实践课中，我们会模拟重大伤亡事故的现场。我们的场景设置是这样的：一艘载有很多退休老人的游轮因为天气原因在赫布里底群岛东海岸撞上礁石搁浅，因为大多数乘客身体都很虚弱，所以有很多人遇难。我们在得到皇家解剖监察员和遗体捐献者家属的同意后，将解剖用遗体用到了这次的实践训练中。这是全世界第一次将真正的遗体用到 DVI 人员培训中，对于我们的警员来说，这是一次印象深刻、铭记于心的经历。这让他们对泰赛德的遗体捐献者又多了一份敬意，还有一些警员想要参加我们解剖部门举行的遗体追悼会，事实上当天他们是身着全套制服来参加的。

警员们要学习如何把尸体从储存地搬运到临时的停尸间，如何拍照，如何记录和检查随身物品和尸体本身，如何获取指纹和其他帮助确定身份的信息。他们学习的内容是法医病理学家、法医人类学家、牙科医生和放射技师的工作。他们要在停尸间填写粉色表格上的所有问题，再和我们完成的黄色表格做对比，找出可能的匹配项。最后，他们会把自己手中的案卷提交给职业的验尸官或者地方检察官——就好像是在庭审中提交证据一样，并根据这些证据判断死者身份的可信度有多高。

我们跟这些来自不同部门的警员之间建立的友谊和互动无比珍贵，我们有很多难忘的回忆，有悲伤的，也有开心的。在最后一周的实践课程中，每个队伍都会根据自己在不同任务中的表现得分。在听到超级大声、超级烦人的风笛电话铃声响起时，典型的英国人的做法就是赶紧挂掉电话，这也是很多小组被扣分的原因。因为正确的做法应该是快速记下来电的电话号码，然后给来电者回电话询问他们试着联系的人的姓名，这样才可能有助于在短时间内确定死者的身份。

在法医检查电话之前，警员们是不能处理电话的，所以我们有机会作弄他们一下。我们会拨打他们拿到的电话，等他们一发现就挂断。然后我们会把电话放到证物袋里，等着铃声响起。看到他们手忙脚乱地想要在号码消失前记下来，真的很好玩。尽管这个任务很艰巨，但也提高了他们的反应能力。

我们有时候也会淘气一下，把一些不太可能出现在死者身上的物品放到死者的身上，比如在男性死者的裤子口袋里放一支口红，或者在秃顶死者的口袋里放一把梳子。有的警员可能从已经完成培训的同事那里听说了我们惯用的伎俩，就很容易完成任务，还有点小得意，所以我们必须要更有创意，在他们很难发现的地方设下陷阱。我们无法教会学员处理所有出其不意的情况，但我们可以把出其不意带到他们的培训中。

在一个小组参加测试时，我们在装尸体的袋子里放了一个假的手榴弹。虽然这个情节不太符合退休老人游轮这个场景，但这并不重要。这个训练的目的是设置一些突发事件，看学员们的反应。我们坐下来观察学员们的表现。当他们发现手榴弹并警示我们时，我们吹响喇叭，摇响警铃，在混乱中把停尸间的所有人都撤离了现场。一开始，他们觉得这只是一个很蹩脚的噱头，所以很冷淡地穿着白色的工作服等着"防爆人员"到来。他们应该相信我们"整蛊"的能力才对。随着时间一分一秒地过去，他们一等再等，开始焦急起来。因为他们的测试是有时间限制的，而且他们也不能敷衍了事地收集死者的信息，这些都是要算入总分的。没过多久，他们就开始手足无措，汗流浃背了。

当我们认为他们等的时间已经够长，我们发出安全的信号，他们可以返回大楼。他们一边抱怨一边飞快地跑起来，以便在规定时间内完成分配的任务。他们现在一点都不敢怠慢了，全部精神集中，压力倍增。我们的整蛊还没完呢。麦克，我们的高级停尸间管理员，拦住了他们，问他们这是在干什么。他们齐声回答："回停尸间。"

麦克回答："这可不行，你们穿的衣服已经被污染了，必须全部脱下来才能进去。"

到处都是抗议声。（有人说道，我只穿了内裤啊！）不好意思了，同志们。当40位之前还得意忘形的警员全部脱下工作服，只穿着内裤背心冲进大门时，我们的脸上浮现出一丝狡黠的笑容。（幸好没有其他人员突然出现，否则不光是学员会不好意思，我们也会面红耳赤。）但经过这一次，他们就会记得把工作需要放在安逸的前面。他们不会再轻视我们了。而且这也更加说明，面对重大伤亡事故，唯一能预测的就是它的不可预测性。这些警员要面对的是空难、火车事故、恐怖袭击和自然灾害，面对严重事故、劫后创伤，他们必须行动迅速，手法专业。最后我们请所有学员喝啤酒，他们也大度地"原谅"了我们。

培训的第三部分，我们要求学员自己选择历史上的一次重大伤亡事件，用论文的形式分析评价这次事件中 DVI 在哪些方面起到了作用，在哪些方面没有起到作用，如果是他们自己参与其中，会怎样完善这些措施。写完这样一篇论文，他们就已经达到研究生水平了。你们没有听到他们当时的抱怨。"我们为什么要写论文？我们都已经不是学生了。"他们大喊抗议道。但过后，大部分的学员还是觉得这篇论文是值得一写的。写论文进一步加强了他们在书本上、实践训练中学到的知识。这个重要的评估让他们在这个他们已经献身的行业更有学术上的建树。他们都动力十足，也非常喜欢这门课程。

有一些警员的论文调查特别充分，我们将这些论文收录到我们的第二本教科书《灾难受害者身份识别：经验与实践》（*Disaster Victim Identification：Experience and Practice*）中，并把所有版税捐给了警方的 COPS（生还警察援助）慈善机构。其中有一章就是南威尔士警察局的马克·林奇写的 1996 年阿伯凡矿难。这次悲剧事件，和派珀阿尔法油气平台爆炸事故、"伯爵夫人号"游轮撞击事件一起，成为学员们最爱选择的三次灾难性事故。（倒是有一位学员写了维苏威火山爆发事故，但并没有太多 DVI 分析。）

大家热衷于写阿伯凡矿难事故不仅是因为它是那个年代实践经验的典型范例，还因为它体现了没有现代尖端科学技术的帮助如何救援的过程。当时体现的水准，即便在今天看来也不过时，每一位把这次事故作为论题的警员都被当时的救援过程深深地感动了，尤其是那些本身就来自矿区的警员。这次事故告诉我们，DVI 并不是才兴起的事物，我们是站在先辈们的肩膀上才有今天的成就，他们用实事求是、高效迅速、心怀慈悲的态度面对艰巨的任务。

事故发生在南威尔士阿伯凡的矿区里，半山腰上的一座煤渣山突然倒塌。这座煤渣山编号为7，几乎都是"残渣"，这些经过过滤的细小煤渣堆在一股泉水上面。1966年2月21日早晨，因为连日的大暴雨让泉水水位暴涨，超过15万立方米的煤渣倒塌后，以每小时50公里的速度沿着山腰流下去。9点15分，潘特高小学的学生和老师正准备上课，这是他们期中假前最后一天上课，突发的滑坡事故把整个教学楼淹没在9米深的泥浆里。

警察和急救人员在10点达到学校，附近的矿工听到警报声后也拿着工具跑到学校帮助救援。当他们赶到学校时，村民们——大多都是学生家长已经开始徒手扒挖煤渣。这是第一次现场直播的重大伤亡事故，10点半，BBC开始现场直播，其他媒体也悉数到场。一位救援人员回忆，当他在全力挖掘救援时，他听到一位摄影师让一个小孩为自己死去的朋友痛哭流泪，这样他就能拍到"满意"的照片了，这个场景让他非常难过，并决定对媒体保持沉默。听到他说这些话，我想起了自己在科索沃的经历。

梅瑟蒂德菲尔德警察局迅速展开搜救工作。这个阶段，营救生者是救援工作的主要任务，根据具体情况，这个过程可能是几分钟，几小时，几天。在现代救援工作的程序里，这个时候第二个阶段也即将开始，那就是搜寻尸体，法医人类学家开始参与到救援工作中。

　　救援小组在离学校 200 多米远的贝萨尼亚教堂设立了一个临时的医疗救助点。但因为 11 点后就没有再发现生还人员，救助点很快变成了临时停尸间。教堂的祭衣室成了军队志愿者和失踪人口局的据点，还放了 200 口棺材。因为遇难者死亡原因一目了然，所以没有必要进行尸检，但是确认尸体身份却是很紧急的事情。验尸官和他的团队，再加上本地的两名医生、学校没有受伤的老师一起，确定遇难者的身份。

　　从泥浆里挖出来的尸体会被人用担架抬到贝萨尼亚教堂，在临时停尸间做登记，每一具尸体都会有一个对应的参考数字，钉在死者的衣服上，一直跟着它。每个死者对应的参考数字和一些基本的身份信息、性别、是否成年等一起储存在了电脑的参照系统里。116 具孩子的尸体，根据性别不同，放置在教堂两边的长凳上，用毯子遮盖。一位停尸间的助理将死者脸上的泥灰洗干净，以便三位老师帮助做初步的身份辨认。亲属们在教堂外面排着队，耐心地等待了好几个小时，一次一个家庭进入教堂，认领死者。一旦确认身份，尸体就会被搬运到另外一个小一点的加尔文卫理公会教堂，直到当局允许安葬死者。只有 15 名死者因为受伤太严重比较难辨认，但最后也通过牙科记录完成了身份认定。

　　灾难事故发生后的正确做法应该是救援伤者，寻找死者，进行身份认定和预防进一步灾害的发生。因为从长远来看，这一切的工作都是有意义的，只要受害者还记得，只要这个社会还记得。阿伯凡事故发生 50 年后，还有受害者受到创伤后应激障碍的困扰。当时，在这样一个坚韧保守的工人阶层社区，承认做了噩梦都会被看成是懦弱的表现，所以大家希望幸存者也能"忍忍就过去"。但现在，我们认可心理治疗和咨询的作用，也了解压抑创伤会对身体和精神产生长久的副作用。DVI 的践行者更明白要避免给生还者和遇难者家属增加额外的不必要的伤害。

这个必要的认知是肯尼斯·克拉克法官在 1989 年"伯爵夫人号"沉船事件发生后提出的。肯尼斯法官主持了一场针对验尸官在这次事故中死者身份认定操作的听证会。他在 2001 年发表的报告中提出了 36 条完善操作流程的意见，这让人们又开始重新审视这个有 100 多年历史的验尸系统。最大的改变就是引入了一个新的警察职位——高级督察，这个职位负责整个身份认定的过程。

这个悲剧发生在泰晤士河上一艘叫"伯爵夫人号"的游轮上，当时船上正在开生日派对。游轮被"鲍伯利号"挖沙船撞击了两次，第二次撞击让它完全沉入水中。那些被困在甲板上的人只有很渺茫的生还机会。

搜救队用了两天才把遇难者尸体和沉船打捞起来。尸体首先被转移到一个警察局，在这里，25 位遇难者的尸体被他们的亲朋好友通过面容认定身份后带走。验尸官指示不让家属指认死者，因为这些尸体在水中泡的时间太长已经开始腐烂。事实上可以通过指纹对比、牙科记录、衣服、饰品和生理特征等方法确认死者身份（当时 DNA 数据库还在起步阶段）。所有的遇难者都被进行全面的尸检。现在我们肯定会质疑这样的做法，因为跟阿伯凡事故一样，死者的死因是显而易见的。

为了进行指纹对比，威斯敏斯特的验尸官采取了从手腕处切下死者手掌的方式采集指纹。克拉克法官严厉地批判了这种做法。而切割手掌竟然成了当时 DVI 最主要的工作。只有验尸官有权利处置尸体在当时是不成文的规定。51 名死者中有 25 名被切下了手掌。直到三周后，所有的死者身份都确认之后，尸体才被移交给家属。很多死者家属都表示，不让他们查看自己的亲人让他们非常难过。这样的做法也增加了家属的愤怒，有的家属还质疑身份鉴定的可靠性和政府的办事方法。家属们强烈要求举行听证会，终于在 2000 年，事故发生 11 年后，他们如愿以偿了。

在法官的众多建议中，有好几个建议都是针对切割手掌的必要性，还有就是有关部门不愿意让家属自己决定要不要见自己的遇难者亲属。而且还有三名死者的手掌并没有随遗体一起转交给家属。有一对手掌在 1993 年，也就是事故发生 4 年后在一个停尸间的冷冻柜里被发现，在没有通知近亲和取得同意的情况下被处理了。正因为家属不被允许见自己的亲人，他们并不知道自己的亲人被过度尸检。12 年后，得知这个信息，对遇难者家属来说是沉重的打击。

克拉克法官还建议相关部门向家属诚实地公布确切的信息，并且每隔一段时间就应该向家属公布一次。王室法律顾问查尔斯·哈登，也是"伯爵夫人号"行动小组的法律代表，说道："在这里发生的一切都有原因的，也正是因为这个原因，展开救援工作的人和监督这项工作的相关部门就应该履行一项特殊的责任，保证死者得到应有的尊重。这是逝者和生者的合理诉求，也是这个社会的最高要求。"

我们的 DVI 培训课程给了我们一个绝佳的机会，可以和警员们一起讨论我们能从历史经验中学到些什么，在那样困难的环境下，哪些工作是值得肯定的，哪些还有不足，现在我们应该怎么改进工作方法。如果说阿伯凡的救援工作是一个好的示范，那么"伯爵夫人号"沉船事故就有很多不足，尤其是切掉死者手掌这个做法，我们应该从以前的重大伤亡事故中学到经验教训。在克拉克法官的全部陈述中，印刻在所有 DVI 工作者脑海中的是：我们必须要清楚，判定死者身份的方法要尽可能地避免不必要的侵入式操作、毁容或肢解，不能因为鉴定身份就切割死者身体，除非这是唯一可行的方法。

法医工作者经常都会采取他们认为对死者家属最好的方式，比如，不让死者家属看到很恐怖的画面。在过去，如果尸体开始腐烂，或者是在大火或爆炸中毁坏严重，残缺不全，我们会建议家属不要看。但是我们根本没有权力替家属做决定，更不应该强制要求他们看或者不看。这具尸体不是我们私有。我们不可能预计至亲好友在面对一具躯壳或者腐烂残缺的尸体时会有什么反应。所以，如果一位母亲想看她孩子最后一眼，想再握一次他的手，一位丈夫想最后一次亲吻妻子的遗体，一位兄弟想安静地跟自己的手足待一会儿，我们能做的，只是告诉他们可能面对的情景，然后提供帮助。

今天我们将阿伯凡事故叫作封闭型事故，在这样的事故中，死者的名字是已知的，人数也明确。"伯爵夫人号"沉船事故叫作开放型事故，所以 DVI 工作会变得更加复杂，需要克服更多困难。工作人员一开始并不知道死者身份、死者人数、伤者人数，而且在大多数情况下，生还的伤者情况危急，根本无法帮助确认死者身份。"伯爵夫人号"沉船事故就没有权威的乘客名单，一开始也不知道失踪人员的数量。

如果开放型事故是由恐怖活动造成的，工作的优先级可能会有所改变。但是 DVI 的工作程序是不变的，可能处理尸体和取证的方式会有不同。在 2005 年 7 月的伦敦地铁袭击案中，自杀式爆炸袭击者在伦敦地铁不同的位置投掷了三颗炸弹，第四颗被放在了一辆双层巴士上，总共造成 56 人死亡，包括 4 名恐怖分子，784 人受伤。虽然鉴定死者身份很紧急，但第一要务是帮助生还者，第二是鉴定凶手身份。

这个可能听起来有点奇怪，在处理英国发生的这次自杀式爆炸袭击时，政府完全遵照了恐怖主义大型灾难事故的处理章程。凶手在事件中是否已经死亡非常重要。追踪恐怖分子的犯罪网络，避免连环恐怖事件的发生，才能尽全力阻止进一步的恐怖袭击。2005年伦敦地铁爆炸案确实是连环袭击，但不幸的是，在这起案件中，爆炸事故之间时间间隔太短，没有办法找到作案的同伙。

2005年，英国的DVI才刚刚开始，而到2009年，已经达到世界领先地位了。我完全不敢想象，在亚洲海啸过后我壮着胆子给政府写的信竟然起到了作用。不但如此，这封信还帮助推动建立了英国的DVI专业后备力量。我非常骄傲，因为我们的DVI项目还将继续扮演重要的角色。

我经常都会说这样的话，因为在内心深处我相信这很重要：我们不要忘记，灾难的发生不是可不可能的问题，而是什么时候的问题。所以当下一次灾难来临时，不管它是大是小，我们可以尽我们所能地应对。在当今的世界，暴力悄无声息地滋生发展。英国第一位DVI指挥官格雷厄姆·沃克告诫我们，恐怖分子只需要运气就能完成他们的任务，我们的调查部门不能靠运气，每次都必须找出真相才能保证民众的安全。我们都希望世界美好和平，但这很不切实际，所以我们需要准备好迎接所有的不测风云，同时祈祷这些准备永远都用不上。但如果灾难来临，我们的反应可以向世界表明，我们的仁慈可以战胜所有人性的恶意和自然的破坏力。

第 十二 章

正视死亡

除了恐惧，我们还可以做什么

人类惧怕死亡，就如同孩子恐惧黑暗一般。

——弗朗西斯·培根

哲学家、科学家（1561—1626）

同我的导师兼朋友路易丝·朔伊尔一样，我也对人体解剖学有着极大的热情。不仅如此，因为她的帮助，我还在伦敦圣托马斯医院找到了一份正式工作。当时我正忙于撰写我的博士论文，路易丝打电话跟我说圣托马斯医院有一个解剖学讲师的职位空缺，我应该去申请。

当我真的得到这份工作的时候，我比谁都惊讶。主面试官，一位德高望重的神经学教授，明确表示想要一位有生物化学学位的候选人，并对我这个不合格的"人类学家"嗤之以鼻。我知道是系主任米歇尔·戴教授最后的提问一锤定音，帮助我得到了这份工作。他问我下午是否可以去他的解剖室教授臂丛神经。我说当然可以，就这样，我得到了这份工作。从那以后，我在面试别人的时候也很多次用到了这个策略，不但如此，我还结合自己求职面试的经验，进一步发展了这个策略。在邓迪大学，我向求职者们也提了同样的问题，当他们回答可以教授臂丛神经时，我让他们先画出来。臂丛神经，就是颈部到腋下的一束神经丛，看起来有点像一盘意大利面。我很庆幸当时米歇尔并没有叫我当场画一下，否则我就要露馅儿了。当然，我现在会画了。

几年之后，当盖伊和圣托马斯医院的两个部门合并之后，那个面试时对我嗤之以鼻的人也最终成了我的老板。我很荣幸能在他的系里面教授多年的解剖学，但我觉得他一直也没真正原谅我，因为当我 1992 年要离开时，他感谢我多年来所做的一切，却叫我萨拉，可见我在他那里并没有留下什么深刻的印象。但我很庆幸在圣托马斯遇到了一群真正优秀的同事，我们至今还是朋友。更重要的是，这是我与一位女士合作关系的开始，她是我所知的把解剖学知识忘记得最多的人，但这并不妨碍我们成为朋友，而且她还是我灵感的源泉，我的良师，我们的友谊已经超过了 30 年。

1986 年，当我和路易丝设立英国第一个法医人类学教学培训项目时，每每需要分析儿童遗骨，她总是不厌其烦地抱怨我们没有教科书可以参考。我通常会建议她自己写一本，而她却叫我管好自己。她对我说这些话时，就像是一位女校长在训斥一个顽皮的孩童，（"天啦，看在上帝的分儿上你能不这样吗！"）大概有 4 年的时间，我们都是这样争论着，最终我决定叛逆一次，换一套说辞，对她说道："为什么我们不一起写一本书？"

就这样，我们开始了有生以来最宏大的写作项目。我们想写这样一本教科书，可以涉及每一块人类骨骼的发育过程，从骨骼形成之初的状态到成年骨骼的形态。这本书不能让我们发财，也不能登上《星期日泰晤士报》的畅销榜。但我们觉得，这本书一定会填补法医人类学的一些空白。因为当时还没有一本书对儿童骨骼进行详尽的描述讲解，可以满足我们的需求。我们基本是从零开始的。

为了完成这本书，我们花了将近 10 年的时间。首先，我们需要收集近 300 年来就这一主题在别处出版过的著作或发表过的论文。然后，我们需要挑选能证明我们观点的标本，如果没有标本，我们就需要自己研究。很快，我们就意识到迟迟没有这样的教科书问世的原因，这样一本书实在是太折磨人了，而且写作的速度很慢。在整个图书写作的筹备期间，这本书成了我们生活的主题。

我们的书最终在 2000 年出版，叫《发育中的青少年骨科学》（*Developmental Juvenile Osteology*）。这是一本很厚重的书，但从严格意义上来讲，它并不会让人手不释卷。在书中，有 200 多块骨头需要我们确认，但在创作过程中，我们写得津津有味并获益良多，它成了我们职业生涯的代表作。当我接到路易丝的电话，她总是激动地问我"你知道……吗?"或者"我终于知道……是为什么了"。我享受这样的时刻。这些让人惊喜的发现，一些可能是我们的理论没有涉及的内容，但因为我们一起研究学习，慢慢地，我们找到了这些内容之间的联系，并形成了一个完备的理论，这也让我们俩感觉非常骄傲。

1999 年，当我在科索沃进行第一轮法医鉴定时，这本书已经基本完成，但是还有一个问题让我们困扰不已，我们没有找到可以显示肩胛骨下角生长中心的标本。

我得承认，我在科索沃时，只有路易丝接到了我从那里打出的为数不多的卫星电话，而汤姆和女儿们都没有这样的待遇。在维利卡·库鲁沙的一个临时停尸间里，我看到了我们梦寐以求的标本。对此我们都兴奋极了。我被允许拍照，照片也可以用到我们的书中。但可惜，我当时没有意识到书中其他的插图都是干净的白骨，而这一个，却还有一些组织在上面。我很高兴现在书里的插图都不是彩色的，否则这张图片看起来会有点吓人。但从教学的角度来看，这张照片是无价的。

等到这本书终于出版，我已经回到苏格兰好几年了，路易丝也已经退休，我即将第二次前往科索沃进行法医鉴定。那时，我和路易丝估计是这个地球上最了解儿童骨骼的年龄变化特征的人。我的奶奶，她让我相信命运，她经常说，我们在特定的时间去到一个特定的地方是有原因的，而这个原因跟我们自己的计划、选择、欲望都毫无关系。我们出现在那里，是命运的旨意，多半是为了帮助某个人。而就我个人而言，恰好当我掌握了各种解剖学知识的时候，我去到了科索沃，对此唯一能解释的就是命中注定。

2000年，分配给我们的其中一起犯罪案件，是一起家庭灭门案。在与塞尔维亚的战争中，科索沃的阿尔巴尼亚人尽可能逃离城镇和乡村，为的是远离塞尔维亚军队，这些军队一般在人口密集的区域更活跃。1999年3月的一个早晨，这家人从村外去就近的镇子取一些生活用品。父亲开着拖拉机，其他的家庭成员坐在后面木质的拖斗里。在没有得到任何警告的情况下，拖车被山腰发射过来的火箭弹击中，车身被炸得粉碎。而这位父亲的11名家庭成员无一生还，包括他的妻子、妹妹、年迈的母亲和8个孩子，最小的孩子还是襁褓中的婴儿，最大的是一对14岁的双胞胎男孩。

当这名男子从拖拉机上爬下来时，拖拉机和拖斗已经被炸得脱了节。这时，他被一名狙击手击中了腿部，血流不止，他爬到灌木丛中躲了起来。他将自己的腰带绑在伤口周围止血，同时意识到自己的家人可能已经全部遇难了。他焦急地等待着天黑下来，希望可以悄无声息地返回去，即便狙击手还没有离开，在昏暗中他们也无法看清他。他知道，如果他不去收拾家人的遗体，他们会被成群的野狗分食，他绝不允许那样的事情发生。

当他感觉可以安全地从灌木丛中爬出来时，他开始寻找家人的遗体。除了小婴儿的遗体是完整的，其他的家人全部被火箭弹炸得支离破碎。因为炸弹的破坏力，以及他沉痛的悲伤，他没有办法找回家人的全部遗体。他告诉我们，他只找到了他妻子右半部分的身体，12 岁女儿的下半身。正如我丈夫所说的那样，怎么会有人在那样的情况下还能想到要做这件事情，还能有勇气做这件事情。他是在哪里得到的巨大的勇气，无穷的力量，去履行对挚爱之人的庄严承诺。我的丈夫——汤姆，和普通人一样，觉得经历这样的事情实在是太痛苦了，自己根本没有办法再生活下去，他觉得自己很有可能就在现场结束自己的生命。但是这个男人没有这样做。在他不断失血的情况下，他在昏暗的草地上寻找家人尸体的决心变得越来越弱，但这已经非常了不起了。

当他把所有能找到的遗体都堆放到一起后，他用从废墟里发现的铁锹埋葬了他的家人。他找了一棵很特别的树，作为家人的安息地，他希望如果有一天他再回来时，他还能找到这里。经过数小时的艰难奋战，这个筋疲力尽的男人最后将小婴儿的尸体放在了所有不完整的尸体上面，埋葬了他们，并为他们的灵魂祈祷。

一年多之后，南斯拉夫国际刑事法庭的调查员将这里作为案件的事发地点，对斯洛博丹·米洛舍维奇总统及他的高级官员提起诉讼。调查员们认为这起事件是针对这名男子及他的家人的蓄意屠杀，是不合法的战争行为。这名男子，在经历了那场事件后，依然顽强地生存了下来。他带着调查员们找到了他埋葬家人的地点——那棵特别的树下，并允许他们挖出尸体。他不但想要为自己的家人及其他阿尔巴尼亚人寻求正义，也害怕因为他的家人的尸体已经混合在了一起，神灵没有办法区分他们，安抚他们的灵魂。只有等他确定家人们安全地与神在一起时，他才能放下心来。他着急地想要将家人重新下葬立碑，以便他们的灵魂能从残酷的世界里被解救出来。

挖掘尸体的时候我不在现场，但我已经意识到摆在我们面前的是怎样一个艰巨的任务。我们需要将这些损坏严重、腐烂严重的尸体与11个人一一对应起来，其中8个是儿童，并且还要符合国际上证据采纳的标准。同时我们希望能够完成这名男子的心愿，尽可能地辨认出他的家人，毕竟他已经失去所有。

在停尸房里，我们以为会有11个装尸体的袋子，但实际上，所有的身体部分加起来只装满了一个半袋子。这是在那噩梦般的一天中，这个男人所能找到并埋葬了的全部尸体了。这些尸体严重腐烂，虽然还有一些软组织，但大部分都是一块块溶解严重的组织包裹着骨头。检查这些尸体本身就是非常困难和痛苦的任务，更别说这些尸体还被破坏得如此严重。我们觉得没有必要让整个团队都留下来，因为他们就算留下来也是站在那里观看。所以我们决定给他们放一天假，只留下我、停尸间的技术人员、摄影师和放射技师，看看我们一起能做点儿什么。

我们在地上铺了12张白布，其中11张白布是为11名逝者准备的，标注上了他们的年龄，另外一张放置我们不能完全确定身份的死者的身体部位。DNA 技术在这个案例里也不能帮我们什么忙，因为这些死者都是来自同一个家庭，而且我们也没有用于比较的 DNA 参考数据。即使我们有标本，所有的尸体埋葬在一起，身体各部分相互污染，也让提取可靠的 DNA 变得机会渺茫。所以我们只能用最传统的解剖学方法来判定每一名死者。因为这里面大部分是儿童，所以在当时的情形下，我和路易丝应该是最符合要求参与这项工作的法医人类学家。当时我在科索沃，路易丝在伦敦，但只要我需要她，她总是在电话的那头支持我，这给了我极大的信心。

一开始，我们给这两个袋子做了 X 射线检查，以防有意想不到的炮弹或炸药。图像显示并没有其他的危险装置，阴影处显示的是杂乱的身体部分，就像阴森复杂的人体拼图。打开第一个尸体袋时，放在上面的，是那个还穿着蓝色睡衣的小婴儿。虽然他腐烂得非常严重，但他仍然是一具很完整的尸体，可以将他直接放在一旁的白布上，而且我们非常肯定，他就是那个 6 个月大的婴儿。

而确定其他的尸体，我们就需要一块骨骼一块骨骼地检查，并且将附着在骨骼上的腐烂组织清除掉，以便确定它是哪一部分，以及骨骼的年龄，然后再将这些骨骼放置到对应人名的白布上。我们先确定了女性的骨骼，这家人的奶奶因为基本没有牙齿，而且患有严重的关节炎和骨质疏松症，很快就被确认出来。然而确认另外两具年轻女性的尸体就没那么容易了。这两人中年纪大的一位，我们只找到右边身体，根据这家父亲的描述，应该就是他的妻子了。

当我们确认儿童的身份时，如果我们的分析正确，根据他们年龄的差距，应该没有两副相同骨龄的骨骼，但那是在我们开始确认那对 14 岁的双胞胎男孩之前。我们找到了 12 岁女孩的下半身，确认她相对容易。虽然并没有找到太多 3 岁、5 岁、6 岁、8 岁孩子的骨骼，但我还是在这堆杂乱无章的遗骨里确认了他们各自的身份。

除了两个双胞胎男孩，每一张白布上都有或多或少的死者遗骨。然后我们找到了一部分上身和手肘以上的手臂部分。因为只有这对双胞胎是 14 岁，所以我们确定这些身体部分就是他们两人的。但我们该如何区分他们呢？我们发现有一双手臂的上部还附着有米老鼠图案的背心，所以我们让在场的警察兼翻译向这位父亲询问，看看他是否知道当天是哪个孩子穿了这样的衣服。虽然我们并没有告诉这位父亲这个孩子就是双胞胎男孩中的一个，我们甚至都没有说这是一个男孩，但他明确地告诉我们，双胞胎男孩中的一个是米老鼠的粉丝。有了这个信息，我们试着将两个双胞胎区分开来。

那是漫长的一天，我们几乎没有间断地工作了 12 个小时。我们尽己所能地利用手边的资料来确认他们的身份。终于，11 张白布上分别放置了 11 位受害人残缺的部分尸体。每一名死者，至少有一部分身体组织是我们能完全肯定属于他（她）的。通过孩子父亲的描述，根据年龄的不同，我们得到了一份名单。然后我们将那些无法辨认身份的身体部分单独分装到一个袋子里。当局要求我们必须将双胞胎男孩的尸体进一步辨认出来，否则不允许我们移交尸体。我的同事史蒂夫·沃茨跟他们争论了起来，我们向他们解释了为什么没有办法更进一步辨认出双胞胎男孩的尸体。我们晓之以理，当局终于接受了我们的意见。

当我们向这位幸存的男人移交尸体时，每一个殓尸袋上都有了一个名字。翻译在整个过程中扮演了极其重要的角色，因为他们，我们才能被当地人接受，也是他们跟这些受害家庭联系交流，提取证词，同时又把我们的发现再转告给这些家庭。在科索沃的每一个工作日，他们都要强迫自己不被所见所闻惊吓到。

我的原则是在工作中不能掺杂个人感情，否则就无法专业地完成任务。但是在这起案件中，因为双胞胎的事情，我觉得自己有点越界了。我们感觉跟这个家庭有一些特别的连接，因为这些连接让我们更有义务做好辨认工作，也许是因为大部分的受害者都是儿童，也许是因为这位父亲在这样悲惨的境遇里表现出来的巨大勇气和高尚的尊严。做好我们的工作，是我们唯一能安慰生者的方式。我们知道，再没有更先进的科学测试能比我们的方法更精确地辨别出死者。

就是这样，通过翻译，我们试着向这位父亲解释为什么这些袋子都没有装满，为什么还有第 12 个袋子装着无法辨认身份的尸骨。让人难以置信的是，他平静地接受了这一切，恍如隔世。那是感触良多的一天，身体上，精神上，我们都疲惫不堪。当这位父亲跟我们握手致谢时，我们实在想不出，我们做的这些工作有什么值得感谢的，但正如我的奶奶说的那样，命运自有安排。

我们都心情沉重，因为我们没能将这 11 个人完整地辨认出来。如果我们只是为了安慰这位可怜的父亲，告诉他我们已经成功地确认了他的 11 位家人，这确实会带给他莫大的慰藉，但这不是一次人道主义的任务，这是为了惩治战争罪犯的法医鉴定。我们不能只是为了工作好看，或者出于同情，就将这些尸体随意归置，那是违背职业操守的行为。我们必须保证，如果这些证人将来还要再被审查一遍，每个袋子里装着的死者就是我们现在得出的专业结论。

如果不是因为写书所积累的关于青少年骨骼的知识，我们不可能那么顺利地完成我们在科索沃的工作。那一天，我完整地将我和路易丝这 10 年的筹备工作运用到实践中，并且更加深刻地明白了我们写作的重要性。虽然我身处科索沃，但路易丝一直都在我的脑海里，一遍遍地提醒我要检查细节，记录笔记，查对清单，在得出结论前做到滴水不漏。

在科索沃的工作责任重大，也收获颇丰。怎么就刚好在那个时候让我接手了这份工作？也许我奶奶理解的原因是正确的：一切都是注定的，我到圣托马斯工作，与路易丝搭档，一起写书，都是为了我能在科索沃有所作为。而且，我们的这本书，也许还能让别的法医工作者在其他困难的情形下给逝者家人带去一点安慰。我想，即便我们再也不会用到这本书中的知识，在 2000 年，也就是这本书出版的那一年，在科索沃普里什蒂纳的一个停尸间里，这本书已经为我们的法医工作做出了巨大的贡献，这就已经足够了。每一次我看到这本书的封面时，我都会想起那位父亲，以及他的孩子们。我想这本书就是我们向他表达敬意的方式。

法医人类学家经常被问到的一个问题是，我们怎么面对工作带来的负面影响。我通常开玩笑地回答说，需要很多的酒精和违禁药物。事实是，除了喝点威士忌，我从来没有用过任何违禁药物，而且我现在连酒都不碰了。如果你问我会不会从噩梦中惊醒，会不会难以入睡，我的脑海里会不会有工作中的情形来回放映，我的答案都是——肯定不会。如果你还要追问我，我也还有一些备用的回答，例如，作为法医，要保证公平公正和专业性，着眼于证据本身，而不是从个人情感出发看它代表什么。说实话，我从来没有被死人吓到过，相反，从来都是活人更让人恐惧。死者，往往都更好预测，也更容易合作。

最近，跟我不是一个专业的同事带着难以置信的语气问我：
"当你谈论你工作中发生的事情时，就好像是沏一杯茶那样简单，
但对我们来说，那些事情都非常了不起。"这不就是生活吗？萝
卜青菜，各有所爱。也许在现代，法医人类学家们就是为人类扫
清罪恶的人，我们的工作就是解决这些让人不愉快、难以想象的
问题，这样一来，其他人就不必再面对这些难题了。当然，这并
不意味着我们就没有弱点。

　　每个人都有自己的恐惧之事，毕竟它是人类最古老、最强大
的情绪，我们都有害怕的东西。在我的工作当中，有很多次，我
都要面对我唯一难以克服的恐惧。这个恐惧从我童年时就扎根在
我的心里，我一直努力想要克服它，却一直没有成功。但真正的
自我认识通常都是通过接受自身的焦虑、缺点和恐惧实现的。我
的弱点就是对啮齿动物的荒唐病态的恐惧。任何种类的啮齿动
物——老鼠、田鼠、豚鼠、沙鼠、水豚，我都害怕。

　　最近，一个资助我们解剖部门的地方慈善机构，非常好心地
送给我们一件圣诞礼物。他们给我们赠送了一只叫吉瓦的大老鼠
（是的，它还有个名字），是一只非洲巨颊囊鼠。它还是一只英
雄鼠，因为能直接在活人身上闻出肺结核，它已经挽救了40多
个人的生命。尽管我也觉得不可思议，它完全值得我钦佩和喜爱，
但我实在做不到，因为它是一只老鼠。

　　也许对于一个法医人类学家来说，害怕老鼠，实在是让人难

以置信。毕竟我们整天都和死人、肢体，以及各种让人作呕的腐烂物质打交道。我也同意这种想法，但是光是理解并没有任何安慰作用，也不能让我就不再害怕老鼠这个大家族。这种恐惧，一直伴随在我人生的左右，我甚至认为，它还影响了我的职业选择。

我对老鼠的恐惧开始于苏格兰西海岸，美丽诗意的卡伦湖畔。我的父母在那里经营一家叫斯特姆的轮渡酒店，直到我 11 岁才又搬回因弗内斯。有一个夏天，清洁工们罢工了，所以我们家酒店的垃圾袋开始被堆放在后院里。没过多久，30 个房间产生的垃圾，再加上盛夏的温度，后院里开始飘出酸臭味，随之而来的就是这帮毛茸茸的啮齿朋友，它们把这里当成了免费的食堂。我当时 9 岁，我很清楚地记得在一个阳光灿烂的午后，我跟着父亲走到后院，他很平静地让我递给他立在墙角的扫帚，我想都没想就按照他的意思做了。

我父亲后来经常发誓说，这件事情根本没有发生过。相信我，绝对发生过，因为我被这些画面纠缠了一生，并且每次我遇到任何毛茸茸的啮齿动物都会再想起来。我的父亲看到了一只大老鼠，他把它赶到墙角，它看起来实在太大了，把我吓得不行，老鼠自己也很害怕，摆开架势要反抗一番。如果现在我闭上眼睛，也还能记得它闪亮的红眼睛，尖锐的黄牙，长长的尾巴。我发誓，我甚至听到了它的低吼声。我看着它，目瞪口呆，害怕得不能动弹。我的父亲想要把它打死，它上蹿下跳，企图逃跑，为了活命甚至想跳到我身上咬我一口。父亲使劲抽打它，直到水泥地上有了一摊老鼠血，它终于不再动弹了。我不记得我父亲把老鼠扔进了垃圾桶。也许是我太害怕了，从那以后，我就有了这种不健康的、深埋心底的恐惧，对所有鼠类的恐惧。

即便我们搬到了因弗内斯的乡下，我对老鼠的恐惧仍然是一个问题。我们的老房子有很多厚实的保温墙，就像是三明治一样，一面是温暖的室内，一面是野外的田地。所以到冬天的时候，那些淘气的、讨厌的小东西，经常跑到我们家里蹭暖气，在储藏室里找东西吃。晚上的时候，因为害怕老鼠会从床底跳出来抓住我的脚踝，我总是火速爬上床去。当我躺在床上的时候，我仍能听到它们在屋顶上蹿下跳，有时候老鼠一脚没站稳，我都能听到它们突然掉下来的声音，我总觉得它们会出现在我的房间里，所以我会把毛毯拉过头顶，把自己裹在毯子里不留缝隙，这样就不怕它们跑进来了。

以前，我经常光着脚丫从卧室跑到卫生间，直到有一天，当我轻轻地踩在地上时，我发现自己踩到了一个毛茸茸的东西，而且它还在我脚底扭动尖叫，你们可以想象我当时有多么惊恐，我完全被吓坏了。在那以后的好几个月里，晚上我都不敢离开我的卧室半步，不管我有多想上厕所。

当我还是学生的时候，生物课上我们也要跟老鼠打交道。这次是一个小桶里全装着死老鼠，我们要用来解剖，我宁愿解剖任何东西，也不想去碰一只死老鼠，更别说还要把它从小桶里拿出来。我请我的解剖搭档格雷厄姆帮我拿出一只，把它钉到蜡板上，还让他帮我把老鼠的头和那些恶心的尖牙用纸巾遮住，再用另外一张纸巾盖住它的尾巴，因为我也不敢看老鼠的尾巴。只有这样，我才敢拿起我的手术刀切开它的胸腔和腹部，伸手去检查它的内脏，掏出一个肝、一个胃，或者一个肾脏。

　　等到要处理老鼠的尸体时，格雷厄姆得帮我把老鼠从蜡板上取下来，再扔回小桶里。（他真的是个很好的朋友。）我就是没有办法用手摸它，再说，我也绝不会成为一个动物学家，或者任何要待在实验室里的研究者。正如我之前所说的那样，我之所以选择了人类解剖学，并有所建树，就是因为我实在不想处理死老鼠。

　　在圣托马斯医院，老鼠的问题仍不可避免，因为这家医院就坐落在泰晤士河的南岸。当我第一次踏进我的办公室，看到每一个房间的墙边上都放着老鼠夹和放在小碗里的老鼠药时，我就知道我在那里不会好过，我肯定还会近距离接触这些鼠兄弟。有一天早上，我来到办公室，走向靠窗户的办公桌，我看到地上躺着一只非常可怕的死老鼠。虽然它大概只有 4 英寸长，但在我眼里却跟吉娃娃差不多大。我给我们的技术人员约翰打电话，让他立马到我办公室来帮我。他跑上楼，惊魂未定的样子，他一定以为我遭到了什么袭击，结果发现我坐在办公桌上，全身发抖，泪流满面。我指着地上的死老鼠，告诉他我实在没有办法跨过老鼠的尸体跑出去。我就像是被禁锢的囚犯一样。约翰本可以笑话我一番，但他却很善良地没有那样做，而是悄悄地把死老鼠拿了出去，从那以后，也没有在我面前提起过。据我所知，他也没有在别人面前提起过这件事。事实上，我想他应该定期帮我检查过办公室，因为从那以后，我再也没有发现死老鼠。我觉得自己像一个傻瓜一样，但那个时候，对老鼠的恐惧真的是我的软肋。

　　然后就是在科索沃的时候。当时的停尸间是由一个粮仓改造的，所以这里成了老鼠的天堂，数量众多的老鼠住在这里。每天早上，我都要请求我们友好的荷兰保安队先帮我开门，进去弄出很大的声响，把老鼠们赶跑。如果我知道里面还有老鼠，我根本就不敢迈进大门一步。我能听到这些小东西在管道上跑来跑去，不耐烦地吱吱叫唤。这些士兵对我都非常好，帮我做这件事也没有抱怨。也许是他们看到我工作中需要处理的情况，知道我做的并不是一般的工作，我也不是一个胆小鬼。虽然不合逻辑，但我对老鼠的恐惧是真实的。

　　最可怕的经历发生在波杜耶沃，普里什蒂纳东北部的一个城市。在1999年初，一个名叫"蝎子"（Scorpions）的塞尔维亚军事组织在这里杀害了14名科索沃的阿尔巴尼亚人，其中大部分是妇女和儿童。据说受害者的尸体被埋在当地的一个肉制品市场里。他们惯用的伎俩就是在受害者的尸体上再掩埋奶牛或马匹的尸体。这样当我们挖掘时，如果一开始没有发现人类的尸体，就会以为这只是动物尸体的掩埋地，或许就不会再深挖下去了。

我们挖掘肉制品市场的那一天出奇地热，我们有一台挖掘机帮助作业，一点一点地清理上层的泥土，直到监督员发现了什么。当时我站在离挖掘洞口很远的地方，在车棚底下遮阳。当我听到骚动准备去洞口一探究竟时，其中的一个士兵急忙叫住我，让我停下来。我看向他，他指着我喊道："停下，不要看！"我照他说的做了。

原来是挖掘机碰到了预计中的马的尸体，惊动了一窝老鼠，这些老鼠把马尸当成了自己的食物来源。因为挖掘机捣毁了它们的巢穴，这些老鼠都疯狂地逃窜出来，使出它们的"老鼠跑"，想搞清楚遇到了什么危险。直到老鼠都跑光了，那个士兵才给了我一个已经安全了的微笑，并对我说："到洞里去吧，姑娘。"我站在齐手肘高的腐烂的马尸坑里，虽然这里很臭，但是因为没有老鼠，我安然又平静。

士兵们都很照顾我，也愿意保护我的弱点。如果需要，我并不介意变得很小女生，我很庆幸他们并没有"娇惯"我。事实上，娇惯在我们的队伍里是很稀缺的东西，毕竟腐烂的马尸气味绝对不会像化妆品专柜里最畅销的香水的气味，而那个洞里的味道真的是我遇到过的特别恶心难闻的。我可以告诉你，吃午饭的时候，我非常礼貌而又坚定地要求坐在下风处，因为我身上的气味实在太难闻，我也是有自尊的人啊。

因为工作的极端性，以及科索沃艰苦的住宿条件，在所难免地，每个人的恐惧或脆弱会在某个时间展露出来。短暂的情绪崩溃也是被允许的。最重要的是，自己无法面对时，我们会相互照顾。

不管是什么样的工作，如果接触到死亡人数多的案例，或者是看到太多毫无人性的情形，都会在你的生活中留下不可磨灭的印记。我自己就参与了很多在瓦珥·麦克德米德写的畅销犯罪小说中的案例，我和她甚至成了好朋友。瓦珥是一位聪明、有主见的女士。她告诉我说，当我谈论起一些案例时，我会变得有点反复无常，一开始我还可以接受听众略略大笑的反应，但当我们开始谈论科索沃时，她感觉到有什么神秘的面纱就要被揭开了，我身体朝后动了动，拉开了距离。她说我的声音开始变得很低沉，气氛开始被悲伤笼罩。虽然我自己一点也没有察觉到，但我也并不觉得意外。

我想，这是一种潜意识的反应，是为了保持客观判断力。而分类则是一种有远见的选择，需要训练才能习得。我并不认为自己冷酷无情，但我确实是一个冷静的人。我能像钉子一般坚硬，尤其是我工作的时候。我想象自己的脑中有一扇门，门里有一个能让人冷静的盒子，我把那些发自肺腑的感情和个人的感受都装在那个盒子里。这样一来，我就不用负重前行了。一个法医专家如果让自己一直沉浸在全人类的痛苦可怕的情景当中，就不是客观的科学家了。我们不能承担死者的苦难，那不是我们的工作，而如果我们不做好本职工作，我们就无法帮助那些需要帮助的人。

　　演员兼传播科学的倡导者艾伦·阿尔达说，有的时候，最伟大的事情往往发生在临界点上。跨过一个门槛，去到另外一个世界，是镌刻在我脑海里的一种意识。在那个世界里，有很多潜意识，我把它们想象成一个个房间，因为对它们太了解了，我能对最适合我手边工作的那一类意识信手拈来。

　　如果我的工作是跟腐烂的尸体打交道，我就会假装自己是在一个没有任何味道的房间里。如果是处理谋杀、肢解或者让人特别痛苦的案件，我就假装自己是在一个特别安静、特别安全的空间里。如果我需要检查有关虐待儿童的证据，我会把自己带到房间的一角，在这里，没有那么多感性的连接，这样我就会把我看到的、听到的那些匪夷所思的侵犯行为屏蔽掉，不会将它们带到我的个人空间里。当我把一个个盒子填满时，我发现自己想做一名安静的观察者。虽然我积极主动地把一些科学的培训用到观察当中，但没有必要做一个情感丰富的参与者。这就像是一种自动化分析的形式，真正的我置身于盒子之外，让自己免受工作带来的情感伤害。

　　当我做好检查，记录，并得出结论，完成一项工作时，我只需要打开房间的这扇门，走出去，再把所有发生的事都锁在身后，我就能回归正常的生活了。我可以回到家中，做我自己，做母亲，做祖母，做妻子，做一个正常人。我可以坐下看一部电影，去购物，在院子里除草，或者烤一个蛋糕。把想象中的门锁好极其重要，我不允许盒子里的任何人在里面捣乱，也绝不允许一个生命跟另外一个生命有交集。他们必须是独立的个体，而且是被保护的个体。

只有我知道开门的密码，只有我知道装在盒子里的种种过往，那些潜伏着的魔鬼也许就在那里，让我在工作的时候保持警惕。当我在法医鉴定的世界里时，我可以与这些经历和平共处，但当我离开时，它们必须待在自己的世界里，我从没想过要释放它们。即使是在做心理咨询的时候，我也觉得没有必要把它们说出来讨论。除了做一些法医的笔记，很多发生的事我甚至不会写下来，或者是做任何形式的记录。在一些案例中，我签订了保密协议，即便我没有签订协议，我也觉得自己有义务保护他们的脆弱，不管是对生者还是死者，我都有责任不泄露他们的秘密。我看到过的，或者做过的很多事情，我的家人和朋友都不知道，也不应该知道。我在这本书中讨论过的案件，都已经公开。那些没有公开的案例，就静静地待在自己的盒子里。

其实这样做也是在保护我自己。因为我的工作性质，指不定哪一天会发生潘多拉魔盒式的崩溃。如果那扇门没有关好，又有好事者没有收到邀请就来打探，那么，有可能一些或者全部魔鬼就会跑出来。幸运的是，我成功地把我的工作和生活分开了。如果我的工作和生活有了冲突，并且我还饱受创伤后应激障碍之苦的话，我会停止我的工作，因为我知道那样我就不是一个公正的观察者了。

我们必须正视我们的工作可能会带来的影响，不要低估临床症状带来的严重后果，因为这些症状可能会突然出现，我们千万不要以为自己有免疫力。一件或大或小的事情都可能成为导火索，我们谁也无法预料。我自己就亲眼见到过被创伤后应激障碍击垮的同事，他们困在自己的经历里难以自拔，无法工作，不能处理各种关系，葬送了事业，甚至失去了生命。要保持良好的精神状态，我们必须要多加注意，对于那些被深锁的魔鬼，我们要时刻保持警惕。然而，如果有一两个成功逃跑出来，它们造成的后果也并不是因为主人的懦弱。

在我看来，逝者并没有什么可怕的，真正可怕的潜伏着的魔鬼是那些犯下滔天罪恶却还活着的人。我第一次意识到我的工作可能影响到我的生活，是发现那些潜意识对我心理的影响，那就是我看到我们人类可以对自己的同类做出多么可怕的事情，并不是那些鬼魂让我恐惧。

事情是这样的，我最小的女儿受到一个男孩的邀请参加学校的舞会。她穿着长裙，梳着成人的发型，看起来非常漂亮。我和汤姆作为家长护卫队也参加了舞会。我们的任务是保证孩子们行为得体，没有人偷偷摸摸地喝酒，唯一冒烟的东西只能是烧烤，最重要的一点是监视安娜的舞伴。我看到她和一个中年男人在跳舞，我不认识这个男人，这是一个很小的学校，我以为我认识每一个人，现场也没有人能告诉我这个男人是谁。

我的心跳开始加速，压力变大，脸都红了。我极力控制住自己，没有立马跑过去质问他是谁，为什么要跟我女儿跳舞。我强迫自己站在一边，仔细观察他们的一举一动。我看着他们旋转时他手的位置，他们跳舞时的距离，特别注意他们交谈、大笑时身体的接触。这个可怜的男人什么也没有做错，但我仍然不敢掉以轻心。

意识到我自己反应过激，完全不像平常的自己，我慢慢让自己的情绪回归正常，虽然我还是心跳过快。我告诉自己这是在一个很有组织的学校舞会上，到处都是家长和老师，我就站在离我女儿几英尺远的地方，她也没有任何陷入危险的迹象。即便是这样，我还是在舞曲结束后走到我女儿的身边，问她是否玩得开心，跟她跳舞的男人是谁，结果这个男人就是我女儿舞伴的父亲。我觉得自己像个傻瓜，但心里还是很紧张。

那就是创伤后应激障碍的感觉吗？那确实是我从没有经历过的恐慌和惊吓，谢天谢地，我以后再也没有经历过。也许你会说那不过是一个保护欲过度的母亲的反应，但我敢肯定的是，我绝不是那样的母亲，对我来说那样的反应是不正常的。那是一个很疯狂的时刻，还好我立刻认识到了那是什么样的情绪，让我放心的是，如果我有创伤后应激障碍，我应该可以辨认出来。

那个星期，我们接手了四起恋童癖案件，也许那就是为什么我会有不符合我性格的反应。虽然我们大多数的工作跟死人有关，但现代法医人类学已经延伸到对活人的鉴定判断。一个非常重要的具有创造意义的提升是，我们在邓迪大学的团队可以为国内或国际上的性侵儿童案件提供技术支持。这是我们在解决一个特殊调查遇到的问题时取得的成果。

其实因为遇到问题，我们才会展开研究探索。这就给了我们一个非常难得的机会，因为有的时候，在研究探索的过程中，我们可能会进入一个全新的领域。大多数法医鉴定的方法，我们基本已经沿用了100多年。所以能够用到一些新的方法确实是很少见、很奇妙的事情。法医鉴定最重要的一个方法就是基因检测，这个方法是由莱斯特大学的亚历克·杰弗里斯爵士发明的，现在成为世界各地法医鉴定的标准方式，并彻底改变了法医的领域。所以我们都忘了，在1980年之前的法医鉴定中，基因分析是不存在的。

我们之所以会研究出这个方法，是因为警察跟我们联系，希望我们能帮忙处理一起棘手的案件。事实上，我们取得的"新"成果不管是方法论，还是适用原则，都不是新的，但我们再用到这些的方法是新的。有时候是社会环境的变化，使一门失传的艺术得以新生，或者是用一种特定的方式，让这种过时的艺术重新焕发生机，适应时代的发展。这就是我们这个行业所经历的事情。

2006年，和我一同在科索沃工作过的伦敦警察影像服务部部长尼可·马什跟我联系。他说他有一件棘手的案件，他不知道应该找谁，想看看我能不能帮帮他。当时伦敦警察厅正在调查一起女儿指控父亲性侵的案件。他们得到一些他们认为有用的影像资料，但他们不知道怎么从这些影像里提取有用的证据，说实话，我们也不知道。

这个女孩声称她的父亲会在半夜来到她的房间，在她睡觉时不正当地抚摸她。她告诉了她的母亲，但她的母亲并不愿意相信她，认为这是女孩博取关注的伎俩。这个聪明勇敢的女孩决定证明自己，晚上，她打开了电脑上的摄像头。在凌晨4点30分，摄像头捕捉到一个成人男人的右手和右前臂的影像，这名男子走进房间，开始骚扰躺在床上的女孩，正如她说的那样。

在黑暗中，电脑的摄像头自动转换成了红外模式，所以照片是黑白的。当一个活体的影像以这样的方式被记录下来时，近红外光会被浅静脉中的脱氧血液吸收，这样一来，入侵者的血管很清晰地显现在照片里，就像是一张黑色的电车路线图。警察提出的问题是：我们可不可以通过手背和前臂的血管分布图确定入侵者的身份。我们完全不知道答案，但是我们可以好好思考一番，查阅文献看看是不是有解决问题的方法。

关于人类解剖差异性的著作非常广泛，不仅对内科学、外科学及牙科学有很深刻的影响，对法医领域也有很重要的价值。安德烈·维萨里在 1543 年就发现，人体四肢的血管位置和分布有极大的个体差异。就上肢肘窝到指尖的血管分布而言，大多数血管的实际位置都不在我们通常认为的地方。350 年后的 20 世纪初，帕多瓦大学的法医学教授阿瑞戈·塔玛西亚提出，两个不同个体的手背血管分布是不同的。

塔玛西亚不赞同贝蒂荣人体测量体系，这个体系在当时风头正劲，常用于罪犯的人体和面部测量。贝蒂荣创立的人体测量法，与指纹技术一起成为当时犯罪鉴定科学中最常用的方法。因为手背静脉的分布不能被伪造，不会随着年龄的增长而变化，也不会消除，塔玛西亚认为手背静脉分布可以作为指认犯罪嫌疑人的一种依据。因为指纹分析需要较长时间的培训，而 6 种主要的手背血管分布模式及众多变异，只需要从照片或者图画上观察即可。所以，他认为检查静脉分布对执法人员来说更为简单快捷。

塔玛西亚的技术很快传到了美国，1909 年《维多利亚殖民地报》首次报道了这项技术，第二年《纽约时报》《美国科学》更赞扬这项技术具有革命性的意义。塔玛西亚笼统地将手背静脉描述为"不能伪造""不会改变""不能消除"。也许这样的宣称有点为时过早，这项技术还被阿瑟·B.里夫写进了他的侦探小说。阿瑟在他的一系列侦探小说中塑造了克雷格·肯尼迪教授这个被称为美国的夏洛克·福尔摩斯的人物。在1911年出版的《毒笔》一书中，肯尼迪在审问罪犯时说道："也许你不知道，每个人的手背静脉分布都是不一样的，就跟指纹和耳朵的形状一样，而且精准无误，不会改变，不能消除。"

不知道为什么，手背静脉的热潮就这么过去了，荣光不再。但是，跟其他的好方法一样，它并没有消失，只是休眠了，等待着重新大放光彩的机会。20世纪80年代，乔·瑞斯，一位英国柯达的自动化管理工程师宣称他发明了一种手背静脉识别系统。当然他并没有，因为维萨里和塔玛西亚早就尝试过这个方法了。瑞斯发明的是什么呢？是一种利用红外技术的生物血管条形码识别器。这种识别器可以储存他自己及其他人的手背静脉分布模式。他发明这个方法的原因是他的银行卡和个人身份被盗，他认为这种识别方法要比PIN码（个人识别密码）更安全。

瑞斯为自己的血管检查系统申请了专利，但这个世界还是认可指纹技术，跟维萨里和塔玛西亚那时一样，这些创新的方法并没有得到应用。当新千年到来之时，生物测定和安保行业成了朝阳产业。随着瑞斯专利年限到期，日立和富士通相继推出了与生物测定相关的安保产品，声称手背静脉分布模式是最具有连续性、无差别性、准确性的生物特征。如今，安保专家认为手背静脉识别是非常有价值的生物测定方式，因为它不能被消除，无法被伪造，也不会随着年龄而变化。历史的反复总是那么惊人的相似。

如果要将手背静脉作为识别个人身份的一种方式，首先就要将这个生物特征收集储存起来，建立一个可供查询的数据库。当个体将他或者她的手放在红外检测仪下面时，生成的图像可以自动与数据库中这只手的主人的数据相匹配。这项技术不会对人体健康有害，也不会在检查时造成尴尬或者不方便，毕竟我们的手是经常露出来的身体部分。

为了证明手背静脉分布在人类个体上的差异性，我们只需要把自己的左手和右手的静脉图像相比较，然后再与另外的人的左手右手图像相比较。如果你的手有比较多的汗毛，或者比较胖，也许你手腕内侧的血管分布更清楚。即便是同卵双胞胎，他们的手背静脉分布也是不同的，因为在我们出生前，我们静脉形成的方式非常特别。当我们还是胚胎时，血管是由细胞形成的血岛发展而来。当心脏开始一泵一息时，血细胞慢慢聚集在一起，动脉和静脉开始形成。动脉血管的分布更有规律性和稳定性，静脉血管的分布则相反，而且离心脏越远的静脉，变异越多。这就是维萨里观察到的，为什么手跟脚的静脉血管分布比手臂和腿的静脉分布变异更多。

到 2006 年，我们结合维萨里的人体解剖标本、塔玛西亚的法医学研究、瑞斯的改进方法，以及日立和富士通的生物测定安保产品，创造了我们自己的技术。不知道这项技术是否可以帮助警察破解这起特殊的性侵案件。

　　我们手里没有通过数学演算法得到的手背静脉分布图，以及可供查询对比的数据库。我们只能把女孩用电脑摄像头拍下来的图像与她父亲在拘留所拍下来的前臂和手的照片做对比。在这一点上，我们与塔玛西亚的方法更相近，而不是他的后继者们的方法。如果手背静脉分布不一致，我们就可以肯定照片中的手和前臂不是属于同一个人，也就可以排除这个父亲的作案可能。但如果手背静脉分布一致，我们却不能完全肯定地说这是同一个人，因为我们没有足够的数据来证明个体的手臂静脉分布有多大的差异，也不敢确定会不会有两个手背静脉分布相同的人。我们也没有办法向维萨里或者塔玛西亚寻求帮助，让我们完全排除这个父亲的作案可能，因为一个是 500 年前的人，另一个也去世近百年了。当然我也不知道这两位逝者能不能给出答案，有的时候，我们这一路上遗忘在历史长河里的解剖知识，比我们学到的还要多。

　　在法医科学里，对于任何一种技术，我们都不要夸大它的作用，这一点非常重要。我们的工作不是给人定罪或者证明他的清白。我们的责任和义务是客观地检查证物，给出有效专业的意见，诚实地、开诚布公地展示我们可靠精确的方法和发现，有的方法可能是在过去出现过的。

　　通过将嫌疑人的右手和右前臂的静脉分布与这个女孩生父的右手和右前臂的静脉分布做比较，我们在法庭上陈述了我们的发现和建议。因为这是在英国法庭上第一次提交这样的证据，法官和陪审团对于我们的发现是否能作为证据有很大的争议。法官要求陪审团离席，进行预先审查，就是法官或者律师要对证人先进行初步审查，评估这个证据是否可以被法庭采纳。基于手背静脉分布分析是建立在正确的解剖学基础上，并在生物测定行业有过研究历史，虽然很短暂，但法官判定采纳证据。所以审判继续进行，我们向法庭提交了证据。毫无疑问，被告律师对证据进行了反复询问，但我们的结论是站得住脚的。

　　当陪审团给出无罪的结论时，我们都非常惊讶。除了她的父亲，还有可能是谁呢，谁还会有跟嫌疑人如此相同的手部和前臂静脉分布，谁还会在凌晨 4 点半进入一个少女的房间。但是作为鉴证专家，我们没有立场去说服陪审团，或者质疑他们的结论。在法官的带领下，他们是事实的审判者，最终的决定者。

　　我们能做的，当时也做了的，是询问律师，是不是因为这个不常见的技术，或者是我没有向陪审团清晰地解释这项技术，才导致这样的审判结果。然而非常奇怪的是，律师认为我们的证据并没有对最终的结果起到关键的作用。她的感觉是陪审团就只是简单地不相信这个孩子。也许他们觉得这个孩子并没有很痛苦悲伤，又或者是她的行为举止让人觉得她说的不是实话。所以，被告被无罪释放，继续生活在他被指控性侵的房子里。

　　那个女孩后来怎么样了，我并不知道，但我总感觉也许当初我可以做更多的事情。在一个案件中，我们唯一能做的就是提高我们所提供的证据的质量和可信度，那就需要我们提高科学技术的精准性和稳定性，这就是我们着手要做的事情。塔玛西亚的研究有一定的道理，我们想把他的研究成果运用到猥亵儿童案件的照片分析当中。

　　成年人不但残忍地辜负了儿童给予我们的信任，而且拍摄和传播猥亵儿童的照片是千禧年以来增长最快的犯罪行为之一。我们决定沿着维萨里和塔玛西亚的足迹，进一步研究人类手背静脉血管分布的差异。因为手背的部分，是恋童癖们最容易在照片中显露出来的。2007 年至 2009 年之间，我们有一个意外的收获。在这期间，邓迪大学为英国境内近 550 名警察提供了 DVI 培训课程。我们询问他们是否愿意协助我们建立一个数据库，这样我们就可以研究手部静脉分布的差异性了，基本上全部警察都答应了我们的请求。

　　我们不仅仅研究静脉血管的差异，我们还开始将伤疤、痣的位置，皱纹，关节处的皱痕等"软性"生物特征也纳入研究范围。我们发现，如果把这些不同的特征联合起来，可以帮助我们有效区分个体。我们在红外线及可见光下给每一位警察拍照，记录他们的手、前臂、上臂、双脚、双腿，以及大腿的特征，这些录入的数据作为一个特别的数据库，加快了我们的研究进程。

我们得到了许可，我们进行了研究，我们写了论文，我们为100多起儿童性侵案件提供了帮助，我们帮助排除无辜的人，我们为惩治有罪的人提供证据。我们大部分时候是和英国警察合作，但现在也有很多案件是来自欧洲大陆，甚至遥远的澳大利亚和美国。当我们得到某个案件的信息时，警察基本上已经锁定犯罪嫌疑人了，而且也有比较充分的证据给这个刑事案件定罪。但是，在很多情况下，被告通常都会宣称自己无罪，或者在律师的建议下在整个审判过程中要求行使被告人沉默权。在我们接手的案件中，因为我们提供的专业分析，有超过82%的案件的被告最后都认罪了。

这样的结果非常重要，因为这就意味着案件不需要再走庭审的程序。这不单可以省下大笔的公共资金，更重要的是，受害者不需要再向法庭提供自己被性侵的证据，因为作案者可能是他们的父亲、母亲的男友或者熟人。我们很高兴能为这些案件的量刑做出一点贡献。我们参与过的案件，罪犯们被判处的监禁年限总和已经达到了几百年，包括很多终身监禁。我认为他们对这个社会最柔弱的群体犯下的是最卑鄙、最不可饶恕的罪行。成年人没有任何权利剥夺孩子们的纯真。

我们的成功最要感谢的是解剖学，在这门学科里，死者继续向生者教授知识，不仅仅是因为他们贡献出了自己的身体，还因为维萨里和塔玛西亚为我们留下的知识遗产。

第 十 三 章

遗体捐赠

消除恐惧的最佳方法

我认为，学习和教授解剖不是从书本着手，而是从实际操作入手，不是听从哲学家的原则，而是遵循自然的构造。

——威廉 · 哈维

医生，《心血运动论》（1628）

死者在进入他们最后的安息地之前，需要一个暂时的落脚点。那些选择为我们解剖部捐献遗体的人，将一个安静的等待室作为落脚点，因为这里有一群真正关心他们的人。为了显示对我们解剖工作的信任，我们部门的很多工作人员都签署了遗体捐赠协议，等到死亡降临时，他们会再回到这个他们曾经工作过的地方，成为另外一种形式的老师——当然我们希望这是在他们享受了很长的快乐的退休时光之后。这也在某种程度上遵循了这门学科的惯例：死亡之后，依然可以延续生时的工作。

　　我们从事的与死亡相关的工作也许看起来很恐怖，但事实并不是这样的。我们的捐赠者通常都非常幽默。一位年长的绅士被自己的玩笑逗得很开心，他说："像你这样年轻的姑娘居然想要我这把老骨头。"我们经常能听到这样的玩笑话。也有很多人认为死后捐赠遗体是为了让身体发挥更大的作用。请允许我分享塔莎·邓洛普说的一段话，她在给我们写的信中讲述了她父亲——一位寡言少语的普斯郡农民的故事。

> 我的父亲邓洛普，患骨癌晚期 4 年了。他曾经那么精神抖擞，现在却奄奄一息了。我不敢想象他的遗体对科学还有什么用处。事实上，我甚至不确定现代科学是否还需要用尸体，也没有人说起过还可以捐赠遗体，机器人不是已经代替尸体了吗？但是我的父亲很固执，他说："尸体是很难看的东西，你不会想要把我放在什么地方，而我没有办法忍受葬礼，肯定会有哪个医学院想要我的尸体的。"几张表格，一个见证人签字，一周以后他终于如愿以偿了。邓迪大学接受了他慷慨的馈赠，他笑得合不拢嘴。

邓洛普先生是一位少言寡语的普斯郡农民。他一辈子辛勤劳作，死后也继续为我们做出贡献似乎很符合他的风格。虽然我们的捐赠者可能都很看得开，但家属们却没有那么容易接受。一位女士的丈夫将自己的遗体捐赠给了我们部门，她曾经请求我好好"照顾"他，因为她实在没法完全理解丈夫的决定或者说遗愿。

将自己一生挚爱之人的遗体交给陌生人，确实是一件很艰难的事情，我们把照看好这些遗体作为我们的责任。事实上，我们这个学科，最重要的两个部分就是人类解剖和可供解剖的遗体。

我们每天最重要的工作就是保护并细心呵护这些遗体，因为他们选择通过帮助我们更深刻地认识人体，在死后还继续为这个社会做出贡献。那位遗孀一定通过了解我们而打消了疑虑，因为等到她的丈夫举行完形式上的葬礼后，她自己也填写了捐赠申请，这样的事情时有发生。

当我搬到邓迪大学时，我们保证每个学生都有机会操作全身解剖。但对于大多数的大学校长来说，解剖学是一门死学科，因为它不会有远期的经济效益，所以是一种很昂贵的奢侈品。现在，很多医学院都不再对解剖课程进行投入了。管理者或许被越来越多的现代科技提供的增强现实或虚拟现实的情境所吸引，他们认为这些方式更加适合现代社会对教育的短暂关注。但是，如果认为解剖学已经没有什么新的知识可学，操作流程也不需要改进和发展，那就是严重低估了解剖学对其他众多学科的作用。在一个懒惰的世界里，宣布一个学科的死亡要比想办法让它重获新生容易得多。

没有任何电脑、书籍、模拟、模型可以代替从实际操作中得到的多感官体验。如果情况继续恶化，正如现在很多解剖部门采取的方式一样，剥夺学生们探索真正的人体的机会，在我看来，这对学生们的大学学习极为不利，而且还会给这些未来的临床医生、牙医、科学家带来很大的问题，这些未来在各自领域的专家，当然应该通过最佳的媒介学习人体。每个学生在解剖室可以学到的一点是，没有任何两具尸体有相同的解剖结构。不同的个体有太多的不同之处了，如果学生们不明白不理解这一点，那么以后承担这个后果的就是相信他们的患者。大约有 10% 的临床事故的发生是因为医生对解剖变异的无知。

自 1832 年起，解剖就是由议会法案监督管理。第一次立法是格雷伯爵领导的辉格党为应对伯克和海尔在爱丁堡西港口犯下的杀人罪做出的挽救政府颜面的措施。这部法律允许教授解剖的老师合法解剖捐赠的尸体，以遏制非法的尸体买卖和抢夺，以此恢复政党在公众眼里的形象。

修改解剖法案之前（英格兰 2004 年，苏格兰 2006 年），旧的法案条款的要求有点自相矛盾。它要求医生不得在尸体上练习或者进行测试手术，否则就是违法。医生可以进入解剖室，将尸体的皮肤剥离下来，肌肉切割下来，大腿骨锯下来，但是他们不能给尸体装上假肢，因为那将被视为"手术"。这样的限制正体现了长久以来手术医师和解剖学家之间的历史关系，当然，这跟当时的杀人犯伯克和海尔有很大的关系。

很多的解剖学家、手术医师、临床医生向政府部门提交证据，想证明 170 年前因为不合法的商业勾当而颁布的禁令与当今社会的发展已经不相符了。手术医师是值得信任的，应该被允许在尸体上磨炼技术，这总比在不幸的患者身上试手要好。手术医师与解剖学家之间的陈年友谊又开始被旧事重提，但是很快就遇到了一个小小的阻碍。法令修改不久，手术医师们就背叛了解剖学，因为他们发现被我们用福尔马林浸泡过的尸体变得很僵硬死板，不符合他们的要求。他们想要的是像活着的患者一样有感觉、有组织反应的尸体。所以他们想要"新鲜或冰冻的"尸体。

我非常反对解剖学朝着这个方向发展，因为如果要提供手术医生们喜欢的那种尸体，那么当捐赠者死后，捐赠的遗体从关怀医院、普通医院或者其他任何地方运送过来时，这具遗体需要被切割成不同的部分（肩部、头部、四肢等），这种方式有点像是肢解，而肢解在刑法中被视为对尸体严重的侮辱。这些不同的身体部分会被冰冻起来，等到有需要的时候，再从冰冻室里拿出来供学生、参训的手术医生或者其他团体解剖观察用。第一次解冻的时候，这些身体部分无论从哪方面来说都很"新鲜"，然而几天之后，它们闻起来就不是那么新鲜了，跟所有的有机体一样，反复的冰冻、解冻会对它们有影响。当第一批学生完成他们的解剖学习后，这些肢体对后面的学生就没有多大的价值了。另外，很多的病原体都能够在 0℃ 以下的环境生存，它们可以在冰箱里处于休眠状态，而一旦这些组织温度开始升高，它们就会再繁殖，病毒转移和病毒感染的概率就上升了。这些还在学习不要割到自己手指的菜鸟要非常小心，并且要保证自己接种的疫苗在有效期内。

法律修改之后，我们也可以合法地从国外进口肢体。但是，现在这个情况也很让人担心。现在你可以给远在美国的公司下单，例如你想要 8 条腿，他们就可以给你运来 8 条合法健康的腿，这种情况本身就非常糟糕了，更坏的是，在利用完这些肢体后，它们将被火化，作为医学垃圾被丢弃。我觉得这对遗体捐献者太不尊重了，我无法接受。在我看来，这些遗体被当成了可处理的商品，而不是死者。

我认为，一些机构监管下的冷冻系统不但浪费了这些珍贵的遗体，而且在道德上也很受质疑，并且还有很严重的健康隐患。我能想象这样的情形，如果一个手术医师或者学生割到了自己，并且感染了病毒，我们就会面临官司，原告会声称这次感染毁了自己的医学事业。我们的大学展开了一项由高级理事会成员领导的调查研究，这个调查让邓迪大学摒弃了要使用冷冻尸体的想法，这让我很高兴。如果不是这样的话，我可能已经离开这所大学了。

当然，继续使用福尔马林也是一个问题，主要有以下几个原因。首先是因为成本。其次我们看到，用福尔马林防腐过的人体组织并不适合手术学科学生练习所有的手术。再有就是健康和安全是医疗机构和学校最关注的两个方面，这也是为了名誉着想。保证各部分组织无菌非常重要，然而福尔马林虽然保证了无菌的标准但却又增加了新的风险。我们知道，如果福尔马林的浓度太高，就成了一种潜在的致癌物质。事实上，很多国家在经过仔细的研究后，已经减少使用福尔马林了，尤其是在 2007 年欧盟颁布了法令后，降低了原来标准的福尔马林浓度。如果未来法律继续要求降低福尔马林的浓度，那么福尔马林将逐步退出解剖学领域的舞台。那我们就要再开动脑筋，找到符合大家需求的替代物质。

我记得曾经听说过一种在奥地利使用的技术，这项技术是由一位极富魅力、善于启发学生的名叫沃尔特·蒂尔的解剖学家发明的，他也是一名老师。我想也许他的发明可以帮助我们解决面临的问题。蒂尔教授是格拉茨解剖研究所所长，当他在布拉格学习医学时，他被军队征召在第二次世界大战中服役。退役时，他的面部受了枪伤，他战胜了伤病，继续读完医科大学。战后，他在格拉茨的机构工作了50年，在20世纪60年代早期，他意识到了我们现在面临的这个问题，倾尽毕生心血研究解决方案。

蒂尔的目标是找到一种更好的方法，既可以让人体组织有弹性，又可以保证这些组织的使用寿命，还能为解剖学家、医学生提供一个健康的工作环境。他注意到当地肉制品店里的火腿有湿润的质地，这种质地比他在防腐室得到的最终"产品"优越得多。这些火腿在经过特殊的盐处理后，既保持了它的颜色，又保证了肉质的弹性。他想我们是不是可以从食品行业学到些什么新的方式。肉贩们在使用化学物质时非常谨慎，因为他们不想自己的顾客中毒。而沃尔特·蒂尔却没有这样的顾忌，他的"产品"绝对不会在柜台上作为商品出售。于是，他开始经历这个痛苦尝试、屡挫屡败的过程，希望可以找到一个折中的方法。其实这个方法的基本原理就是"腌制"，加水、酒精、铵和硝酸钾盐（固定组织）、硼酸（杀菌）、乙二醇（增加弹性），以及适量的福尔马林作为防腐剂。

蒂尔开始用在同一家肉制品店买的牛肉片做实验，然后再用整只动物。他发现，只是在组织表面洒上这些化学合剂是不行的，还需要将其长时间浸泡在液体里，保证里外渗透。经过这样的加工，这些组织保持了原有的形状、颜色、弹性，而且不用冷冻保存。重要的是，他也没有发现细菌、真菌或者其他微生物的踪迹。蒂尔花了30年的时间，在1 000多具尸体上做了实验，终于找到了一个他最满意的配方，他认为使用这个配方可以在一段时间内有效保证被解剖的各个组织都处在最理想的状态。最重要的是，最终确定的配方，几乎是无菌、无色、无味的。他想要的结果都有了，而且生产成本也相对便宜。

沃尔特·蒂尔的信条是——"只有最好，才算够好"。他极具感染力的乐观和坚不可摧的精神，都体现在了他想要为自己的选择做出最大贡献的决心上。也许他当时所在的大学现在很懊恼，因为他没有申请专利。因为他的慷慨奉献精神，以及对合作研究、共同学习的坚定承诺，他最终选择向世界公开配方，因为他相信这样的科学发现应该向全人类公开，而不只是用来赚钱，或者让某一所学校得益。蒂尔的精神引起我们强烈的共鸣。

对于这个从天上掉下来的馅儿饼，我们都不太敢相信。但有的时候确实不需要你自己去做所有的工作。其他人先在那个领域做出了贡献，你只需要将它加以改进使之符合自己的要求，再进一步发展一下。就好像我们改进发展塔玛西亚的手背静脉识别设想一样。我们不需要都是天才，我们只需要是务实的推行者、改造者。但我们必须诚实，不能把原创者的功劳据为己有。

我派出了两名我的工作人员，罗杰和鲁斯到格拉茨考察蒂尔的技术。他们回来时都热情高涨，因为这种技术可以达到的效果实在太好了。他们滔滔不绝地谈论了很多，尸体具有不可思议的弹性，保存的长时效性，以及大家有多喜欢没有福尔马林味道的解剖室。毕竟在英国，所有的解剖室都飘荡着浓浓的福尔马林味。这种防腐液还能非常有效地防止细菌、霉菌和其他真菌的繁殖。他们没有发现这个方法有什么明显的缺点，它也不比福尔马林贵，但有一个小小的不尽如人意的地方是，需要的停尸间的规格与我们现在使用的完全不同。那就意味着我们需要花钱改造我们的停尸间。这就是大学最不愿意拨发的款项，因为董事会认为解剖部门已经快要走向末路了。

为了解决这个问题，首先，我们说服校长艾伦·朗兰先生给我们一笔 3 000 英镑的研究经费，因为我们需要拿出证据来说服董事会。我们用蒂尔的方法给两具尸体防腐，给男性尸体取名亨利，给女性尸体取名弗瑞拉。（为什么我总是给我的男性尸体取名亨利？或许是因为《格氏解剖学》对我的影响太深了，这是我潜意识的举动。）我们没有符合要求的设施，于是为了实验顺利进行，我们自己"建造"了一个合适的停尸间。我们这一代人，是看着《蓝彼得》和《老爸上战场》长大的，电视开播的时候我们几乎是黏在座位上。让我骄傲的是，我几乎可以用胶带、洗手液的瓶子和厕纸的卷筒改装出任何我想要的东西。实在造不出来的东西，我们就临时凑合，求别人，或者跟人借（但从没有偷过）。

我们在一个被关闭的动物学大楼前找到一个很大很旧的鱼缸，我们把这个鱼缸改造成了一个可以并排放两具尸体的容器。我们借了一些试管和泵，把旧的门改造成了容器的盖子，准备好各种需要的化学制剂。我们还向警察报备了大量购买硝酸盐的原因，不是用来制作炸弹而是给尸体防腐。

首先是将男尸亨利用蒂尔法防腐。我们将配制的溶液轻柔地注入他的腹股沟静脉血管里，并在他的头顶切开一些小口进入静脉窦，把大脑里的血液抽干，整个过程不到一个小时。完成后，亨利就被浸泡在鱼缸里，几天后弗瑞拉也跟亨利放置在了一起。他们躺在缸里差不多两个月，每天我们都会给他们翻身，确保尸体的每一处表面都能被溶液浸泡到。我们很仔细地检查尸体是否有腐烂或肿胀的迹象。庆幸的是，我们并没有发现什么值得担心的迹象。我们注意到，每次翻身的时候，他们都很有弹性，并且很滑，有点像是养在桶里的鲜鱼。这让我们倍受鼓舞。

慢慢地，粉红色的皮肤开始变得苍白，上面一层的死皮也脱落了，头发和指甲也一样。让人吃惊的是，因为皮肤有一点点肿胀，尸体原本的皱纹都消失了，亨利和弗瑞拉看起来更年轻了。当然，我并不认为我们发现的是永葆青春的灵丹妙药，因为这些化学制剂太危险，而且要躺在一个大桶里两个月也特别不方便。时间一周一周地过去，我们并没有发现什么不好的地方。但是在这期间我们也提心吊胆，双手合十向上帝祈祷。

我们给在邓迪和泰赛德区的手术医师写信，询问他们是否愿意在这两具用蒂尔法加工过的尸体上进行各种各样的手术试验，并帮我们填写反馈信息，即用他们的专业眼光来看，这个方法哪些地方达到了要求，哪些地方没有。他们非常慷慨地给了我们时间和建议。罗杰和鲁斯把手术日程安排得像军事行动一样缜密，最没有侵入性的手术被安排在前面，最具侵入性的则被安排在最后面。这样可以让亨利和弗瑞拉这两具用特殊方式防腐的尸体得到最大限度的利用。每一位医生都向我们反映，除了有同样的优点外，用蒂尔这种方式保存的组织要比用福尔马林保存的好操作，还比新鲜或冷冻的安全。事实上，在他们看来，用蒂尔法加工过的尸体跟真正的病人的唯一差别是，尸体没有温度和脉搏。难道这又是摆在我面前的一个难题吗？

虽然我们没有办法提高尸体的温度，但我们曾经为了开展一项手术让尸体有局部的脉搏。如果我们限定在部分区域的动脉系统，往血管里注入与血液浓度一致的液体，再与循环泵连接起来，这样就会产生所谓的血液循环。我们可以模拟大出血，并且进行计时，要求训练者在规定的时间内完成止血，因为在现实情况中，超过这个时间，患者就有可能死亡。这是最有意义的学习经验，直接关系到病人的生死存亡以及医生手术技术的提高，尤其是在战地手术中，时间是最重要的因素。我们还发现，我们可以给尸体挂上人工呼吸机，这样就可以模拟呼吸了，让"手术"更加逼真。但我必须承认，第一次看到在我的解剖室里有一具会"呼吸"的尸体，我也是很害怕的。

整个项目都非常成功。我们给沃尔特·蒂尔写信，告诉他我们效仿了他令人惊叹的技术，当时他已经非常虚弱了。再一次申明，我们并没有任何创新，我们只是认真地聆听老唱片，挑选出了其中的旋律。我被邀请参加了校董会召开的会议，向他们报告我们的实验结果。大家一致同意，我们应该尽快放弃原来的福尔马林防腐法而改用蒂尔的防腐法。我们觉得应该一步到位，学校也意识到成立全国第一个用蒂尔法处理尸体的工作室的价值，这可以让邓迪大学在英国成为这一领域的领导者。

事情一经决定，我们就先给校董会提出了一个小难题，我们现有的停尸间没有办法达到要求，因为它太小了，就是满足我们现在的需求都很难，更别说未来的大计划。我们不可能因对现有的停尸间进行修缮而暂停接受遗体捐赠，所以我们只能修建新的停尸间。就在这个关头，皇家解剖监察员也加入了我们的讨论。

监察员也认为，我们现在的防腐设施急需翻新，如果邓迪大学还想继续教授以解剖实践为基础的解剖学，学校应该将设施升级作为头等大事。这个加快事情发展的小插曲很有意思，我知道，学校董事会必须要做出一些决定，而且这个决策需要他们集体的智慧。他们会继续在邓迪开展实践型的解剖教学吗？如果继续，他们会不会只是翻新原来的停尸间，还是跟其他机构一样继续使用福尔马林的防腐法？或者他们会在脖子上系上超人斗篷，在紧身裤上套上内裤，大跳一步，给自己一个机会成为英国解剖学的领军人物。自然，我希望他们做出正确的决定。

建新的大楼需要 200 万英镑的巨资，而学校能拿出来的钱只有 100 万英镑，另外的一半就需要我们去集资。可是，谁会愿意投资停尸大楼呢？只是在商场门口举个牌子或者在地铁站摇晃一个铁罐，这种方式的募捐并不能解决我们的问题。我们很清楚，如果不经过仔细的思考，我们想要新建一座停尸大楼的请求没有办法和慈善事业相比，毕竟慈善事业更容易打动那些慷慨热情的公众的心。我们必须再一次发挥我们的创造力，标新立异。

我的朋友克莱尔·莱基是一位非常有经验的慈善资金募集者，我咨询了她的意见。她建议我列一个名单，把这些年"享受"过我服务的人写上去，现在是时候让他们"还人情"了。但是我不确定，过去我帮助过的人，现在会涌泉相报吗？当我开始写名单时，我发现竟然有很多人，尤其是一个人的名字映入眼帘：著名的犯罪小说家瓦珥·麦克德米德。

我和瓦珥是 10 年前在做一档电台节目时遇到的。当时她在曼彻斯特的演播室，而我在阿伯丁。在等待直播的时候，我们一直在聊天，突然地，好像是我一直的习惯，我对她说："顺便说一下，如果你需要有关法医科学的建议，你直接给我打电话就好。"她后来确实打过很多次电话，我们之间也发展起了温暖真挚的让我为之骄傲的友谊。我知道如果有人足够勇敢、足够疯狂地想要帮助我，那这个人一定是瓦珥。

我们一起动脑筋，开始酝酿一个"计划"，最终想出了一个叫"百万停尸大楼"的绝妙活动。这个新的停尸大楼需要一个名字，我们都认为这个名字得引起公众和媒体的共鸣。如果是一位奥林匹克自行车赛选手，或者一位艺术家，他会把用他的名字命名的室内自行车赛场、艺术画廊当作一种荣誉。但是谁会愿意跟停尸大楼联系在一起呢？答案就近在眼前，最适合的人莫过于一位犯罪小说家。为什么不通过邀请公众来选择这项"不光彩"荣誉的接受者，为这次活动造势，让我们筹集更多的资金呢？

瓦珥说服了她慷慨的犯罪小说家同事们，跟她一起来支持我们，包括斯图尔特·麦克布莱德、杰弗里·迪弗、苔丝·格里森、李查德、杰夫·林赛、彼得·詹姆斯、凯西·莱克斯、马克·比林汉姆及哈兰·科本。我们在网上发起了一个投票活动，犯罪小说迷们可以为自己喜欢的小说家投票，最终决定用谁的名字来命名，但是他们需要在投票时支付一笔小小的捐助。我们都觉得很好玩，作家们也给了我们真挚的支持。

　　杰弗里·迪弗劝他的读者投他一票，因为他觉得自己长得最像死尸。我实在没有办法评论这个说法，但竟然没有人跟他争论。一位很有才华的音乐家同意拿出自己的私人作品制作成 CD 为我们筹款。我们唯一担心的是，如果李查德获得了最多的票数，那我们的大楼就得叫"儿童（Child）停尸大楼"，那就容易让人误会了。李查德非常绅士地为我们解决了这个难题，他提议如果他赢得了最多的票数，就以杰克·理查尔——他最著名的小说人物，命名我们的大楼。我还没有利用与汤姆·克鲁斯的关系，但是我准备把这个理由好好保存起来，以后也许能用上。①

　　最具有创造力的卡罗·拉姆齐创作了一本《杀手食谱》，食谱由犯罪小说作家们贡献，这本书的收益全部用来帮助我们建设停尸大楼。之前从来没有一本食谱跟我们解剖部门联系起来，当然我们都知道那是为什么。经过慎重的广告宣传，我可以确定地

---

① 电影《侠探杰克》改编自李查德的"浪子神探"系列小说，由汤姆·克鲁斯饰演神探杰克·理查尔。——编者注

说，这本书取得了巨大成功。我们在全国范围内举行了试吃夜和厨艺展示，这本书甚至入围了 2013 年世界食谱大奖。

另外的作家把自己下一本小说中的人物拿来拍卖。获胜者可以选择成为自己最喜欢的犯罪作家下一本小说中的人物，比如酒保或者无辜的旁观者。斯图尔特·麦克布莱德在阿伯丁组织了一些展览，这些地点在他的"洛根·麦克雷"系列小说中出现。不但如此，斯图尔特还把《骨头人啵啵历险记》(*The Completely Wholesome Adventures of Skeleton Bob*) 的收益也捐给了我们。这三本儿童小说，是他为自己的侄子洛根写的故事，并配了插图，讲述了一副穿着粉红针织皮肤衣的骨架的历险故事。这副骨架经常陷入跟巫婆和自己父亲"死神"的麻烦之中。我们非常感动和荣幸，斯图尔特把这些书交给我们以他的名义出版。

整整 18 个月，我们都为了这个"百万停尸大楼"活动努力工作。我们在哈罗盖特和斯特灵的犯罪小说节上举办了很多签名活动。我们到处演讲访问，我们在电视、报纸、杂志上谈论我们的任务和使命，我们举办和参与辩论赛。最终我们成功了，成功筹得欠缺的资金，终于可以开始修建我们的大楼了。

当我们专注于新的停尸大楼的建设和装修时，还是被筹款活动的一个"副作用"震惊了。回到邓迪后，我们的捐赠干事薇薇向我"抱怨"，每当我参加完一个活动后，要求捐赠遗体的人数就会上升，这些想要捐赠遗体的人直到我们开始进行"百万停尸大楼"活动后，才意识到解剖部门还需要人体做教学和研究。他们成群结队地去签署捐赠协议，不只是在邓迪，也在英国其他的解剖部门。

我们从来没有想到筹款活动在某种意义上竟然成了解剖部门的招募活动。但看起来这个确实是非常积极而且受欢迎的"副产品"。事实上，即便是在筹款活动结束很久之后，人们的捐赠兴趣也仍然在持续。现在，我们每年有超过100位的遗体捐赠人，大部分是来自邓迪和泰赛德区，在这些地方，我们跟公众建立了深厚的信任关系。

一开始，我们的活动只是为建设新设施筹集资金，但事实上，我们不应该只是这么想。为什么我们总是认为公众面对死亡问题时喜欢遮遮掩掩，而不是直接谈论这个问题？实际上那些联系我们的人，很欣慰地发现我们可以讨论死亡这个很现实的问题，很欣慰除了土葬和火葬还有第三种选择。当死神来临时，他们可以选择死后怎样处理自己的遗体。他们直言不讳地谈论死亡，或者直接提出问题，也能坦然接受直白的答案。

一位可爱的女士从英国南海岸的布赖顿打来电话，想要捐献自己的遗体。出于职业礼貌和要求，薇薇直接告诉她，离她更近的地方也有医学院接收遗体。当然，我们也很愿意接收，但是她必须自己支付运输费用。她说她没有兴趣捐献给当地的医学院，因为她死后想变成一具用最先进技术处理的尸体，她想让自己的遗体用蒂尔的方法被处理。非常遗憾的是，沃尔特·蒂尔在2012年去世了，没有看到我们的新大楼建成，否则，他应该会非常骄傲和开心，他的名字已经变成了一个动词。

在一次我们为犯罪小说家举办的筹款晚宴上，我们遇到了一位非常纠结的女士。她身患绝症，决定死后捐献自己的遗体，但他的丈夫非常反对。虽然她很不想让自己的丈夫难过，但她更希望丈夫可以尊重她的遗愿，并且帮助她完成自己的遗愿。在我们的长谈中，我发现无法让她的丈夫明白捐献对她的意义成了她的一块心病。我们可以理解这位丈夫的担忧，他担心我们会对尸体做出一些无法启齿的难堪事情，他唯一在意的就是保护妻子遗体的尊严和体面。她问我是否可以给她写一封信，并在信中详细解释我们会用尸体做些什么，为什么要那样做，她希望这封信可以作为他们夫妻谈论这个问题的开始。

写这封信对我来说很困难，我花了很长的一段时间，但是在她的回信中，我知道这一切都是值得的。她说，她的丈夫现在明白了她的愿望，虽然他还是不高兴，但最终也同意了她的决定。我只希望她的愿望最终得以实现，她的遗体可以存放在苏格兰中部的某个解剖室里。等到她的丈夫看到，她的遗体不但教育了一个时代的学生，更是让病危的人、垂死的人受益，她做出贡献的时间比她想象的要长久得多，或许他能得到一些安慰。

无论我们的捐赠者是来邓迪大学找我们，还是在我们的帮助下顺利把遗体捐赠给其他解剖部门，帮助捐赠者实现他们最后的遗愿对我们来说都是一种荣耀，也是他们赋予我们的特权。无论他们从事何种职业，在哪里生活，贫穷还是富有，高矮胖瘦如何，是否饱受疾病困扰，在来的时候是做了指甲还是理了个新发型，是英年早逝还是寿终正寝，这些充满人格魅力的人因为他们的决定而团结在一起，为教育事业无私地贡献了自己的遗体。

我们认为，作为有资质的解剖学老师，我们应该替这些遗体说话，我们应该坚守他们代表的原则，维护他们的尊严。很庆幸的是，很多年前的那些喜剧电影里的情节已经过时了，那时候的电影，传统的搞笑情节就是把尸体胡乱塞进出租车里，或者有人在自己的早餐里发现一截手指，甚至有毫无感恩之心的医学院学生把尸体扛到不法活动的现场进行狂欢。我绝不容忍在我的解剖室里有任何对遗体不尊重的行为，皇家解剖监察员也不允许。违反《解剖法》条例的行为会被判处监禁。试想我们的捐赠者是对我们和我们的学生抱有多大的信任才会捐赠自己的遗体，我认为法律的规范非常有必要。

正是因为这样的责任感，我对在公共场合展示人体的态度是谨慎的。因为这是一个临界点，稍有不慎这样的展览就不再有任何教育意义，而变成有色情意味的窥视。打着教育的旗号，收取高额的入场费，让公众去观看被摆成下棋或者骑自行车样子的尸体，甚至是怀有三个月身孕的尸体，这些都不是教育。我认为这样带有演出性质的展览毫无品位，我在任何情况下都不会支持这种商业化的展出。在我们监察员的允许下，有时候我们会展出用福尔马林处理过的标本，这些标本会放置在玻璃或者亚克力材质的容器中。这些展出一般是在科学中心，或者其他不收费的场地，展出一定是着眼于教育。我们不能也绝不会为了娱乐而举办这样的展览。必须要有非常明显的教育目的才可以展出，因为为解剖学筹集资金非常困难。

对我们来说，解剖学既没有死亡，也不是在垂死边缘。这是一个在世界各地都非常有生命力、有活力的学科。它的支持者们的激情保证了它的生存和壮大，我认为最明显的就是在邓迪。我为所有的捐献者、工作者、学生及其他的支持者感到骄傲，是他们让我们的观察教育和科研设施成为世界一流水平。2013 年，因为我们在人体解剖学和法医人类学方面的杰出研究，我们非常荣幸地获得了高等教育及进修教育的女王年度奖。这是一个非常难得的奖项。我们的努力还在继续，就在我写这本书的时候，我们正在筹备 2018 年邓迪大学解剖教学 130 周年的纪念活动，也信心十足地开始新一轮的筹款活动，我们希望可以在我们的大楼里修建一个供公众参与的活动中心。

我们的全新解剖大楼怎么样了？我们的大楼在 2014 年正式建成，毫无疑问，大楼被命名为"瓦珥·麦克德米德解剖大楼"。瓦珥的胜出是众望所归，因为她在整个过程中不遗余力地跟进支持我们的活动，为大楼的建成做出了无与伦比的贡献。当然，我们的《骨头人啵啵历险记》也给大家留下了深刻的印象，它获得了第二多的票数，所以我们把一间解剖室命名为"斯图尔特·麦克布莱德"。

为了感谢其他作家在整个活动期间慷慨地将自己的荣誉、时间、努力献给我们，我们决定将9个蒂尔尸体处理缸分别命名为9个主要的参与者的名字。第10个缸命名为"罗杰·索姆斯"，他是我们之前的首席解剖学家，是我们活动的支持者，我们在邓迪的所有活动他都全力支持。他在大楼建成后不久就退休了，所以我们用他的名字命名第10个缸，作为送给他的离别礼物。当人们看到他的名字在缸上的时候，都以为里面躺着的就是他，但其实并不是，罗杰开心健康地过着退休生活。但谁知道呢，也许有一天，我最喜欢的解剖学家，最亲密的朋友，还会回到这里，用另外一种方式，再一次教导学生。如果是这样，我们会很欢迎，但我希望那时是在很久以后。

我们总共有11个大缸，我很喜欢想象，当我的生命结束时，我可以漂浮在其中一个黑色的大缸里，那会是多有意义的一件事情。

后 记

死亡是一段可怕的旅程。

——J. M. 巴瑞，《彼得·潘》

死亡向我展示了她的多面性，但我希望最后我和她的关系是让人舒服的同志之情。

虽然我不是死亡学家，专门科学地研究死亡，但我目睹了太多她的"作品"，让我对死亡有了正确的认识，我知道我即将面对的是什么。但是我也不敢打包票，自己在生命的最后会有什么样的表现。我猜想，思想深沉的人在他垂死或死亡时应该会比较平淡地看待死神，因为未知的因素让人有哲学的思考，并会随着年龄的增长，离坟墓越近，变得越深刻。因为没有人会死而复生，告诉我们死亡究竟是什么感觉，我们没有办法做准备做计划，来保障自己的死亡之路平坦或坎坷。唯一能确定的是，我们迟早都要面对死亡。虽然我们的亲朋好友会陪伴我们走过一程，但最终要与死亡为伴的还是我们自己。

　　我猜想，当生命的旅程结束，死亡的旅程开始时，对我们所有人来说都是大不相同的。对于很多人来说，不想死的原因是太贪生。我们可以做点什么把死神拒之门外吗？或许她会愿意和我们来场生命的辩论。或许我们可以晓之以理，或者讨价还价，如果我们的论据有足够的说服力，我们自己又有坚强的意志力。我们不是经常听到这样的故事吗？身患绝症的病人期望可以过最后一个圣诞节，参加孩子的婚礼，或者还有其他重要的遗愿，凭借自己坚定的毅力，活过临床预测的死亡时间，完成心愿，最后心满意足地死去。当然，医生给出死亡时间预测也有一个问题，那就是病人倾向于太认真地对待这个预测，急于在这个时间内完成自己的心愿，然而，这个预测也只是一种猜测。有的时候我们使出浑身解数，超越我们自己设定的最后日期，而一旦这个目标达成，我们就没有精神支柱了，放弃了生的意愿，开始直面死亡。又或者是我们为了达到目标用尽了自己的最后一丝力气，精力耗尽，再也无法与死亡搏斗。

　　鼓起所有的勇气，与步步逼近的死神顽强不懈地做斗争，而不只是关注一个具体的目标，也许可以成为面对死亡的另一个选择。诺曼·卡曾斯，美国政治专栏记者，就是一个活生生的例子。他在 1964 年被诊断为患有致残性结缔组织病——强直性脊柱炎，被告知只有 1/500 的治愈机会。因为一直相信人类的情绪在对抗疾病中起着至关重要的作用，他开始服用大剂量的维生素 C，还随身携带一个电影放映机。他发现，如果自己可以在看真人秀节目回放或者马克思兄弟的电影时开怀大笑，他至少可以得到两小时无疼痛的睡眠。

　　6 个月内，他就已经可以站起来了，两年内，他就已经回到自己的工作岗位了。卡曾斯在被诊断出患有强直性脊柱炎 26 年后死于心脏衰竭，事实上，36 年前他就被告知有心脏疾病。他只是拒绝走向死亡，即便医生告诉他有这样的风险，他的治疗方法就是大笑。如果我们自己选择结束生命，这并没有什么错。但是卡曾斯的经历告诉我们，如果我们还留恋生命，那就值得一搏。

　　有一些对长寿有益或有害的原因众所周知。健康的饮食，运动，婚姻，作为女性，都有可能让人长寿。在几乎所有被调查的国家里，女性的平均寿命比男性长 5% 左右，这是一个被认定的事实。或许是因为女性有两个 X 染色体，而男性只有一个，如果染色体发生什么突变，女性还有一个备用的，而男性没有。这个解释虽然看似合理，但影响男性寿命的内在因素更可能是睾酮的副作用。

　　一项关于朝鲜王朝（1392—1910）太监的研究发现，他们的平均寿命比没有被阉割的男性长 20 年。更有趣的是，除非是在 15 岁之前切除睾丸，否则也不会有明显的效果。男性个体如果是在进入青春期后再绝育，睾酮这种生物化学物质已经对身体产生了影响，那么与正常男性相比，其寿命就不会再有什么明显的优势了。

如果男性为了多活 20 年而采取自宫的方法，那就太极端了，更不要说这样做对人类繁衍的影响。

我们通常用星期、月、年来衡量生命及生命的构成部分，也许用风险来衡量它们会更有趣。影响我们寿命的，有好的方面，也有不好的方面，如何运用它们就会影响到最后的结果。

1978 年，在《社会危险评估：多安全才是足够的安全？》（*Societal Risk Assessment：How Safe is Safe Enough？*）一书中，斯坦福大学的罗纳德·A. 霍华德提出了致命危险单位的概念。在这个概念中，他用百万分之一来量化危险，并创造了一个词"微死亡"（micromort）——百万分之一死亡率。这个概念非常简单：如果一项活动的百万分之一死亡率值越高，这项活动就越危险，致人死亡的概率就越高。这个概念适用于评估日常活动、有危险的公司，以及那些最接近危险或者慢慢积累危险的活动。例如，骑摩托车 6 英里（约 9.66 千米）或乘火车 6 000 英里的微死亡值为 1，也就是说，就交通工具而言，火车比摩托车安全 1 000 倍。所以，这样的计量方式可以让我们了解各种活动的潜在危险，在进行某项特别的活动时三思而行，看看是否值得冒险。普通的手术麻醉的微死亡值是 10，一次跳伞大概是 8，一次全程马拉松是 7。真正危险的活动的微死亡值高得超出我们的想象——登山者在登山的过程中，随着高度的上升，微死亡的值可以上升到 40 000。霍华德教授把那些带有猝死危险的活动定义为急性风险，那些需要积累才会真正有风险的活动定义为慢性风险。在这个分类里，喝半升葡萄酒，或者同吸烟者共处两个月，会有微死亡值为 1 的风险。

　　值得高兴的是，我们可以通过获得"微生命"（microlife）来抵消风险。剑桥大学的戴维·斯皮格尔特爵士提出了"微生命"的概念，这个概念是指我们 30 分钟的生命存在，用来计量日常生活中的得与失。我们都知道哪些活动会给我增加或减少微生命，老实说，帮助我们增加微生命的活动都很无趣。男性的 4 个微生命或者女性的 3 个微生命相当于每天需要摄入 5 种蔬菜水果。是的，生吃卷心菜又要开始流行了。

　　我觉得我们应该发明一种新的计量风险的方法："微欢乐"（micromirth）。如果我们用快乐、欢笑、随心所欲来计量生命，无论长短，都会更有意义。微生命需要积累，微死亡是致命的，而"微欢乐"是无价的，我相信诺曼·卡曾斯会同意我的看法。

我自己在垂死，死亡，死后，会是怎么样的？

当我想到死亡和死的这些瞬间，我是很放松的，我不觉得它们很可怕，事实上，我甚至感到一丝兴奋，因为我不知道可能面对的死亡究竟会是什么样子的。我一直都知道自己的身体有哪些不完美的地方，也知道它的强项是什么，我很想知道当我的身体全面停工的时候，死神会怎么对待这个身体。我不是什么英雄，所以我跟大部分人一样，希望垂死挣扎的过程可以越快越好。奇怪的是，我对阻隔生死的那扇门感到很好奇，我希望当我的生命走到尽头时，我可以体验一下。这个时间不会太久，就好比罗马哲学家塞内加所说的那样："智者可以永垂不朽，但不能长生不死。"

我不想活到太老的年纪，如果那样，意味着要和年轻人争夺资源，尤其是如果我再也不能贡献什么，还要成为我爱的人的负担。我想要在生命的最后也是独立的，行动自如的，所以我宁愿用质量换取数量。我要大张旗鼓地结束。我可以忍受随着年龄的增长身体开始不适，但是千万不要让我变得糊涂。千万不要让我在毫无温度的养老院或者医院黯然离开。千万不要让痴呆盗走我的生活、我的故事、我的记忆，我不想像我父亲那样死去。

我问自己为什么要写这本书，为什么是现在？原因是找个机会把我的一些故事写下来给我的女儿们看，这样她们就可以听到用我的语言叙述的故事，而不是出自他人之口。我的父亲非常擅长讲故事，在我的成长过程中我一遍又一遍地听他讲述自己的故事。最近，我找到一封格蕾丝和安娜在 1997 年写给他的信。作为其中一件圣诞礼物，她们给他寄了一个本子和一支笔，希望他可以写下自己的故事，这样一来这些故事就不会永远消失了。不幸的是，他并没有这样做，他的大多数故事都随着他的离开消失了。剩下的我还能记得的故事也会随着我的离开而消失殆尽。我希望这本书，在我死后，可以让贝丝、格蕾丝、安娜，以及我的子孙后代们有机会了解我的内在、我的生活。

我的丈夫和孩子都对我很失望，因为我上一次主动去看全科医生是在二十几年前怀着安娜的时候。我从不服用处方药，虽然我知道，如果我做全身检查，医生会给我开一堆药片，调节我的血糖、血压、胆固醇或者其他什么问题。一旦你开始走上那条路，你就得一直服用那些药物。

在你50岁生日的那天，一张便检的"邀请函"放在了你的门口，真的要这样吗？那是多么尴尬的事情。我当然明白预防性治疗可以挽救很多生命，我相信有很多的人都会很乐意去做那些检查。我们在这件事情上都有选择权。但对我自己来说，我觉得看医生，做各种检查，找出那些事实上没有任何预兆的可能会出现的问题，没有任何意义。我有我这个年龄该有的疼痛不适，我不需要去看全科医生，来个6分钟的详细交谈，听他告诉我说我有肥胖问题，需要多运动。所以我只是让我的丈夫一天给我一片阿司匹林，再没有其他的了。

我的奶奶总是告诫我要远离医院。她觉得去医院会让人更早踏入棺材。我不想我的生活被一张诊断书牵绊，被疾病占据，成为一个医疗数据。因为最终能决定我生死的是命运，我不需要去阻止死亡。我们每个人对待疾病和死亡都有不同的看法和意见，要在对抗疾病和死亡的路上走多远，完全是个人的决定。我的决定就是顺其自然，不做抵抗。我选择在临近死亡边缘时不再做医疗救治。

我的生命是圆满的，我的生命是有目标的，我的生命是快乐的。我遇到了很多有意思的人。我的丈夫是我最好的朋友，我们有漂亮的孩子和孙子。我比我的父母活得都长。如果因为遗传原因，我相对保守的寿命估计正确的话，我也还有 15 年可活。事实上，从现在到 15 年后的每一天我都觉得是意外的收获。当然我也希望自己可以很长寿，但我更希望的是我的死亡符合生命的自然规律。也就是说，我希望我可以走在自己子孙的前面。因为看到失去子女的父母是如何痛苦，我希望自己不要经历那样的折磨。

现在，我剩下的时间比我度过的时间要短了，我开始关注在未来 30 年里我一定会走过的那扇生死之门。我并不害怕独自走过，事实上，我宁愿私密地，安静地，按我的条件，用我的节奏独自死去。我不想看到我爱的人因为失去我而痛苦。我想先安排好我的工作，我不希望还有剩下的工作去麻烦别人。我希望我完成所有的工作，并将这些工作清晰地交接给后面的人，这样我可以进入下一个阶段，而不成为任何人的麻烦。

那么我想让我的死亡如何发生呢？如果我不想像我的父亲那样死去，我希望我的死亡是这样的：当我做好准备的时候，我转过头面向那堵墙，跨过那扇死亡之门。我没有自杀的勇气，所以我必须耐心等待死亡的降临。如果可以的话，我会不会选择安乐死？也许会，在特定的情况下，但我肯定不会有阿瑟那样的勇气，阿瑟是我用于培训的一具尸体，他生前接受了安乐死。我对这个社会很有信心，我相信在我离开这个世界之前，我们这个社会最终会允许个人决定自己的死亡，而不是只能选择医疗救助和护工照顾。我想要自然地退场，我不想在临死前进行器官移植、心脏复苏，或者吃流食，我更不会注射麻醉剂，因为那样我可能会失去意识。当然可能当我受不了疼痛时，我会嚷着要吗啡。但我真的不想失去意识和控制力，所以我应该也不会接受吗啡，而且我的抗疼痛能力很强（生了三个小孩，没有用任何止疼药物）。当然只有时间能告诉我，我的想法是不是正确的。

虽然威利的死看起来毫无痛苦，但对我来说有点太快了。我也不想在睡梦中死去。我把死亡当成最后的冒险，我不想在这最后的时刻什么都没有体会到。毕竟我只能体验一次死亡。当死神来临时，我希望我自己还能清醒一点，可以跟她交谈，所以我不想因医疗救治而阻碍我们的谈话。我想要能够认出她，听到她的脚步声，看清她，触摸她，闻着她的气味，品尝她的味道，用人的思维尽可能地理解她，这是我生命尽头唯一的盛典，我不想因为没有坐在"前排"而错过什么。

如果我足够幸运，我也许能像托马斯·厄克特爵士那样死去。托马斯·厄克特是 17 世纪周游各地的博学家、作家、翻译家，来自苏格兰东北部的克罗马蒂。因为他参与了因弗内斯的保皇党起义，他被议会判定为叛国者，但他并没有被判处什么酷刑。因为他后来在伍斯特战役中支持保皇派，他被关进伦敦塔和温莎堡。厄克特极其古怪，他声称他的 109 代曾祖母塔姆斯就是在芦苇丛中发现摩西的人，他的 87 代曾祖母就是希巴女王。当他被奥利弗·克伦威尔释放之后，他回到了欧洲大陆。据说，当他得知查理二世复辟之后，他真的把自己笑死了，"微死亡"遇到了"微欢乐"，这是多么神奇的事情。

遗憾的是，我不觉得自己会被笑死。但是我预言自己会在 75 岁之前死去，我觉得死因应该跟心脏有关。因为通常周一的 11 点是心肌梗死的高发期，我为自己预定在周三的下午。

当然我并不知道该怎么死，因为我从来没有做过这件事情。但肯定死也不是什么难事，那些走在我前面的人看起来都做得很好，除了有一些例外，他们的"实力"完全可以获得搞笑界的达尔文奖，因为他们都成功地采取了滑稽的死法。我没有办法进行演习，也没有办法找死去的人给出建议，所以也就完全没有必要担心了。但是我知道我不是一个人，不管有没有人在那里，死神一定会与我同行，而她比任何人都经验丰富，我肯定她会教我怎么做。

　　我想象我的死亡就像是被永久麻醉了一样。眼前一片漆黑，什么都感觉不到，真正地死去。死亡的前方就是黑暗，当然反正我也不能记得什么，这确实很可惜。但也许事情就是这样的，就好比是一个长篇故事最后的短暂瞬间，最终为这个故事画上圆满的句号。

　　但是我对自己死后却有一些具体的安排。我要确定我的身体完整地用作解剖教学和研究，所以我会把我的遗体捐赠给苏格兰解剖部门。如果我可以选择，我希望解剖我的是进行科学研究的学生，而不是医科生或者牙医，因为我本来就不愿意看医生，更别说牙医，有谁会喜欢牙医呢？对我来说，成为解剖学生的第二个亨丽雅塔，是一种圆满。我现在就有捐赠卡，打算在我65岁生日的时候填写遗体捐献的表格，如果我65岁还没有死的话。到那时，被我长期"虐待"的器官还能被患者利用的机会很渺茫。

　　汤姆并不高兴，他不希望我被解剖。虽然他自己就是一名解剖学家，但他的思想非常传统。他希望我能有一个安静像样的葬礼，然后长眠在某个地方，这样我的女儿们就有机会拜访我，但是她们会希望这么做吗？我不敢肯定。如果是我走在前面，汤姆应该会按照他的想法给我举办葬礼，因为我绝不会强迫他做不开心的事情。然而，如果他走在前面，我会小心谨慎地按照他的愿望安排他的身后事，然后确保我自己的愿望得以实现。

　　最理想的情况是，我可以在自己的解剖室被解剖，但我得承认，防腐处理的过程对我同事来说可能不公平。当然，他们都很专业，我猜想他们不会觉得有什么问题，尤其是如果这是我的遗愿，但我不愿意给任何人造成不适，虽然我真的想要用蒂尔的方法处理我的遗体，而邓迪大学是唯一用蒂尔法的地方。成为一具用福尔马林处理过的尸体确实不怎么有吸引力，我也坚决反对冷冻的方法。我确实想要我的四肢经过处理后还能有一定的灵活性，也许比现在还要灵活，这是蒂尔法可以做到的，我也喜欢这个方法的"除皱"效果。我会在黑暗凉爽的尸体处理缸里待上几个月，享受这难得的休息时光，不再去管那些关于死的无稽之谈。我不知道我的解剖结构会不会有一些异常，让某些学生在某处咒骂我，我会不会像尸体亨利对我来说一样，成为其他学生的一名好老师。

　　当一切解剖完成后，我希望我的骨骼可以浸泡分离（在沸腾的水中除去软组织和脂肪）。我的软组织和内脏会被火化，虽然并不会留下太多的灰烬可供我的孩子们撒在某处。我对我的骨头也有安排，我想让它们被储存在邓迪大学的骨骼教学收藏盒里。我的骨骼应该有所有可辨认的特征——损伤、病理变化等等，这样他们会有更深刻的理解。如果需要把我的骨骼整合起来，做成一具人体骨架放在解剖室或者法医人类学的实验室，我也会很高兴。这样我可以在我的所有身体功能都停止后，还继续"教学"。因为骨骼本身就可以保存很长的时间，我可以待在那里好几个世纪，不管学生们喜不喜欢。

如果我能实现这些愿望，我就永远都不会死去。我会活在解剖学生的头脑里，他们会跟我一样，爱上解剖的美和逻辑。这种"永生"是我们在自己的范围内都渴望做到的。我对肉身的不老没有兴趣，虽然我相信这是有可能的。

有的人拒绝相信完全死亡的必然性。好多人相信他们的灵魂、精神或者身份的本质会用另外的方式长存下去，在地球上，或者他们认为的天堂里，即便肉身已经停止工作了。另外的人相信灵魂有一天会和自己的身体再次相遇，或者相信轮回转世，灵魂会与另外的人的身体结合在一起。甚至还有少数的人将自己的身体在低温下冷冻起来，等待以后的科学技术再次把他们唤醒。这些我都不相信。

有轮回转世吗？谁知道呢。有鬼吗？我非常迷信的奶奶肯定会说有，但是跟尸体打了大半辈子的交道，我可以确定地说没有任何死尸伤害过我，冒犯过我。死尸并不难控制，它们通常都很守规矩，都很礼貌。在我的停尸间里，没有任何尸体死而复生过，它们也没有让我噩梦连连。事实上，死尸绝对没有活人麻烦。只有一个方法可以发现死前、死亡、死后是什么样子的，那就是去经历这个过程，我们最终也必然会经历这个过程。我只希望那时我已经做好准备，背上行囊开始这个大冒险。

我的"天堂"是什么样子的？我不想谈天使和竖琴，因为他们真的挺烦人。我的"天堂"是：平和，安静，记忆和温暖。而我的"地狱"是：律师，蓝色电线，老鼠。

 附　录
来自巴尔莫的男人

如果你有消息可以帮助确定第八章中提到的年轻人的身份，请联系此邮箱：missingpersonbureau@nca.x.gis.gov.uk。在以下网址可查询病历：http://missingpersons.police.uk/en/case/11–007783。

遗体描述

发现遗体的时间：2011 年 10 月 16，死亡时间可能是在 6~9 个月之前。

地点：东邓巴顿郡的伍德兰德地区，临近巴尔莫高尔夫路。

性别：男。

年龄：25~34 岁。

祖籍：北欧，浅色头发。

身高：1.77~1.83 米。

体形：偏瘦。

明显特征：损伤可能影响了他的容貌。鼻子骨折已经愈合，外观明显歪曲；下巴严重挫伤，部分愈合；上门牙缺失；可能行走不便。

衣着

polo 衫

浅蓝色，短袖，V领，衣服前面印有白色的字体，深色的斜条纹从右肩一直到左下摆。

品牌：Topman，英国常见品牌。

尺寸：S码，欧码48，胸围35~37英寸。

材质：100% 棉。

产地和其他标签：毛里求斯，标签上的序列号是2224278117026 和 71J27MBLE。

开襟毛衣

深蓝色，长袖，圆领，前面有拉链，两边有口袋，领子和口袋处有两条平行的条纹。左胸处绣有SOUTHERN CREEK PENNSYLVANIA字样，下面是白色的皇冠、狮子，以及字母G和J，再下面是商标"RIVIERA ADVENTURE"。

品牌：Max，只在中东有售。

尺寸：S码。

材质：100% 棉。

产地：孟加拉国。

牛仔裤

牛仔布，排扣式。

品牌：Petroleum。这个品牌的主打款是 Petroleum'68，以及更加年轻化的 Petroleum'79。这是一个英国品牌，只在英国的军官俱乐部 Petroleum 直营店及线上销售。

尺寸：30L。

质地：78% 棉，22% 聚酯纤维。

其他标签：Petroleum，"Don't blame me I only work here"（不要怪我，我只在这里工作）。

内裤

彩色平角裤，红色松紧带裤腰上印满了 Urban Spirit 字样。

品牌：Urban Spirit，在英国是一个中等价位的品牌。

运动鞋

系带款，灰色和黑色相间，鞋底为红色。鞋两边有 Shock X 字样。鞋底印有 Rubber grip，Flex Area，Performance，Brake。

品牌：调查显示，这个商标属于德国品牌 Crivit Sport 公司，在历德（Lidl）超市和其他廉价商店有售。

尺寸：45/11。

材质：100% 聚酯纤维。

袜子

无明显特征，黑色袜子，长及脚踝。

致　谢

　　当我们回忆这一生发生过的事情时，极有可能漏掉特别重要的人，不经意就冒犯到他们。所以，我只是简单地感谢所有陪我在这辆人生巴士上一同前行的人。有的人只是陪伴了我一两站，另外的人伴随我走过整个旅途。这一路，是多么的精彩纷呈。我不需要说出每个人的名字，因为你们知道自己是谁，你们知道你们对我来说有多重要。我珍惜你们的陪伴、友谊、智慧和善良。

　　如果我忘记了什么，如果我讲的故事不是你记忆中的那样，请原谅我。如果我们一起经历过的种种没有写进这本书里，是因为我觉得那些事情都太私密，或者是没有足够的空间来完整叙述它们，对此，我感到很抱歉。

　　我的生活还将继续，而这本书的内容是有限的，我想要感谢那些给予我极大耐心的人，感谢你们的鼓励、诚实和支持。

　　尤其是迈克尔·阿尔科克，耐心得像个圣人一样，20 年前就在听我叨念要写书的事情，终于看到我的书出版了。我非常幸运能遇到他，我也非常喜爱他。

卡罗琳·诺思·麦克宛琳，知道我找不到语言能表达对她的感谢，谢谢她接手如此艰巨的任务，并出色优雅地完成了。

苏珊娜·维德森只是在一个会议上听过我的讲话，就勇敢地决定帮助我这个业余作家。在整个写作过程中，她给了我很多的灵感、安慰、肯定、支持。没有她的支持，这本书也不能面世。我们全家都感谢她能让更多的人听到我们的故事。她真的太棒了。

我也特别感谢宣传总监帕齐·欧文，生产经理杰拉尔丁·埃利森，版式设计菲尔·洛德，护封设计理查德·谢勒。

最后，我想感谢本书（英文原版）封面的无名男子。他没有名字，因为他是理查德利用自己的艺术天赋创造出来的抽象人物，但他也可以有一点点生命的气息。我们知道他是男性，是因为他耻骨凹面的锐角，盆骨口的形状，骶骨两翼的相对大小，耻骨的三角形状和坐骨大切迹相对尖锐的形态。他的年龄在 25 岁以上，因为他身体的第一、第二骶椎部分已经融合，他的髂骨骨骺也是这样。他应该在 35 岁以下，因为他腹部下端的腰椎还没有明显的唇样骨质增生，肋软骨也没有明显的钙化现象。

这是我在"炫耀"。